OFFICE 达人速成记：工间健身

德胜书坊 著

中国青年出版社

图书在版编目（CIP）数据

Office达人速成记＋工间健身 / 德胜书坊著. — 北京：中国青年出版社，2019.1
（不一样的职场生活）
ISBN 978-7-5153-5336-4
I.①O… II.①德… III. ①办公自动化－应用软件
IV. ①TP317.1
中国版本图书馆CIP数据核字（2018）第228599号

不一样的职场生活——
Office达人速成记＋工间健身
德胜书坊 著

出版发行：中国青年出版社
地　　址：北京市东四十二条21号
邮政编码：100708
电　　话：(010) 50856188 / 50856199
传　　真：(010) 50856111
企　　划：北京中青雄狮数码传媒科技有限公司
策划编辑：张　鹏
责任编辑：张　军
封面设计：张旭兴
印　　刷：北京凯德印刷有限责任公司
开　　本：889 x 1194　1/24
印　　张：10
版　　次：2019年3月北京第1版
印　　次：2019年3月第1次印刷
书　　号：ISBN 978-7-5153-5336-4
定　　价：59.90 元
（附赠独家秘料，获取方法详见封二）

本书如有印装质量等问题，请与本社联系
电话：(010) 50856188 / 50856199
读者来信：reader@cypmedia.com
投稿邮箱：author@cypmedia.com
如有其他问题请访问我们的网站：http://www.cypmedia.com

OFFICE
速成记
达人
Speed up!
不一样的职场生活
工间健身
Different workplace life

序言 Preface

为你的职场生活添上色彩！

本系列图书所涉及内容

职场办公干货知识+简笔画/手帐/手绘/健身，
带你体验不一样的职场生活！
《不一样的职场生活——Office达人速成记+工间健身》
《不一样的职场生活——PPT达人速成记+呆萌简笔画》
《不一样的职场生活——Excel达人速成记+旅行手帐》
《不一样的职场生活——Photoshop达人速成记+可爱手绘》

更适合谁看？

想快速融入职场生活的职场小白，速抢购！
想进一步提高，但又不愿报高价培训班的办公老手，速抢购！
想要大幅提高办公效率的加班狂人，速抢购！
想用小绘画丰富职场生活但完全零基础的手残党，速抢购！

本系列图书特色

市面上办公类图书都会有以下通病：
理论多，举例少——讲不透！
解析步骤复杂、冗长——看不明白！

本系列书与众不同的地方：
多图，少文字——版式轻松，文字接地气！
从实际应用出发，深度解析——超级实用！
微信+腾讯QQ——多平台互动！
干货+手绘/简笔画——颠覆传统！

附赠资源有什么？

你是不是还在犹豫，这本书到底买的值不值？
非常肯定地告诉你：六个字，值！超值！非常值！
简笔画/手帐/手绘内容将以图片的形式赠送，以实现“个性化”定制；
Word/Excel/PPT专题视频讲解，以实现“神助攻”充电；
更多的实用办公模板供读者下载，以提高工作效率；
更好的学习平台（微信公众号ID：DSSF007）进行实时分享！
更好的交流圈（QQ群：498113797）进行有效交流！

系列书使用攻略

德胜书坊
在看什么，笑得这么开心？
不一样的职场生活
这本书很有趣！讲解了更多的办公干货，还附赠了简笔画教程。
职场办公干货知识
Excel PS PPT Word
+
简笔画
呆萌人物、Q版表情、手帐元素
=
不一样的职场生活
办公知识超实用，办公效率大大提高！
简笔画呆萌可爱，可以放松心情~
不一样的职场生活系列丛书共有四本
Office办公达人速成记 + 工间健身
PPT达人速成记 + 萌简笔画
oshop达人速成记 + 可爱手绘
Excel数据分析达人速成记 + 旅行手帐
真是给我这种职场小白指明了方向！

目录 CONTENTS

Chapter 05

Chapter 06

Chapter 01

绪论

纸上得来终觉浅，
绝知此事要躬行。

无处不在的Office

对于职场人来说，Office办公软件是再熟悉不过了。无论你是做什么行业，大到社会统计，小到会议记录都离不开这个软件。据统计每天至少有两亿人在使用Office处理自己的业务，可以想象这款办公软件的影响力有多大。然而随着大数据时代的来临，微软公司逐步扩大其使用范围，无论你在任何位置，只要你手中有手机、iPad等移动设备，都可轻松办公。

目前越来越多的企事业单位都要求新进人员熟练操作Office办公软件。有条件的公司也会组织员工参加Office培训，为的就是提高工作效率，实现高效办公。Office的重要性已不言而喻，这么说吧，不会Office,“升职加薪，从此走上人生的巅峰”，这一切只能在你梦里实现了！

各显身手的Office家族成员

在Office家族中包含了很多优秀的家族成员，例如Word、Excel、PPT、Access、Outlook等等。下面小德子将一些主要的成员介绍给大家。

1. 低调内敛的Word

说起Word操作，很多人以为会打字就等于会Word了，那你就错了。仅仅是打字录入的话，利用写字板、记事本这类小软件就可以实现，何必要动用Word呢？之所以要用Word，那是因为它能够呈现出具有专业外观的文档，例如信函、工作报告、宣传册等。当然除了这一功能外，Word还具有其他一些实用的功能，例如审阅文档、翻译文档、批量发送文档，甚至还能创建各种字帖稿等。

在日常工作中，使用Word可以制作多种类型的文档，例如会议记录；各种通知、邀请函；公司宣传册；公司各类合同文件以及红头文件等。还是那句话，只有你想不到的，没有你做不到的。经小德子这么一说，大家有没有觉得Word属于大气内秀型的，只有真正懂得它的人，才觉得不简单。

合同编号：□□□□□□□

商品房购销合同

四川省建设厅
四川省工商行政管理局
监制

总第7期

沃邦商务简报

WWW.wobangvip.com/WW

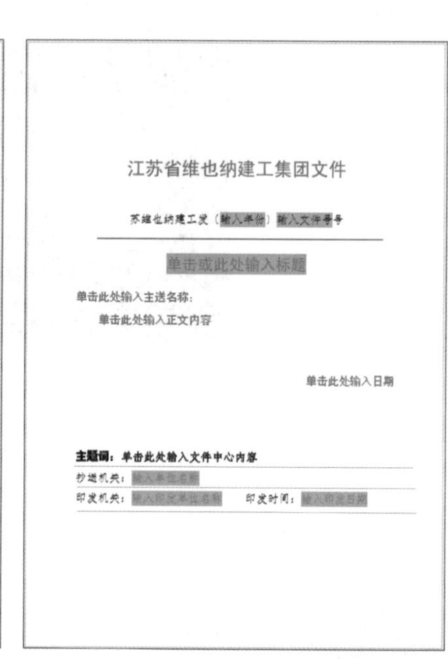
江苏省维也纳建工集团文件

苏维也纳建工发〔输入年份〕输入文件号号

单击或此处输入标题

单击此处输入主送名称：

单击此处输入正文内容

单击此处输入日期

主题词：单击此处输入文件中心内容

抄送机关：输入单位名称

印发机关：输入印发单位名称　印发时间：输入印发日期

2. 精明强干的Excel

在Office家族中最受宠的就属Excel了，它的聪慧让人折服。在实际工作中Excel运用的频率最多，其技术含量也是最高。使用它我们可以轻松的制作出各种各样的数据报表，也可以利用各类函数对报表中的数据进行分析和处理。学好Excel，不管是多复杂的数据报表，它都能分分钟帮你轻松搞定！正因为Excel功能足够强大，所以它被广泛的应用在财务统计、决策管理、贷款管理、证券管理、市场营销以及工程分析等众多领域。

银行贷款方案测算

贷款金额	年利率	贷款年限	月还款
¥500,000	5%	15	¥-3,953.97

年限／金额	月还款额	预定贷款年限			
	¥-3,954	10	15	20	25
贷款金额	¥100,000	-1060.66	-790.79	-659.96	-584.59
	¥150,000	-1590.98	-1186.19	-989.93	-876.89
	¥200,000	-2121.31	-1581.59	-1319.91	-1169.18
	¥250,000	-2651.64	-1976.98	-1649.89	-1461.48
	¥300,000	-3181.97	-2372.38	-1979.87	-1753.77
	¥350,000	-3712.29	-2767.78	-2309.85	-2046.07

市区县监控企业每日达标率统计表

序号	区县分局名称	达标率	达标企业	企业排口数	达标率>90%
1	高源县环保局	100.0%	7	7	1
2	沂源县环保局	91.7%	11	12	1
3	周源区环保局	83.3%	10	12	0
4	张源区环保局	90.9%	10	11	1
5	齐 源 分 局	100.0%	15	15	1
6	桓源县环保局	94.1%	16	17	1
7	淄源区环保局	94.1%	16	17	1
8	高新区环保处	88.9%	8	9	0
9	博源区环保局	85.7%	6	7	0
10	临源区环保局	91.7%	11	12	1
	全市达标率	92.4%	110	119	

3. 雍容华贵的PPT

很多朋友对PPT的认识大多只停留在文稿放映功能上。的确，放映功能是它的一个优势项。而PPT除了具有放映功能外，它的制作功能也很牛。很多人以为将文档直接贴到PPT中就完事了，你可知道，这样放映出来的效果与用其他办公软件展示的效果是没有任何区别的。之所以要用PPT来展示文稿，是因为它是集音频、视频、动画为一体的交互式媒体软件，使用它可以制作出各式各样的精彩短片，这才是PPT的精髓。

在日常工作中，PPT常被广泛运用在产品发布、教学教案、工作报告、公司宣传以及各种庆典活动等领域。

4. 眼疾手快的Access

说到Access数据库，好多朋友都会有疑问：“既然Excel如此强悍，那为什么还要使用Access来进行数据管理呢？”小德子刚入职那会也有同样的疑问，当了解了Access软件后才明白其中的套路。简单的说Access是数据库管理系统，主要用于创建数据库和程序来跟踪与管理信息。它可以帮助我们迅速开始跟踪数据，查询数据，轻松创建有意义的报告，并安全地使用Web共享信息。它动作迅速，眼光敏锐，在Office家族中可谓是眼疾手快的头号成员啦！

Access和Excel是两码事，大家不要把这两者混为一谈。虽然它们都是对数据进行处理，但Access是对数据进行管理，而Excel是对数据进行处理分析的。它俩没有可比性，各有各的优点，各有各的用处。

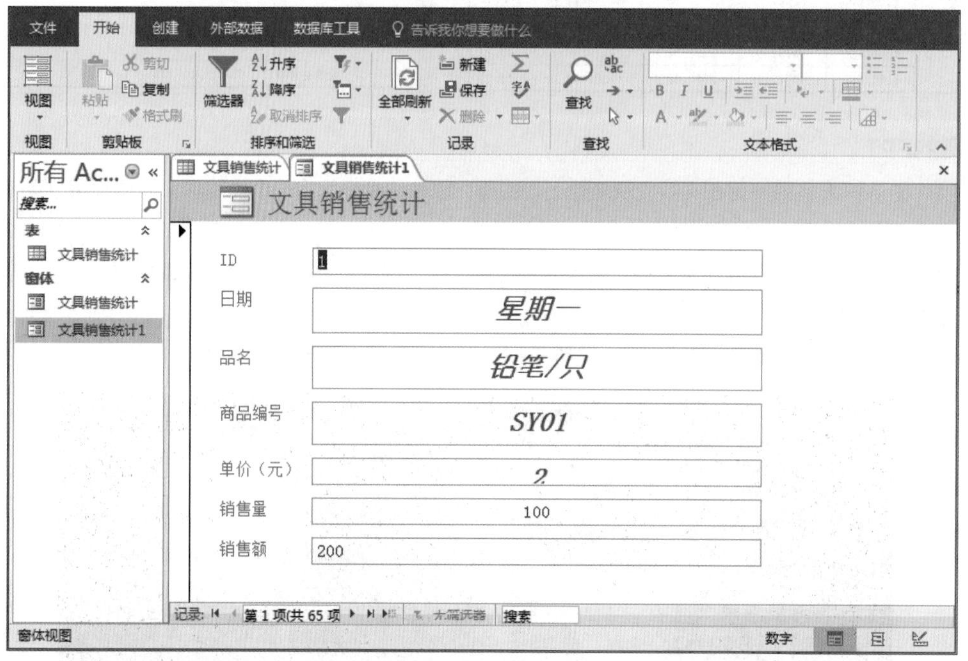

5. 八面玲珑的Outlook

无论你从事的是什么职业，每天可能都要处理大量的邮件，而在大部分公司里处理邮件都是使用Outlook的。Outlook主要用于发送和接收电子邮件；记录活动；管理日程、联系人及任务等方面。从重新设计的外观到高级电子邮件组织、搜索、通信和社交网络功能，以世界级的体验来保持用户的效率并与个人和商业网络保持联系。这么说来Outlook在Office家族中应属于社交能力最强成员了。

相互扶持的Office三人帮

Word、Excel和PPT这三大组件在Office中使用的频率最高。它们可以单独使用，也可以联合起来使用。正所谓是互帮互助，关爱和谐的大家族哈！

1. Word与Excel联手协作

如果要把Excel中的数据导入到Word中，该怎么做？简单，使用复制粘贴就OK了！当然还可以通过嵌入表格的方法进行操作。方法很多，就看你怎么用了。

Step 01 选中Excel所需数据，单击鼠标右键，在快捷菜单中，选择“复制”选项。

Step 02 在Word文档中，单击鼠标右键，在快捷菜单中，选择“保留源格式”选项即可。

反过来，如果在Excel中要导入Word表格数据的话，我们可以使用“选择性粘贴”来操作。在Word中选择要导入的表格，单击鼠标右键，在快捷菜单中选择“复制”选项。然后在Excel中定位好表格位置，单击鼠标右键，选择“选择性粘贴”选项，打开相应的对话框。选择“Microsoft Word文档对象”选项，单击“确定”按钮，完成操作。此时双击表格任意位置，即可进入Word编辑状态，单击框外空白处就可退出编辑状态。

小贴示

使用该方法导入Excel数据后，我们可以对导入的数据表进行修改操作。需要注意的是，表格修改后，源表格是不会发生变化的。

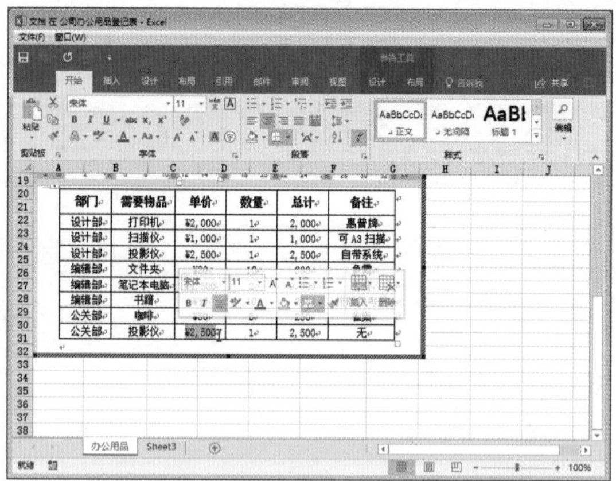

2. Word与PPT联手协作

想要把Word文档导入到PPT中的话，利用“发送到Microsoft PowerPoint”功能就可以直接生成PPT文档，该方法简单粗暴。但在Word默认状态下是不显示这项功能的，我们必须要手动把该功能调出来才可。

Step 01 在Word文档中，单击“文件”选项卡，选择“选项”，然后在打开的对话框左侧列表中，选择“快速访问工具栏”选项，再单击“从下列位置选择命令”下拉按钮，选择“不在功能区中的命令”选项。

Step 02 在选项列表中选择“发送到Microsoft PowerPoint”选项，单击“添加”按钮，然后单击“确定”按钮。

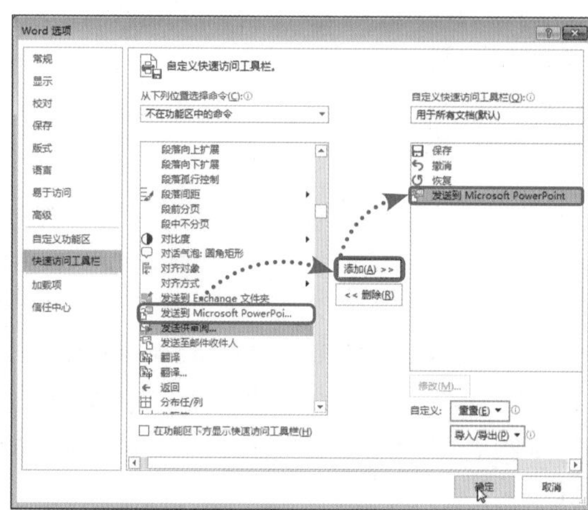

Step 03 返回到Word文档，在快速访问工具栏中，单击“发送到Microsoft PowerPoint”按钮，完成Word转PPT的操作。

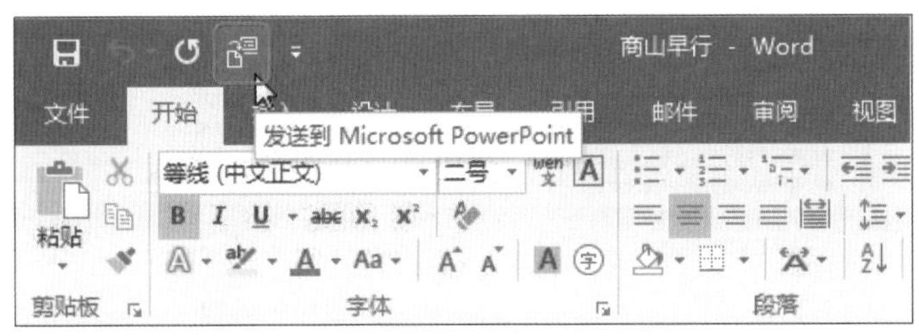

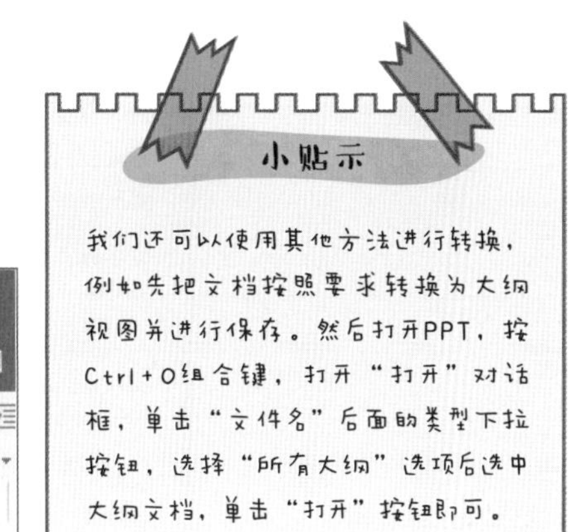

小贴示
我们还可以使用其他方法进行转换，例如先把文档按照要求转换为大纲视图并进行保存。然后打开PPT，按Ctrl+O组合键，打开“打开”对话框，单击“文件名”后面的类型下拉按钮，选择“所有大纲”选项后选中大纲文档，单击“打开”按钮即可。

如果想要把PPT讲义转换为Word，可以利用“在Microsoft Word中创建讲义”功能，一键搞定。但该功能同样要靠我们手动调出来。但需要注意的是，在单击“在Microsoft Word中创建讲义”按钮后，会打开“发送到Microsoft Word”对话框，在此我们单击“只使用大纲”单选按钮即可。

3. Excel与PPT联手协作

我们可以将Excel数据表格按照要求嵌入到PPT中，其具体方法为：

Step 01 在PPT中单击“插入”选项卡，然后单击“对象”按钮，在打开的对话框中，单击“由文件创建”单选按钮，单击“浏览”按钮。

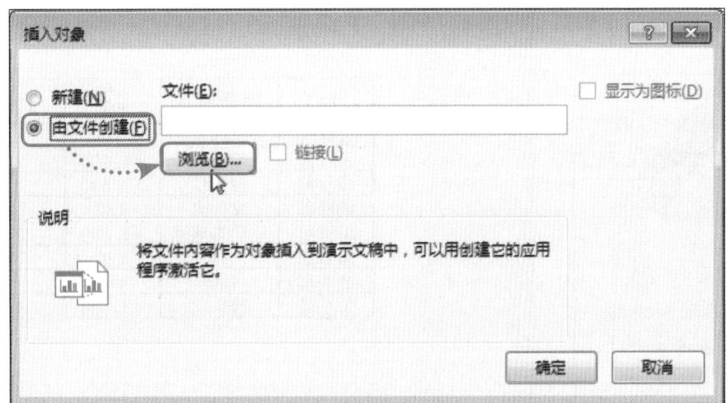

Step 02 选择需要插入的Excel文件，单击“确定”按钮。

知识加油站：复制粘贴Excel表格

打开Excel表格，全选表格，按Ctrl+C复制表格，然后在PPT中，单击鼠标右键，在快捷菜单中，选择“保留源格式”选项即可将Excel表格转换到PPT中。

Step 03 返回到“插入对象”对话框，单击“确定”按钮。此时在PPT文档中，会显示导入的数据表格。适当做一下调整即可。

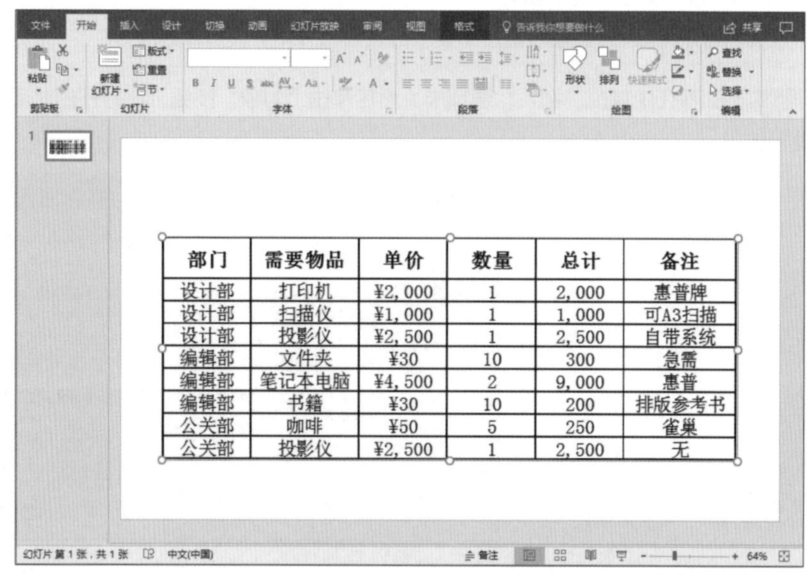

部门	需要物品	单价	数量	总计	备注
设计部	打印机	¥2,000	1	2,000	惠普牌
设计部	扫描仪	¥1,000	1	1,000	可A3扫描
设计部	投影仪	¥2,500	1	2,500	自带系统
编辑部	文件夹	¥30	10	300	急需
编辑部	笔记本电脑	¥4,500	2	9,000	惠普
编辑部	书籍	¥30	10	200	排版参考书
公关部	咖啡	¥50	5	250	雀巢
公关部	投影仪	¥2,500	1	2,500	无

在实际工作中，很少见到谁要把PPT文件转换成Excel，虽然这个效果可以实现，但根本用不到，所以小德子在这就不介绍了。

QUESTION

学习心得

这一课我们总体介绍了Office办公软件的相关知识。例如Office软件的重要性，以及使用Office相关组件可以做出什么样的文档等。欢迎大家到“德胜书坊”微信平台以及相关QQ群中说说自己身边存在着哪些好用的Office组件吧！

熟练掌握Office办公技能，升职加薪不再是梦想！

用好Word不加班

学者贵知其当然与所以然，若偶能然，不得谓为学。

Word≠记事本

很多朋友会把Word和记事本划上等号，总觉得用Word和记事本都可以录入一些相关事项。对，Word是有录入功能，可该功能只是Word最基础的功能。在绪论章节中已向大家简单介绍了Word功能，而这些功能是记事本没有的。记事本启动快，操作简单。但它没有更多格式的设置与排版能力，版面比较单一。这么说吧，Word能完成文案的所有要求，而记事本只适合于单纯的文本录入。两者不能相提并论，各有各的优势吧！

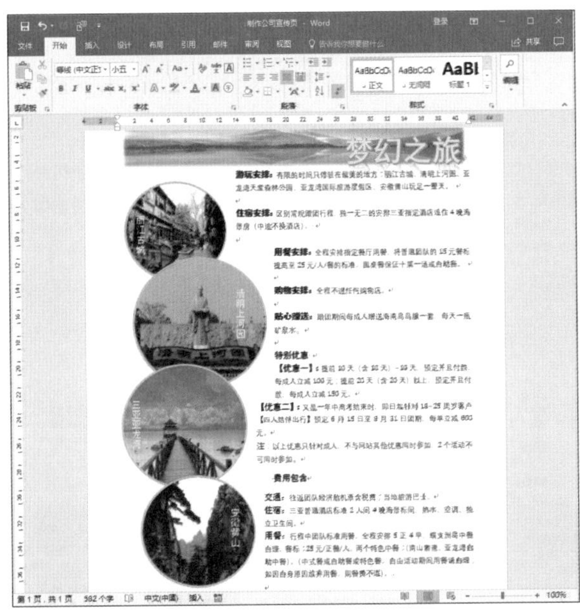

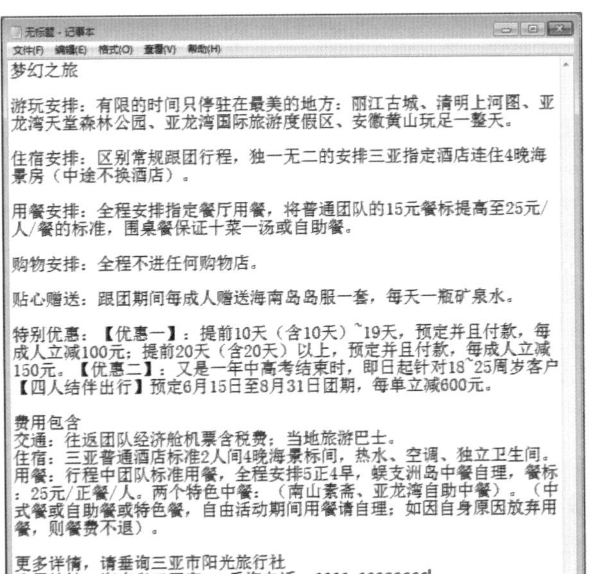

01 一招搞定中、英字体格式

一份中英混排的文档中，要把中文和英文分别设置成不同的字体格式，该怎么办？相信很多朋友都会先选中文，设置格式，然后再选英文，再设置格式。再三重复设置，时间就这样一点点的过去了……其实不用那么复杂，小德子只使用一招就能迅速搞定所有字体的设置。不信，你就往下看！

Step 01 打开原始文件。这是一份中、英混排的文档。这里我们可以看到文档中所有中文字体均为“宋体”，而英文字体均为“Calibri”字体。

Step 02 按Ctrl+A全选文档，然后按Ctrl+D组合键，打开“字体”对话框。

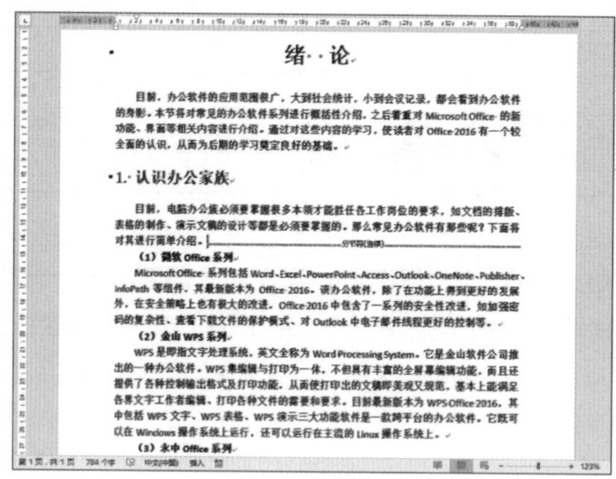

知识加油站：设置字体和段落格式的方法

在Word中设置字体和段落有两种方法，一种是直接在“开始”选项卡中的“字体”选项组或“段落”选项组中，根据需要单击相关功能按钮进行设置；第二种则是使用“字体”对话框进行设置。这两种操作方法类似，大家使用哪种方法顺手就用哪种。但需提醒一点就是，如果想要快速设置中文和英文的字体格式，只能通过“字体”对话框来设置。

Step 03 单击“中文字体”右侧下拉按钮，选择“幼圆”字体，然后单击“西文字体”下拉按钮，选择“Times New Roman”字体。

Step 04 其他设置为默认状态。单击“确定”按钮，完成操作。此时我们看到所有中、英文字体都发生了相应的变化。

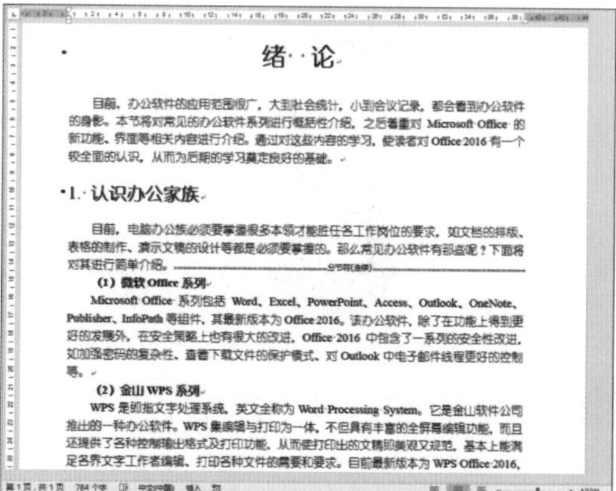

02 为识字卡上添加拼音

经常会看到在一些儿童图书或绘本中，为了方便儿童自己阅读，会专门给文字添加拼音。那在Word中也想实现这一效果，该如何操作呢？使用“符号”功能就可以达到想要的效果。这里，小德子想说的一点就是，Word自带的“拼音指南”功能有时不太好用。它在给多音字添加拼音时往往会傻傻分不清楚文字的真正音调。

Step 01 打开原始文件。在“春”字上方添加空白的文本框。调整好大小，并输入“chun”拼音字母。然后调整拼音的大小及颜色。将文本框的边框设为“无轮廓”，填充颜色设为“无填充”。

Step 02 选中“chun”中的“u”字母，在“插入”选项卡中，单击“符号”下拉按钮，选择“其他符号”选项。在“符号”对话框中，单击“子集”下拉按钮，选择“拼音”选项，然后在列表中，选择要插入的音节，单击“插入”按钮。

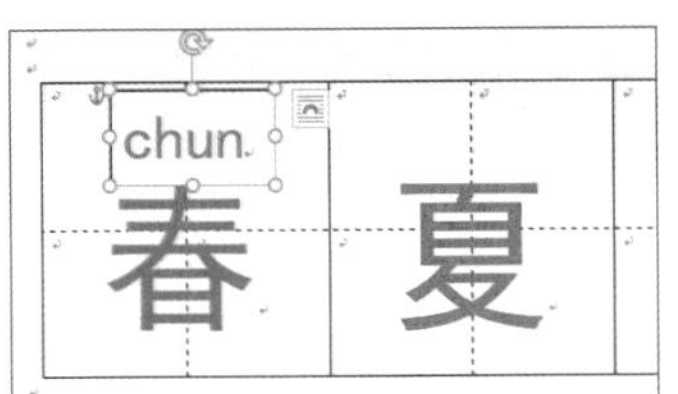

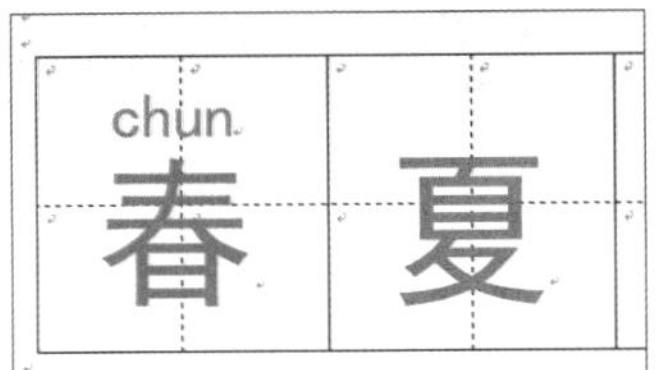

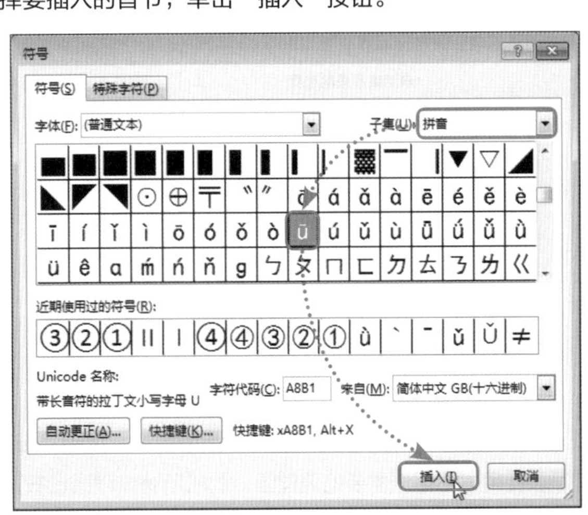

Step 03 此时被选中的拼音字母已更换成插入的音节符号了。把添加的拼音复制到其他文本上方合适位置。并分别更改拼音内容和颜色。

Step 04 重复以上操作，选中要更改的字母，在“符号”对话框中，选择正确的音节就好了。

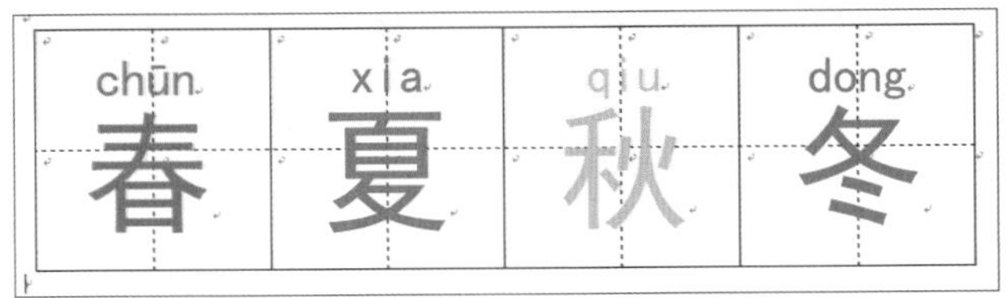

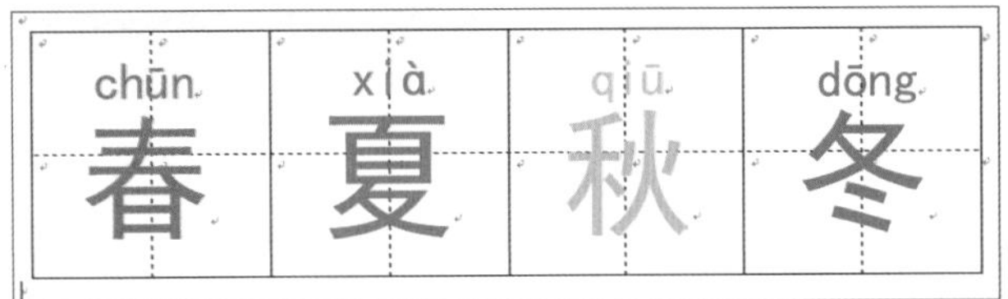

03 Word“选择”工具超级好用

你使用过Word的“选择”功能吗？当在长篇文档中，要选择多张图片或文本框，该怎么选择？还有要选择多个相同格式的文本，该怎么选择？大多人都会使用Ctrl键加上鼠标逐一选择。当然这个办法对于1页以内的文档比较适用，超过2页的文档时，我们就要使用“选择”工具了。

1. 选择对象

举个例子，要将图❶所示的流程图变换位置，该怎么做？当然，首先要选中流程图。如果用鼠标框选的方法一次性选中流程图，可是，不是选中周边多余的文字就是漏选，就像图❷所示的一样。

最后只有按Ctrl键逐一点选了，这样既费力又费时间。遇到这样的问题，我们就需要果断的使用“选择”工具来操作。

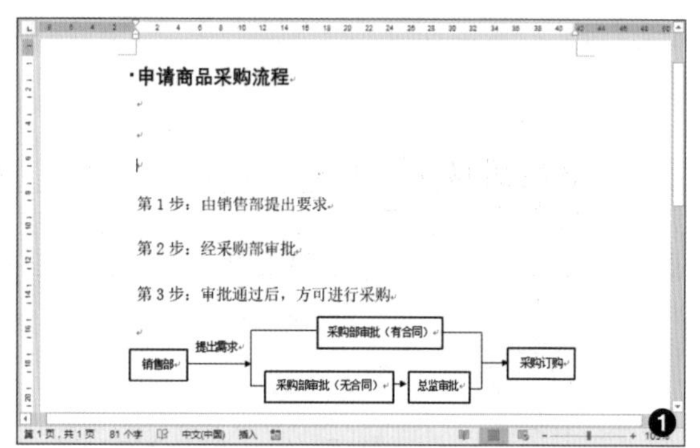

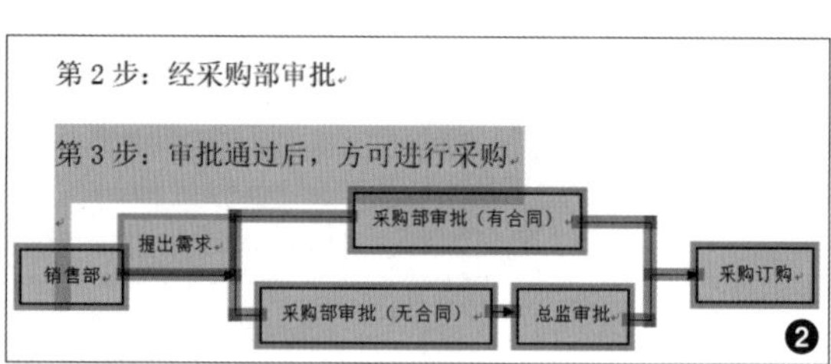

Step 01 在“开始”选项卡的“编辑”选项组中，单击“选择”下拉按钮，选择“选择对象”选项。

Step 02 使用鼠标框选需要的流程图。此时所有流程图已被选中，而框选到的文本自动被忽略。然后将流程图移动到所需的位置就好。

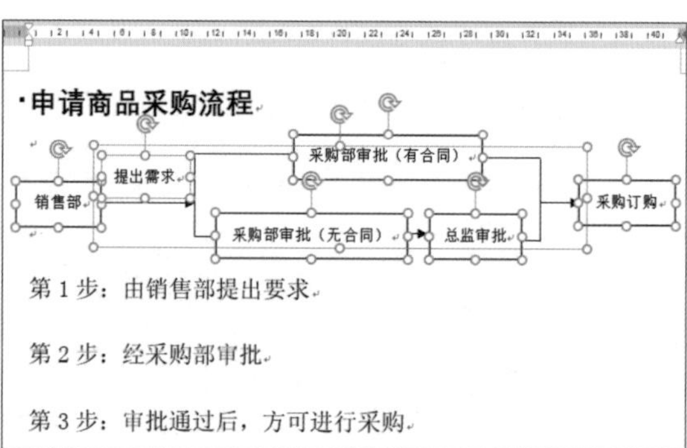

2. 选定所有格式类似的文本

想要快速选择多处相同格式的文本话，也可以使用“选择”工具。例如我想选择下左图中所有红色文本，该如何操作？

首先要选择其中任意一组红色文本。然后单击“选择”下拉按钮，在下拉列表中，选择“选择所有格式类似的文本”选项。此时，当前文档中所有红色文本已被选中。

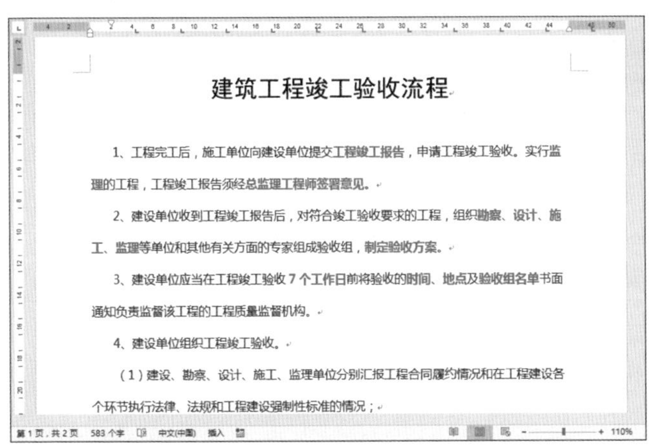

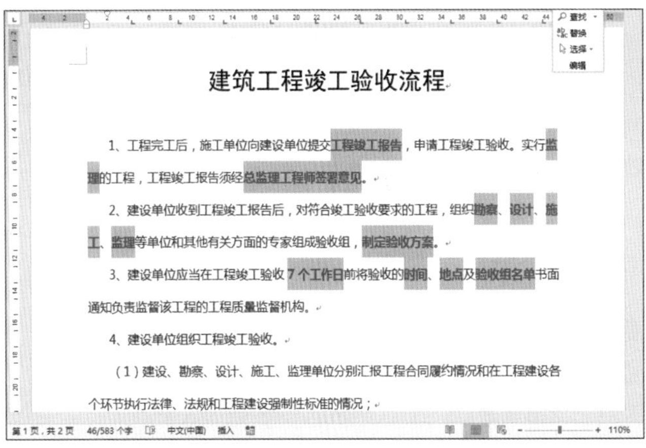

04 快速删除文档中多余的空格

有时在文档中会有一些多余的空格，从而影响文档整体的美观性，如右图所示。如果要批量删除这些空格，大家会用什么办法呢？对，使用替换功能。下面小德子就向大家介绍一下如何使用替换功能批量删除多余的空格。

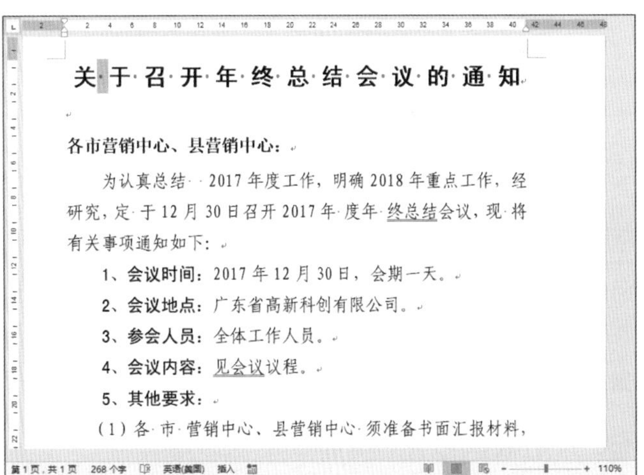

知识加油站：批量删除多余空行

如果想要删除文档中多余的空行，可以进行以下操作：按“Ctrl+H”组合键，打开“替换”对话框，在“查找内容”文本框中输入“^P^P”，在“替换为”文本框中，输入“^P”，单击“全部替换”按钮即可。

Step 01 打开原始文档。大家可以看到该文档中多出了很多空格。将光标定位在文档起始位置。在“开始”选项卡的“编辑”选项组中，单击“替换”按钮。

Step 02 在“查找和替换”文本框中，系统将自动切换到“替换”选项卡。将光标定位到“查找内容”文本框中，按一次空格键。

Step 03 将“替换为”文本框保持为默认空白状态。然后单击“全部替换”按钮。

Step 04 在打开的提示框中，会提示已替换完成。单击“确定”按钮。关闭“查找和替换”对话框。此时我们发现当前文档中所有空格已全部删除。

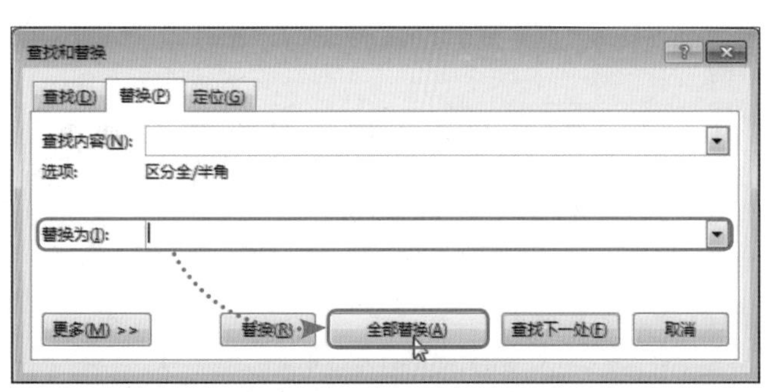

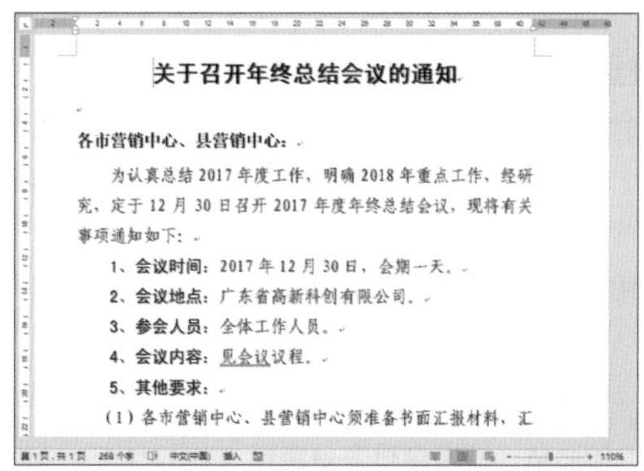

关于召开年终总结会议的通知

各市营销中心、县营销中心：

为认真总结2017年度工作，明确2018年重点工作，经研究，定于12月30日召开2017年度年终总结会议，现将有关事项通知如下：

1、会议时间：2017年12月30日，会期一天。

2、会议地点：广东省高新科创有限公司。

3、参会人员：全体工作人员。

4、会议内容：见会议议程。

5、其他要求：

（1）各市营销中心、县营销中心须准备书面汇报材料，汇

看，是不是很方便啊！举一反三，利用“替换”功能除了能够替换空格外，我们还可以替换其他内容，例如将文档中某一文本替换成指定文本、将文本替换成指定的图片或符号等。

05 剪贴板的妙用

说到剪贴板无非就是复制和粘贴中的一个临时通道，每当复制或剪切文档后，系统会将其放置剪贴板中，然后再从剪贴板中粘

贴到所需的位置。这么说来还不如Ctrl+C和Ctrl+V快捷键来的方便。可是如果需要快速批量的输入格式相同而内容不同的文本，这时剪贴板就派上了用场。

Step 01 打开原始文件。我想在文档中添加步骤号，此时用剪贴板比较合适。在“01”技巧内容中添加“第1步、第2步、第3步和第4步”，并设置好其文字格式，加粗显示。

Step 02 在“开始”选项卡中，单击“剪贴板”组右下角对话框启动按钮，打开“剪贴板”窗格。然后使用Ctrl+C组合键分别复制刚输入的“第1步、第2步、第3步和第4步”这4项文本。复制后，在“剪贴板”窗格中就会自动显示我们所复制的内容。

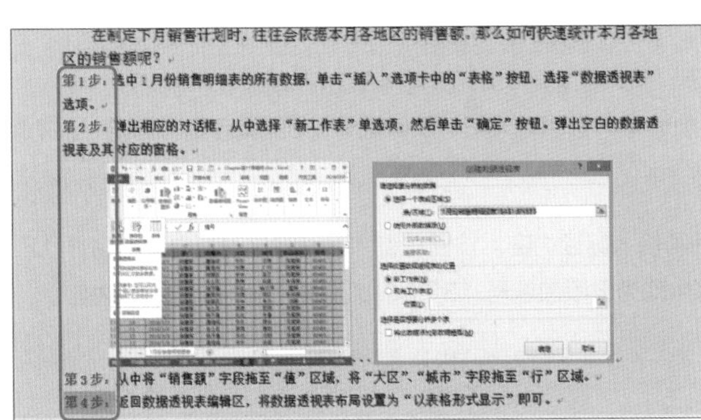

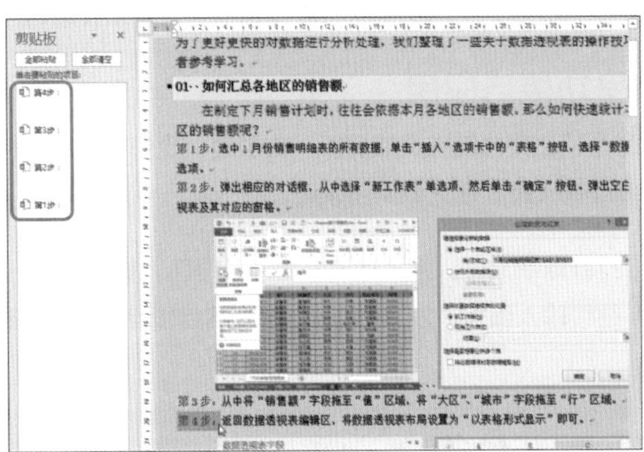

Step 03 指定“02”技巧内容的插入点，然后在“剪贴板”窗格中，选择刚复制的“第1步：”选项，此时文档光标处已粘贴了“第1步”。

Step 04 指定好“第2步”的插入点，在“剪贴板”窗格中，选择“第2步”选项，即可完成粘贴操作。按照同样的方法，对文档剩余步骤号进行粘贴操作。

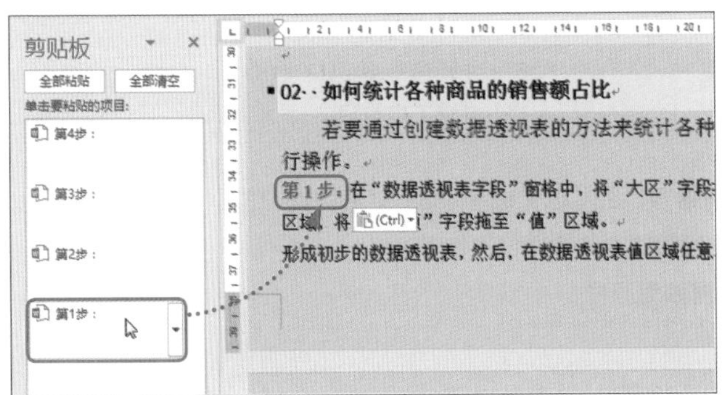

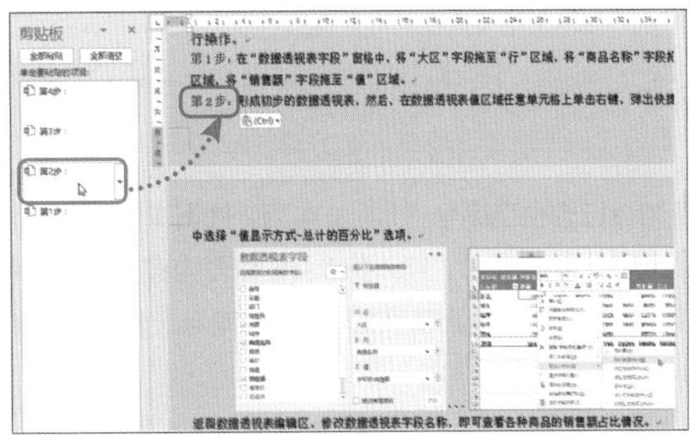

自动化排版让你轻松办公

之所以使用Word，是因为它的自动化排版功能可以帮助我们迅速完成各种要求的文档排版工作，例如为文档添加编号、统一设置文档的样式等。下面小德子将以举例的方式，来介绍Word自动化排版的常用功能。

01 编号功能巧应用

有时为了让文档结构更加清晰，有条理，我们可以为文档添加编号。也许有人第一次听说Word的编号这项功能，该功能运用的好，就能帮大忙。反之则平添麻烦。

Step 01 打开原始文件。将光标定位至分节符前，输入“1.”然后再输入标题内容。按回车键，系统将自动为你添加编号“2.”。

Step 02 继续输入编号“2”的文本内容。然后按回车键，系统将自动为你添加编号“3”。以此类推，输入文档剩余内容。

2.2 芯片简介

8051 单片机包含中央处理器、程序存储器
并行接口、串行接口和中断系统等几大单元及数
线，现在我们分别加以说明：

1. 中央处理器
2.

分节符

2.2 芯片简介

8051 单片机包含中央处理器、程序存储器(ROM)、
并行接口、串行接口和中断系统等几大单元及数据总线，现在我们分别加以说明：

1. 中央处理器
2. 数据存储器（RAM）
3. 程序存储器（ROM）
4. 定时/计数器（ROM）
5. 并行输入/输出口（I/O）
6. 全双工串行口

分节符

Step 03 将光标定位至编号“1.”文本后，按回车键，此时原先编号“2.”已变成了“3.”。原先的“3.”变成了“4.”。以此类推，无论你在该段内容中，插入多少新的编号内容，其编号都会顺着插入的编号依次往下推。

Step 04 再次按下回车键，就可删除插入的编号。此时，所有编号恢复原样。

8051 单片机包含中央处理器、程序存储器(ROM)、并行接口、串行接口和中断系统等几大单元及数据总线，现在我们分别加以说明：

1. 中央处理器
2.
3. 数据存储器（RAM）
4. 程序存储器（ROM）
5. 定时/计数器（ROM）
6. 并行输入/输出口（I/O）
7. 全双工串行口

8051 单片机包含中央处理器、程序存储器(ROM)、并行接口、串行接口和中断系统等几大单元及数据总线，现在我们分别加以说明：

1. 中央处理器

2. 数据存储器（RAM）
3. 程序存储器（ROM）
4. 定时/计数器（ROM）
5. 并行输入/输出口（I/O）
6. 全双工串行口

知识加油站：项目符号的用法

说起项目符号，其使用方法与编号相同。唯一的区别就是，项目符号是以各种小图标的形式插入文档中；而编号是以数字的形式插入到文档中。如果想要在文档中插入项目符号，只需要选中相应的文档段落，在“开始”选项卡中单击“项目符号”下拉按钮，选择一款满意的符号样式即可。当然大家也可以自定义符号样式。

Step 05 在光标处输入文本内容。重复以上步骤，完成剩余文本内容的输入。

1. 中央处理器
   中央处理器(CPU)是整个单片机的核心部件，是 8 位数据宽度的处理器，能处理 8 位二进制数据或代码，CPU 负责控制、指挥和调度整个单元系统协调的工作，完成运算和控制输入输出功能等操作。
2. 数据存储器（RAM）
   8051 内部有 128 个 8 位用户数据存储单元和 128 个专用寄存器单元，它们是统一编址的，专用寄存器只能用于存放控制指令数据，用户只能访问，而不能用于存放用户数据，所以，用户能使用的 RAM 只有 128 个，可存放读写的数据，运算的中间结果或用户定义的字型表。
3. 程序存储器（ROM）
   8051 共有 4096 个 8 位掩膜 ROM，用于存放用户程序，原始数据或表格。
4. 定时/计数器（ROM）
   8051 有两个 16 位的可编程定时/计数器，以实现定时或计数产生中断用于控制程序转向。
5. 并行输入/输出口（I/O）
   8051 共有 4 组 8 位 I/O 口(P0、·P1、P2 或 P3)，用于对外部数据的传输。
6. 全双工串行口

如果要取消自动编号功能，只需单击左上角“自动更正选项”符号，在其下拉列表中，选择“撤销自动编号”选项就可以了。

如果想更改某个编号的级别，也就是文本标题的级别，可选中该编号，单击“编号”下拉按钮，选择“更改列表级别”选项，并在级联菜单中，选择级别样式即可。

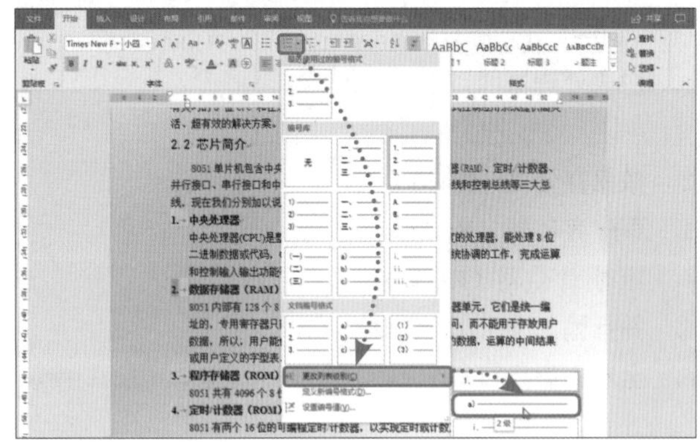

1. 中央处理器

中央处理器(CPU)是整个单片机的核心部件，是 8 位数据宽度的处理器，能处理 8 位二进制数据或代码，CPU 负责控制、指挥和调度整个单元系统协调的工作，完成运算和控制输入输出功能等操作。

a) 数据存储器（RAM）

8051 内部有 128 个 8 位用户数据存储单元和 128 个专用寄存器单元，它们是统一编址的，专用寄存器只能用于存放控制指令数据，用户只能访问，而不能用于存放用户数据，所以，用户能使用的 RAM 只有 128 个，可存放读写的数据，运算的中间结果或用户定义的字型表。

2. 程序存储器（ROM）

8051 共有 4096 个 8 位掩膜 ROM，用于存放用户程序，原始数据或表格。

3. 定时/计数器（ROM）

8051 有两个 16 位的可编程定时/计数器，以实现定时或计数产生中断用于控制程序转

如果想要从某一编号开始，重新开始编号，怎么办？简单，先选中所需的编号，然后在“编号”列表中，选择“设置编号值”选项，在打开的对话框的“值设置为”文本中，输入新编号值就可以了。

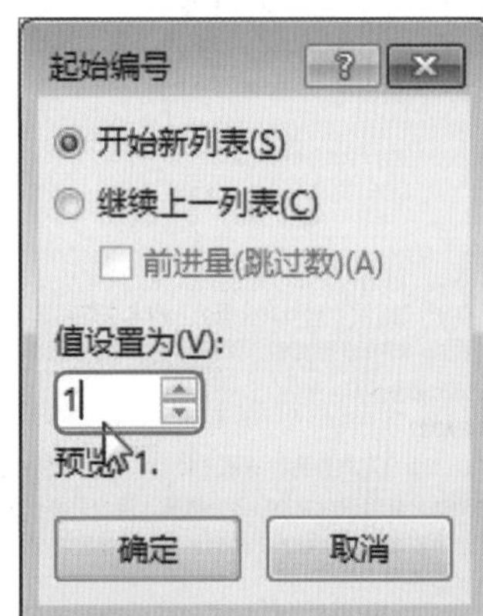

1. 中央处理器

中央处理器(CPU)是整个单片机的核心部件，是 8 位数据宽度的处理器，
二进制数据或代码，CPU 负责控制、指挥和调度整个单元系统协调的工
和控制输入输出功能等操作。

2. 数据存储器（RAM）

8051 内部有 128 个 8 位用户数据存储单元和 128 个专用寄存器单元，它
址的，专用寄存器只能用于存放控制指令数据，用户只能访问，而不能
数据，所以，用户能使用的 RAM 只有 128 个，可存放读写的数据，运
或用户定义的字型表。

1. 程序存储器（ROM）

8051 共有 4096 个 8 位掩膜 ROM，用于存放用户程序，原始数据或表格

3. 定时/计数器（ROM）

8051 有两个 16 位的可编程定时/计数器，以实现定时或计数产生中断用
向。

02 统一设置文档样式

通常对文档的样式进行设置时，都是先选中所要设置的标题或内容，然后在“开始”选项卡的“字体”选项组或者“段落”选项组中进行设置，然后再使用格式刷来设置其他相同格式的文本。与其这么麻烦，为何不用“样式”功能呢？Word样式功能可以快速统一文档的样式，方便快捷，最重要的是它还可以将设计好的样式运用到其他文档中。

Step 01 打开原始文档。将光标定位置文档起始位置，在“开始”选项卡中，单击“样式”组中的“其他”下拉按钮，在样式列表中，选择一款标题样式。这里，小德子想重新设计标题样式。在此选择“创建样式”选项。

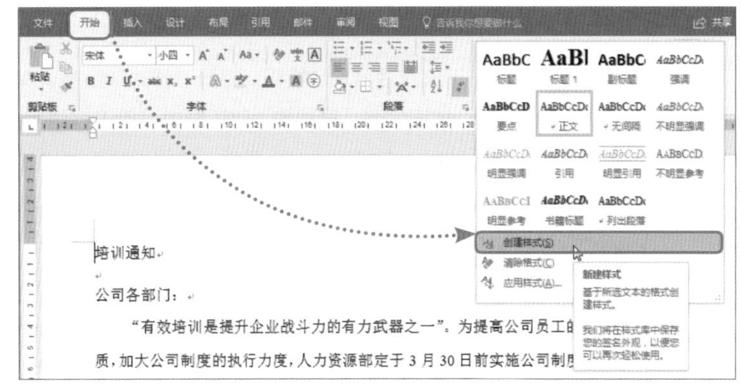

Step 02 在打开的对话框中，输入新名称“大标题”，然后单击“修改”按钮。在打开的对话框中，根据需要对“大标题”的格式进行设置。大家可以根据自己的需求进行设置。

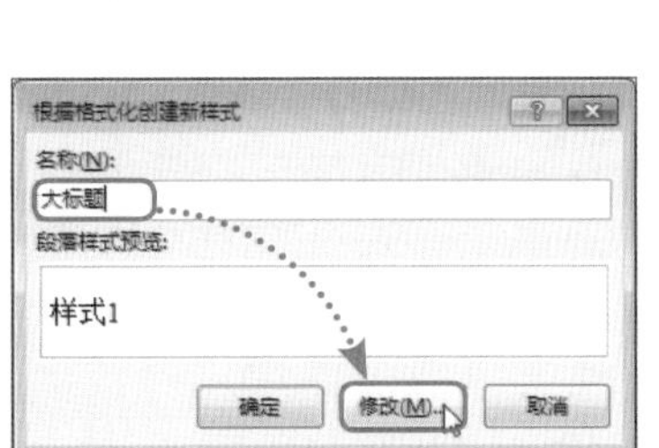

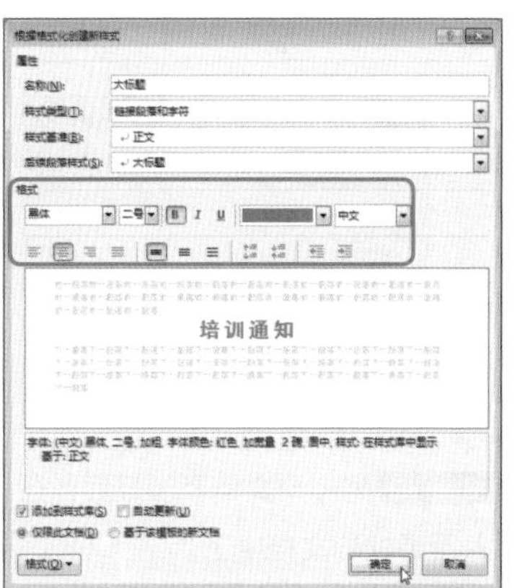

Step 03 重复以上的步骤，设置好其他文档标题结构样式。将光标放置在要应用样式的标题起始位置，然后在“样式”列表中，选择所需样式即可应用。

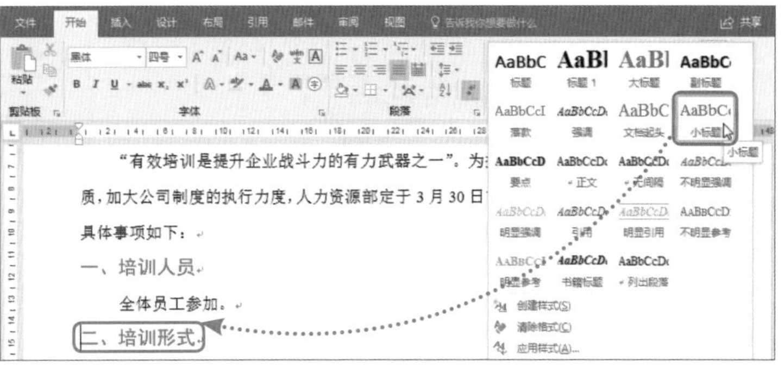

下面小德子就要开始放大招啦。如何将设置好的样式导入到其他文档中，以便日后直接调用呢？大家就接着往下看吧！

Step 01 单击“样式”组右下角对话框启动按钮，打开“样式”窗格。单击窗格底部的“管理样式”按钮。打开“管理样式”对话框，并单击“导入/导出”按钮。在“管理器”对话框中，单击右边的“关闭文件”按钮，就可以清除右边列表所有选项。

Step 02 单击“打开文件”按钮，在打开的对话框中，选择要应用该样式的另一个文档。

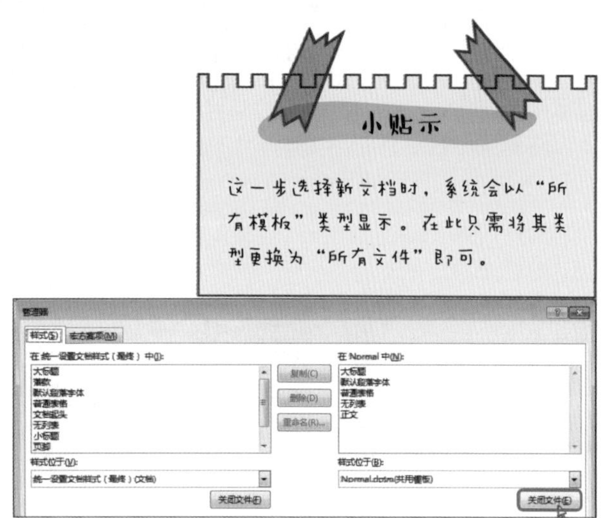

小贴示
这一步选择新文档时，系统会以“所有模板”类型显示。在此只需将其类型更换为“所有文件”即可。
管理器
关闭文件(E)

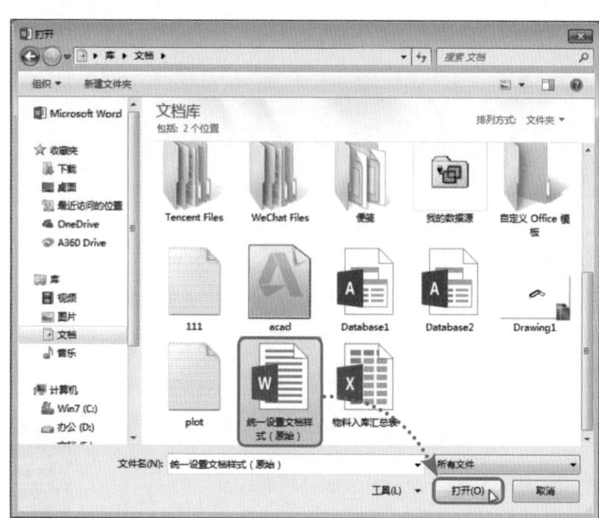

Step 03 另一个文档添加好后，在“管理器”对话框的左侧列表中，选择要应用的样式，然后单击“复制”按钮，即可将该样式导入至添加的文档中了。

Step 04 单击“关闭”按钮，在打开的提示框中，单击“保存”按钮，完成所有操作。

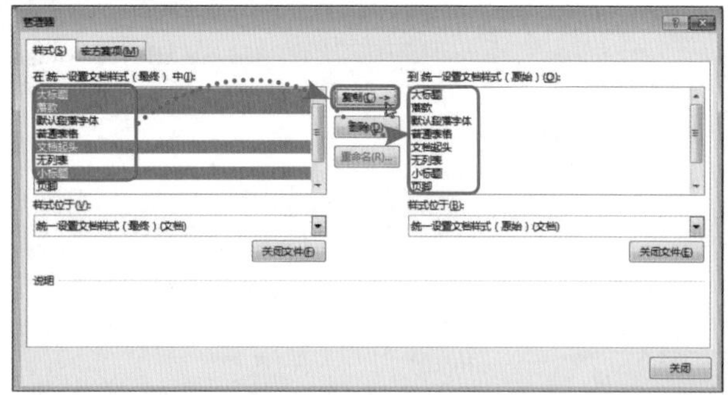

Step 05 打开刚刚添加的文档，单击“样式”下拉按钮，在展开的列表中，就可以看到我们导入的新样式了。

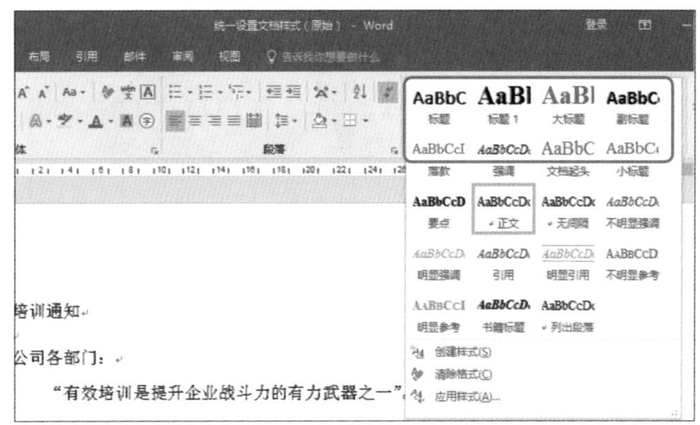

03 提取精华一目录

对于一本书来说，目录是一个十分重要的组成部分。它能够提炼出整本书的内容结构。通过看目录，就能够大略的知道该书的基本内容框架。那如何添加目录呢？难不成要将目录内容一条条的敲上去吗？当然不是！使用Word“自动目录”功能啊！下面小德子就来介绍其具体用法。

Step 01 打开原始文件。将光标放置在文档起始位置。在“引用”选项卡中，单击“目录”下拉按，选择“自动目录1”或“自动目录2”选项。

Step 02 选择完成后，系统就自动在光标处添加相应的目录了。

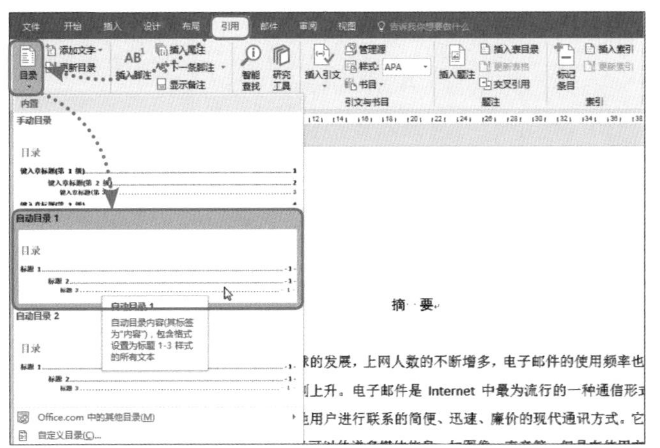

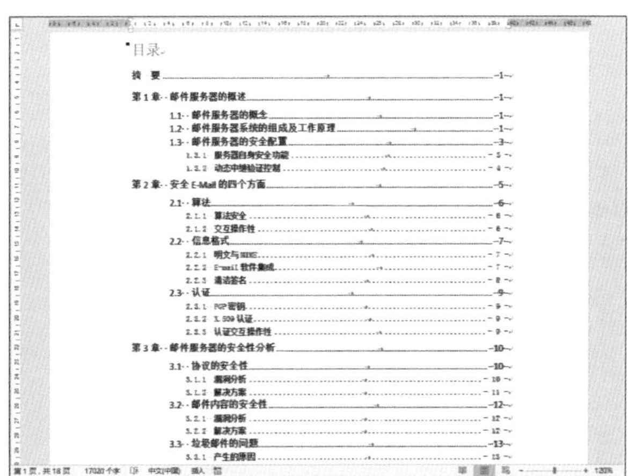

那万一书本内容修改了，目录怎么办？更新目录啊！选中目录，在“引用”选项卡中，单击“更新目录”按钮就好了！

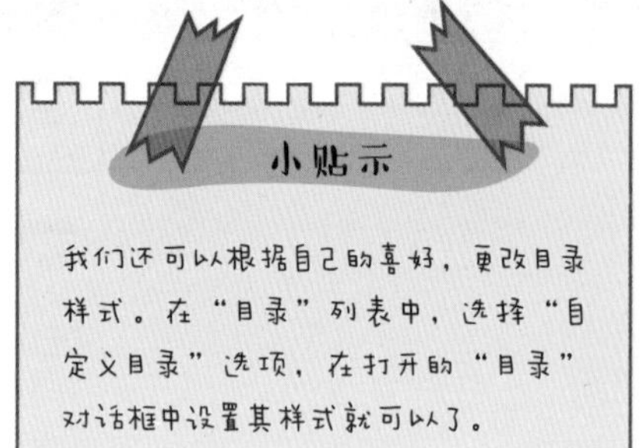

小贴示
我们还可以根据自己的喜好，更改目录样式。在“目录”列表中，选择“自定义目录”选项，在打开的“目录”对话框中设置其样式就可以了。

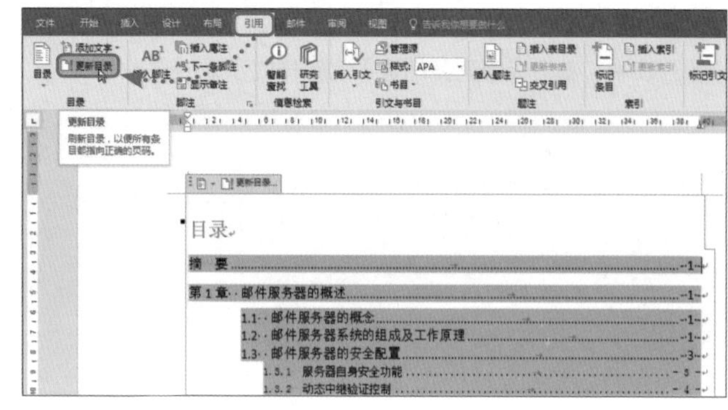

04 为文档添加脚注

听说过脚注吗？拿官方话说就是在印刷的书页正文下面或在各表下面的附注。说白了，也就是在文档末尾或页面底部添加注释说明。下面小德子就向大家介绍脚注的添加方法。

Step 01 打开原始文档。将光标放置在标题末尾处，在“引用”选项卡中单击“插入脚注”按钮。此时在光标处已显示“1”，并在当前页面末尾处也添加了相应的序号1。

Step 02 在当前页末尾，脚注“1”处输入注释内容。重复以上步骤，完成该文档脚注的添加。如果想要删除脚注，只需在文档中，选中相应的序号，按Delete键删除就可以了。序号删除后，其脚注也会随之一起删除。

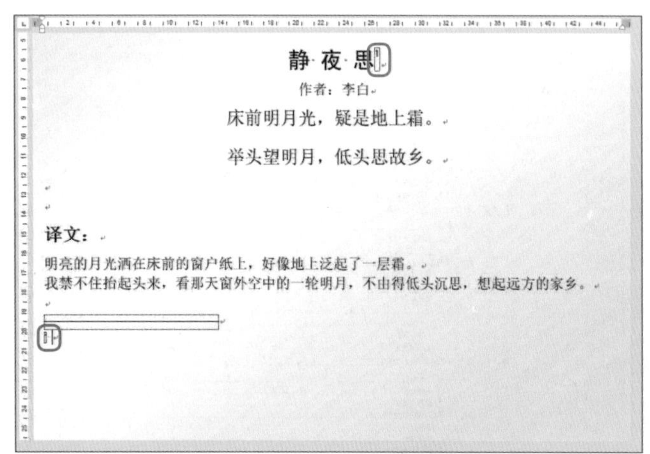

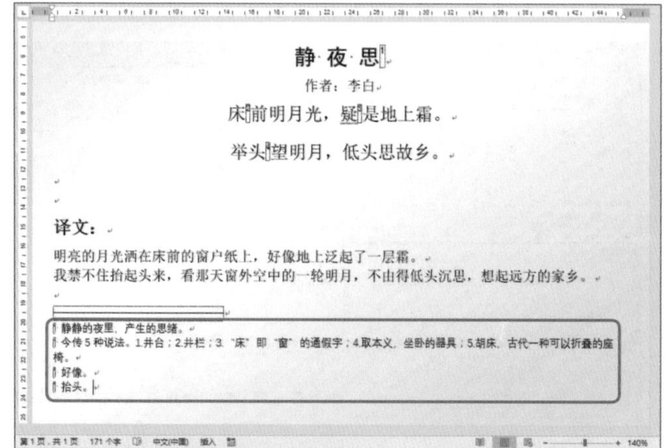

怎样的页面版式会好看?

很多朋友会认为页面排版都是由一些专业的排版软件来完成的。对于使用Word来排版，可能会嗤之以鼻。其实是你低估Word了，这么说吧，Word相关的排版功能足以应付一些书籍及长篇文档的排版操作。

01 文档页面设置你知多少?

看到很多朋友喜欢打开Word后就开始码字，写稿。完全不顾页面的版式及大小。等稿子写完后，才发现现在的页面尺寸不合适，又得返工重新调整。这是何苦呢？为何不在写稿之前就把页面尺寸给定好呢？所以别小看Word页面布局，哪怕一个小小的失误，就够你手忙脚乱一阵子了！

我们打开Word后，应该先对页面进行调整，例如纸张大小、纸张方向、页边距等。下面小德子就跟大家说说页面设置的那些事吧！

1. 纸张大小

不同类型的纸张都有其具体的尺寸，我们只需知道一些常用的纸张类型就可以了。例如A4、B5就较为常见。有时也会用到A3或B4这类纸张规格。纸张大小需要根据具体的要求以及打印机支持最大纸张的幅面来设置。在“布局”选项卡中，单击“纸张大小”下拉按钮，在打开的下拉列表中，我们就可以看到这些纸张的具体尺寸。系统默认纸张大小为A4。

如果有特殊的纸张要求，可以在“纸张大小”列表中，选择“其他纸张大小”选项，在“页面布局”对话框中，对“宽度”和“高度”值进行设置即可。

2. 纸张方向

Word的纸张方向，非纵即横，默认为纵向。在进行设置时，就需要了解当前文档是做什么用的。例如一般的书籍或文案多半会选择纵向，而一些公司画册及宣传册有可能会需要横向。所以就需要根据具体的要求来设置。在“布局”选项卡中，单击“纸张方向”下拉按钮，在下拉列表中可以设置方向，也可以单击“页面设置”组右下角对话框启动按钮，打开“页面设置”对话框，在“页边距”选项卡中，选择“横向”或“纵向”选项。

3. 页边距

页边距是指文档边距的大小。页边距主要由上、下、左、右这4个边距构成。Word内置了多种页边距样式，默认为“常规”，也就是“上”和“下”为2.54厘米；“左”和“右”为3.18厘米。

如果对内置的边距样式不满意，我们也可以自定义页边距。在“布局”选项卡中，单击“页边距”下拉按钮，选择“自定义页边距”选项，在打开的“页面设置”对话框中，自定义“上”、“下”、“左”和“右”的页边距值即可。

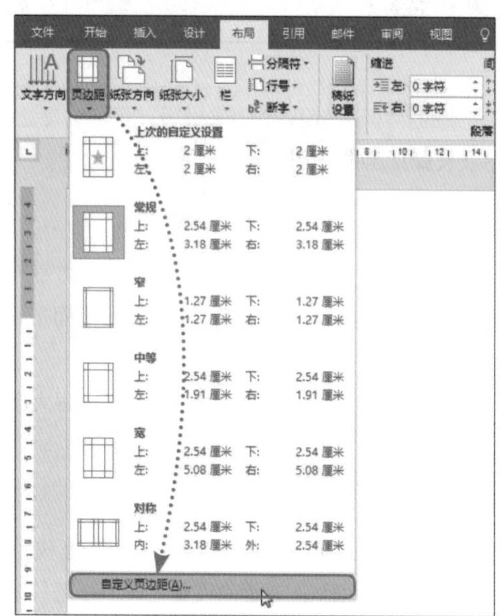

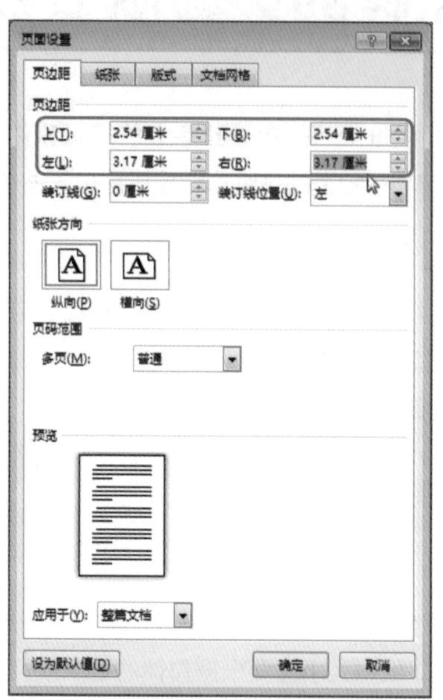

02 实现单栏和双栏混排效果

单栏排版是Word默认排版方式，而如果想要实现双栏排版，我们只需要借助“分栏”功能就可以实现。但现在想要把单栏和双栏进行混排，该怎么操作？这时，就需要使用“分节符”功能了。下面小德子将举例来和大家说说如何实现单、双栏混排效果吧！

Step 01 打开原始文档，我们会发现该文档是以单栏方式来显示的。将光标定位到第2段落末尾处。在“布局”选项卡中，单击“分隔符”下拉按钮，选择“连续”分节符。

Step 02 此时，会在该段落下增添一个空白行。删除该行，文档看上去好像没什么变化。别急！继续操作。使用鼠标选中第3段到“8.2.2”小节前一段内容。单击“栏”下拉按钮，选择“更多分栏”选项，在打开的对话框中，设置分栏参数。

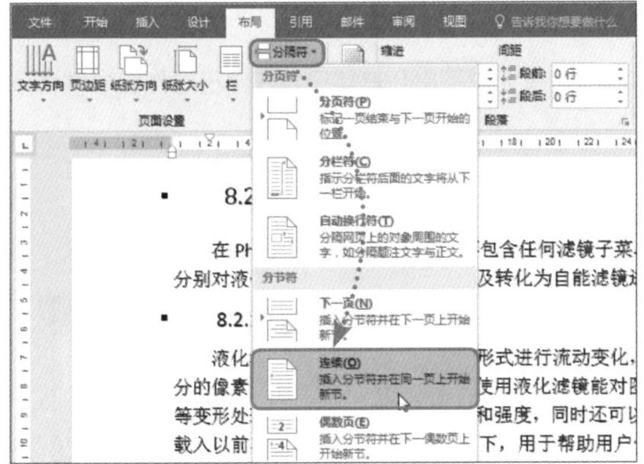

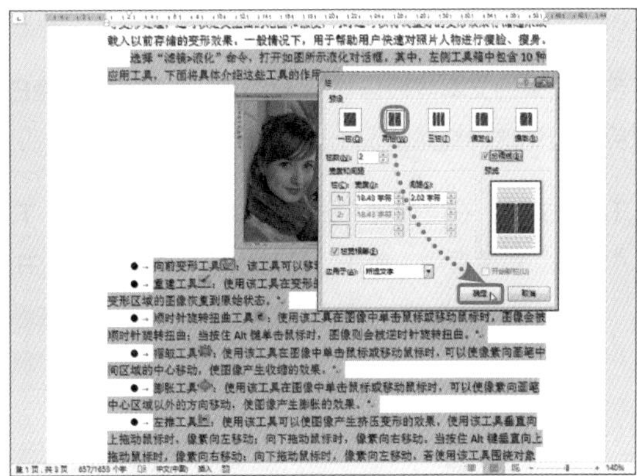

Step 03 单击“确定”按钮，此时被选中的文档已分成双栏了。而文档第1、2段内容还是以单栏状态显示。介绍到这，大家应该能看出来，为什么要在第2段后添加一个分节符了吧！

Step 04 重复以上的操作方法，将该文档剩余的内容进行混排操作。

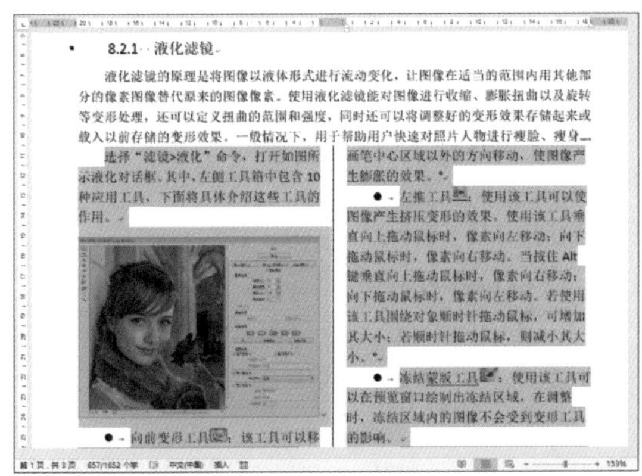

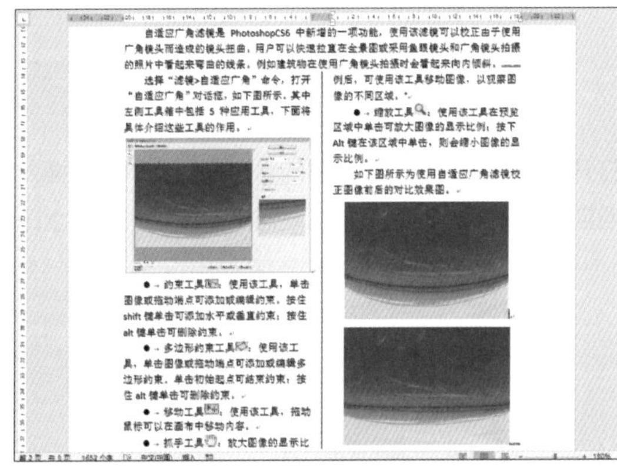

知识加油站：分节符的应用

分节符在排版中运用的最多。它们的设置比较复杂，那就说的简单一点吧，当在文档中添加了一个分节符后，文档就被分成了上、下两段内容，我们在下段内容里进行任何版式操作，都不会影响到上段内容的版式。而一旦删除了分节符，下段内容的版式就会被应用到上段内容。

03 水印文档巧实现

辛辛苦苦做出来的文案或报告被别人盗用后，真所谓是哑巴吃黄连，有苦说不出！其实只要在自己的作品中稍稍添加一个小水印，就可以完全避免这种尴尬情况出现的！

Step 01 打开原始文档。在“设计”选项卡中，单击“水印”下拉按钮，在列表中选择“自定义水印”选项。

Step 02 在“水印”对话框中，单击“图片水印”单选按钮，并单击“选择图片”按钮。

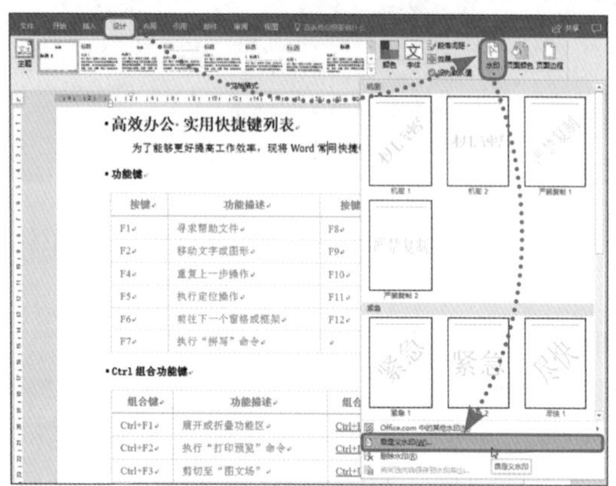

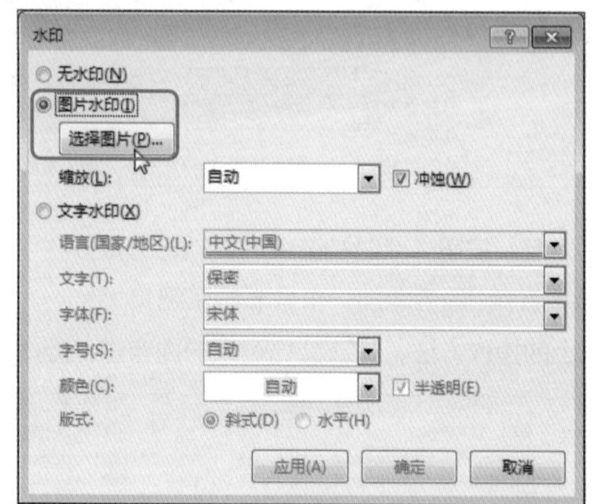

Step 03 在打开的对话框中，选择合适的水印图片，单击“插入”按钮。

Step 04 返回到“水印”对话框，单击“应用”按钮，完成水印的添加操作。

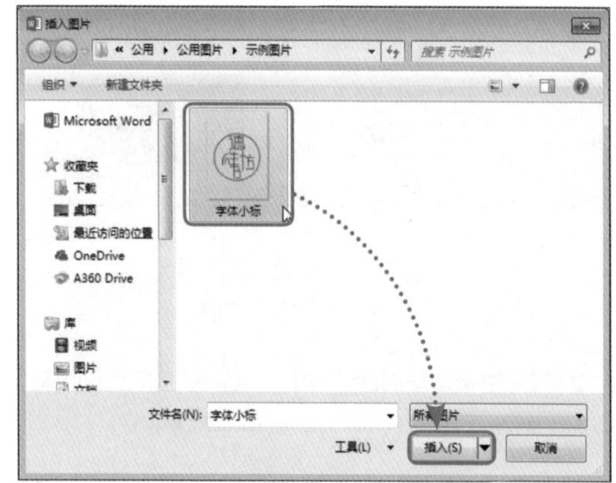

为了能够更好提高工作效率，现将 Word 常用快捷键总结归纳如下，以供读者参考。

• 功能键

按键	功能描述	按键	功能描述
F1	寻求帮助文件	F8	扩展所选内容
F2	移动文字或图形	F9	更新选定的域
F4	重复上一步操作	F10	显示快捷键提示
F5	执行定位操作	F11	前往下一个域
F6	前往下一个窗格或框架	F12	执行“另存为”命令
F7	执行“拼写”命令		

• Ctrl 组合功能键

组合键	功能描述	组合键	功能描述
Ctrl+F1	展开或折叠功能区	Ctrl+B	加粗字体
Ctrl+F2	执行“打印预览”命令	Ctrl+I	倾斜字体
Ctrl+F3	剪切至“图文场”	Ctrl+U	为字体添加下划线
Ctrl+F4	关闭窗口	Ctrl+Q	删除段落格式
Ctrl+F6	前往下一个窗口	Ctrl+C	复制所选文本或对象
Ctrl+F9	插入空域	Ctrl+X	剪切所选文本或对象
Ctrl+F10	将文档窗口最大化	Ctrl+V	粘贴文本或对象
Ctrl+F11	锁定域	Ctrl+Z	撤销上一操作

04 为文档添加页眉页脚

页眉页脚通常显示的是文档的一些附加信息，例如日期、时间、单位名称、公司LOGO以及页码等。为了让文档结构更加完整，可以为其添加页眉页脚。

Step 01 打开原始文档。在“插入”选项卡中单击“页眉”下拉按钮，在其下拉列表中，选择一款满意的页眉样式。

Step 02 输入页眉内容，然后将其向右对齐。设置其字体颜色和格式。

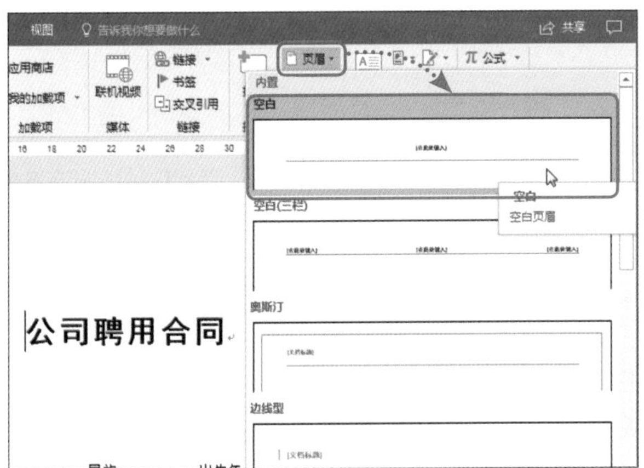

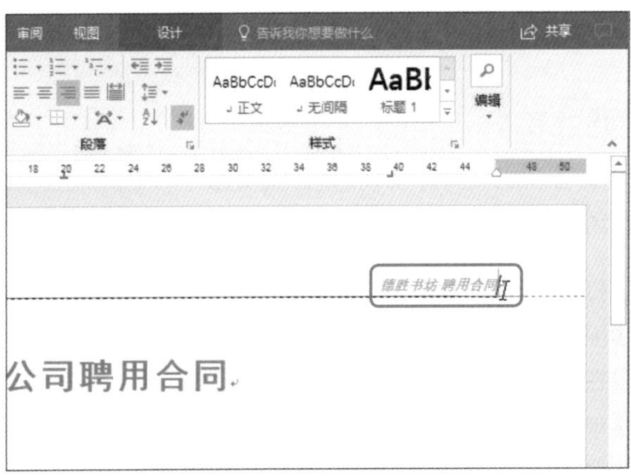

Step 03 在“页眉和页脚工具—设计”选项卡中，单击“转至页脚”按钮，页面就会跳转到页脚。输入页脚内容，并设置好其格式。我们也可以为页眉添加相关的图片或LOGO。

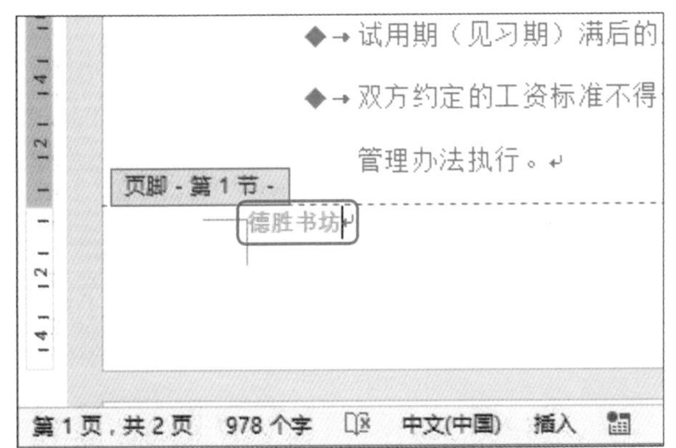

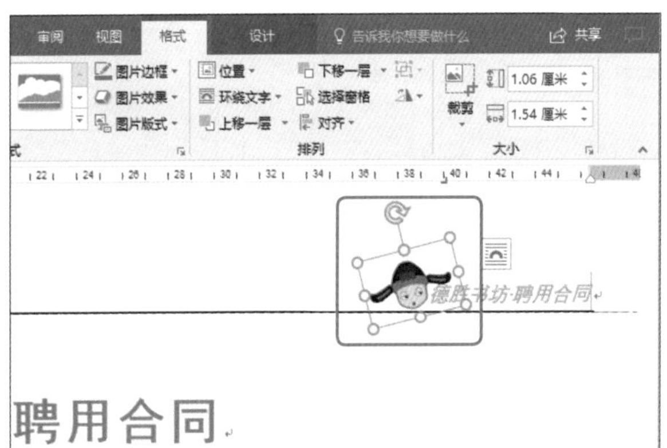

Step 04 设置完成后，在“页眉和页脚工具—设计”选项卡中，单击“关闭页眉和页脚”按钮，完成操作。此时我们可以看到当前文档的所有页面上都添加了相同的页眉和页脚。

知识加油站：删除页眉横线

页眉页脚倒是容易删除，可是页眉删除后，那条分割线总是删不掉。咋办？容易啊，最简单的办法就是，选中分割线上的段落标记（回车符号），在“开始”选项卡的“样式”列表中，选择“正文”样式就删除了。

05 删除首页码

在为文档添加页码后，会同时把封面页也一并添加相应的页码。而一般情况下，封面是没有页码的，遇到这种情况该怎么办？答案很简单，设置一下页码的起始数就OK啦！

Step 01 打开原始文档。此时会发现该文档封面也一同添加了页码。双击封面页的页码，在“页眉和页脚工具—设计”选项卡中，单击“页码”下拉按钮，选择“设置页码格式”选项。

Step 02 在“页码格式”对话框中，单击“起始页码”按钮，并将其参数设为0。

Step 03 单击“确定”按钮，关闭该对话框。然后在“页眉和页脚工具—设计”选项卡中，勾选“首页不同”复选框即可完成封面页码的删除操作。

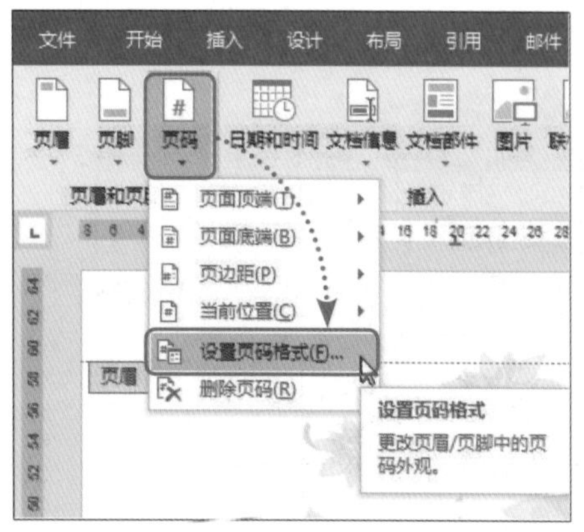

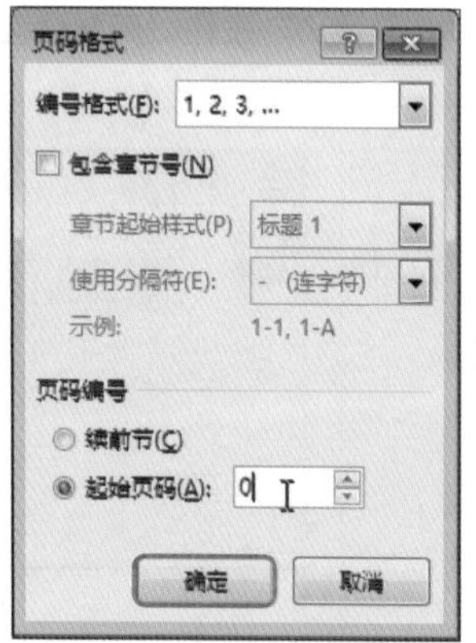

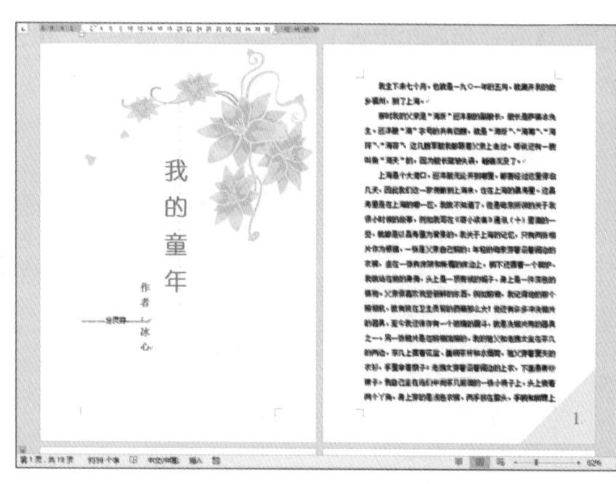

QUESTION

学习心得

这一课我们学习了Word的基本操作，其中包括Word自动化排版以及调整页面布局等知识点。通过学习，相信大家能够对一些办公文档进行基本的处理了。大家在学习中，如果遇到什么疑难问题，可以到“德胜书坊”微信公众号以及相关QQ群中进行交流。让我们在轻松快乐的学习氛围中玩转Office吧！

千万不要小看Word！因为它会随时给你意外惊喜噢！

图文排版有讲究

立身以立学为先，
立学以读书为本

好的图片会让内容更精彩

一份满屏都是文字的文档和一份图文混排的文字放在面前，大家会选择看哪一份？小德子会选择后者。相信大多数人也会选择后者吧。原因很简单，有这么一句话，一张好的图片能胜过千言万语。图片给人的感受最直观，如果再配上文字进行渲染，这氛围想不好都难啊！

01 图片处理花样多

很多人在遇到图片处理相关问题时，就想当然的打开PS软件进行修图，然后再把修好的图放到文档中。其实真的没有必要这么做，Word自带的修图功能完全可以应付的了。不信，你往下看！

1. 调整图片明度、对比度以及色调

当我们拿到一张分辨率不高的图片后，本能的就会对图片的明度、对比度进行适当的调整，让图片变得更加清晰明朗。而这些调整操作对于Word来说简直就是小case啦！

Step 01 打开原始文件。这里会看到文档中的图片整体感觉灰蒙蒙的，不清晰。像这种图片就需要调整了。

孔庙第一道门叫“棂星门”。“棂星”又名天田星，古人祭天，先要祭棂星。“棂星门”三个字为乾隆所书。“太和元气”坊同“金声玉振”坊差不多，题字为明代山东巡抚曾铣手书，赞颂孔子思想如同天地生育万物。此院东西各有一座腰门，东边上书“德侔天地一样大，他的学说古今来说都是最好的”。这座门叫“圣时门”，由此往里，有博大精深、深不可测之感。“圣时”二字，取<<孟子.万章下>>，“孔子，圣之时者也”句，意思是说，在圣人之中，孔子是最适合时代者。

过圣时门迎面小石桥，叫“璧水桥”，桥两侧偏南各有一座门，东门叫“快睹门”，是先睹为快的意思，西门叫“仰高门”赞颂孔子的学问十分高深。我们进入的大门，称“弘道门”，这三个字取自<<论语.卫星公>>“人能弘道”的句子，以此来赞颂孔子阐发了尧舜汤和文武周公之“道”。这道门也是明朝洪武十年(1377年)时孔庙的大门。再往后是“大中门”，大中门是宋朝时期孔庙的大门，原名叫“宫和门”，字的意思与孔子中庸之道的主张有关，由此门向南望去，一方面可以看到孔庙的历史沿革，一方面也可以看到孔庙的不断扩大，这些建筑既有清代建筑，也有明代建筑，还有宋代建筑，它们建的时代不同，工匠不同，但都互相配合，相得益彰，构成一体。

知识加油站：图片重设操作

当在编辑图片时，可能会感觉设置效果不太好，这种情况我们不需要一一撤回，只要在“格式”选项卡中，单击“重设图片”按钮，这时被选中的图片立马会恢复到初始状态。

Step 02 选择其中一张图片，在“格式”选项卡中，单击“校正”下拉按钮，在“亮度/对比度”组中，选择合适的选项。选择完成后，被选中的图片就发生了明显的变化。

Step 03 我们也可以调整图片的色调。当前图片比较偏冷，这里可以适当的把它往暖色调上靠。同样选中该图片，单击“颜色”下拉按钮，在“色调”组中，选择满意的色调选项。

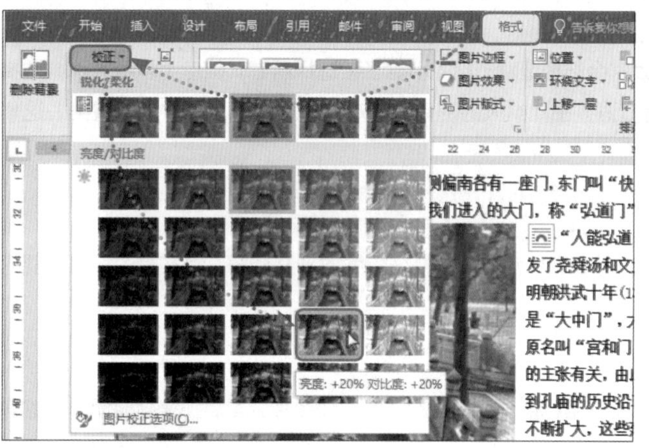

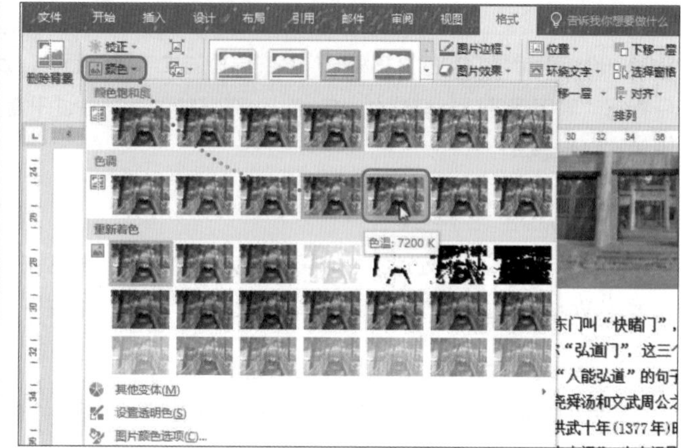

2. 设置图片样式

在Word中，除了可以对图片的颜色、明暗度以及画风进行处理外，还可以对图片外观样式进行修饰。例如添加边框、添加三维效果等。

在文档中选择所需设置的图片，然后在“格式”选项卡的“图片样式”选项组中，单击“其他”下拉按钮，在打开的样式列表中，选择一款合适的样式。此时被选中的图片其外观样式已发生了变化。

以上添加的是系统自带的外观样式。如果对这些样式不满意，可以自定义其样式。

在“图片样式”选项组中，根据需要单击“图片边框”或“图片效果”下拉按钮，在其列表中做相应的设置即可。

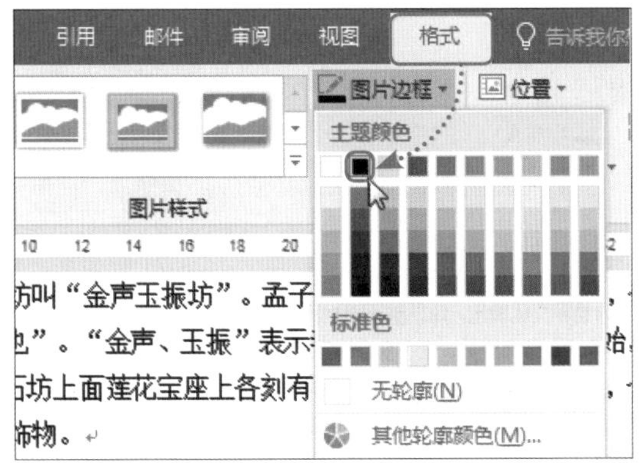

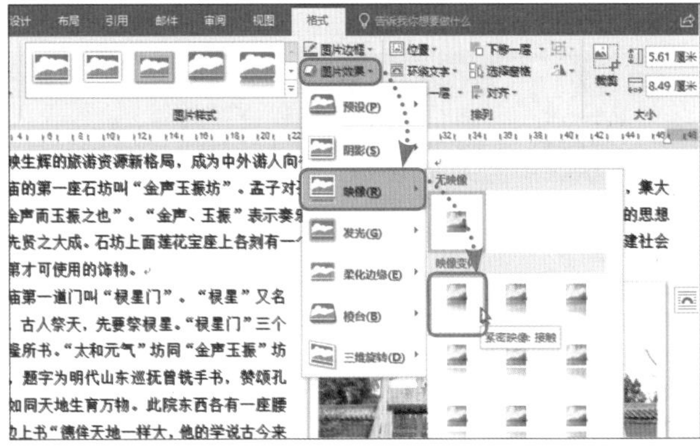

知识加油站：不要滥用图片样式

在日常工作中，滥用图片样式的大有人在。总喜欢把系统中所有的样式都用上一遍才舒服。其实与其对图片下那么多功夫，还不如当初简简单单的一张图片来的好看！在此小德子想提醒一句，图片样式大家一定要谨慎选择！没有把握还是不要碰为妙。

3. 裁剪图片

如果图片大小不合适，可以使用“裁剪”功能进行调整。在“裁剪”列表中，可以根据实际需要，对图片进行等比裁剪或裁剪为任何形状。

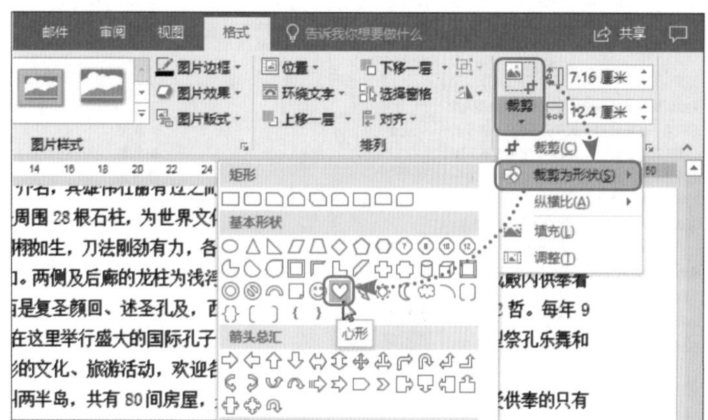

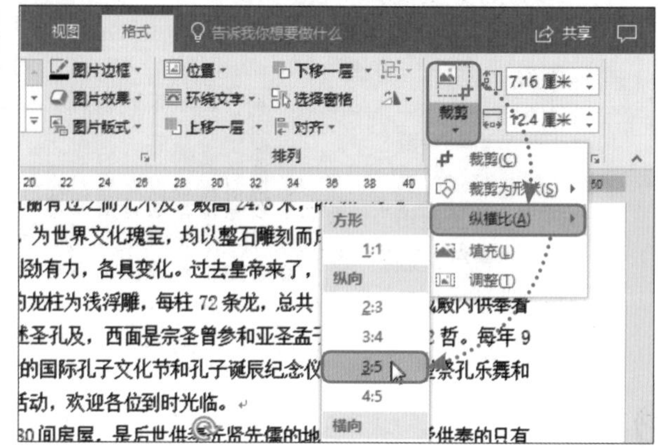

4. 删除图片背景

使用Word中“删除背景”功能，可删除图片的背景。选中所需的图片，在“格式”选项卡中，单击“删除背景”按钮，打开“背景消除”界面。此时画面中，紫色区域是要删除的，非紫色区域则是保留的。我们可以在“背景消除”选项卡中，单击“标记要保留的区域”或“标记要删除的区域”按钮，来添加或删除所需区域。然后，单击“保留更改”按钮完成背景删除的操作。

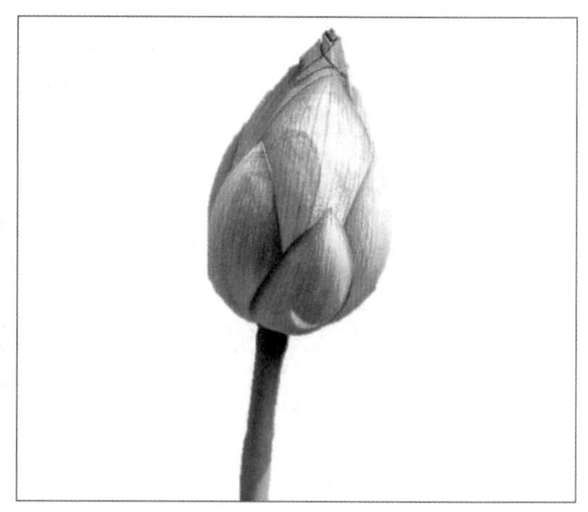

02 图文混排有诀窍

以上小德子向大家介绍了图片的各种处理方法。下面就来介绍一下图片在文档中的排列方式。图片默认排列方式为嵌入型。使用该方式插入的图片，其位置是相对固定的，它只局限于文档的左、中、右这三个方位来排列。如果想要在文档某一处插入图片，使用该方式就不合适了。此时就需要用到“环绕文字”功能进行排列。

Step 01 打开原始文件。将光标定位在副标题末尾，按Enter键，新起一行。然后按Ctrl+E组合键，将段落标记 居中显示，如图❶所示。

小贴示

一次性插入多张图片后，系统会以默认的方式来排列图片，其版面比较呆板。我们可以将其设为环绕型方式，然后适当的放大或缩小图片，则会有一想不到的版式效果哦！

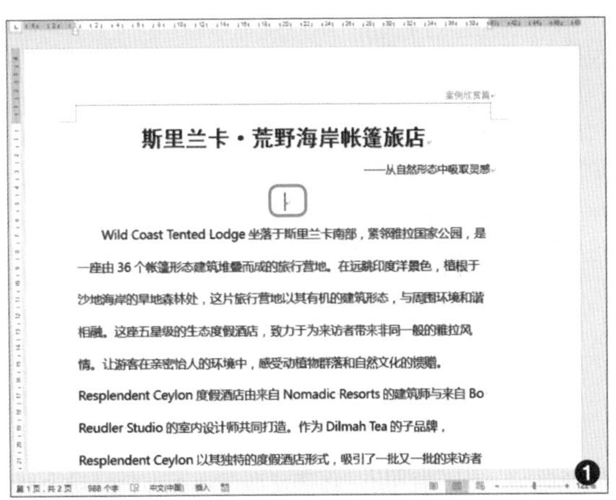

❶

Step 02 使用“插入”命令，插入“鸟瞰”图片。调整图片的大小，如图❷所示。

Step 03 将光标放置在第1段落末尾处，并插入“鸟瞰局部”图片，如图❸所示。

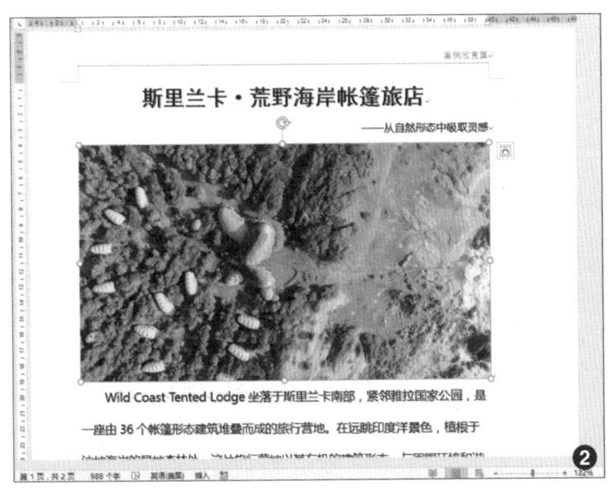

❷

❸

Step 04 插入图片方式为“嵌入型”。该图片无法移动。选中图片，单击右上角“布局选项”按钮，从中选择“紧密型环绕”选项，如图❹所示。然后将它移动到合适位置，如图❺所示。

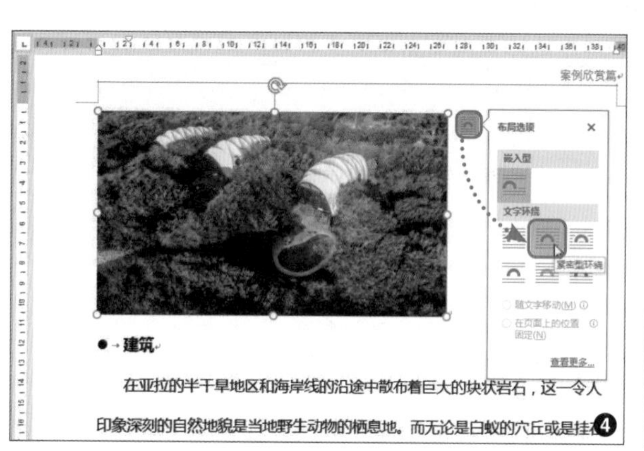

❹

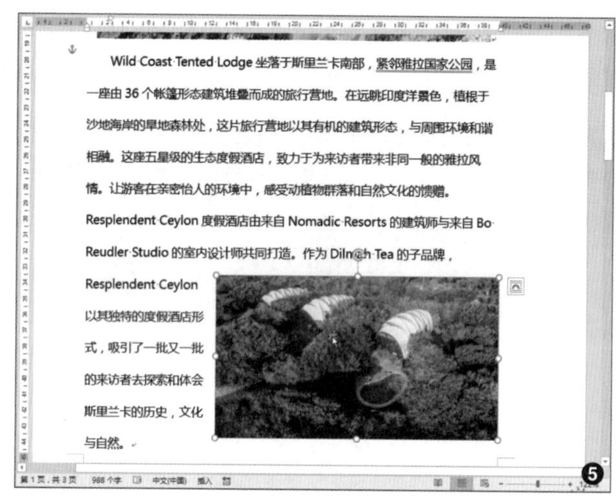

❺

Step 05 将“建筑1”和“建筑2”这两张图片以紧密型环绕方式，排列在“建筑”这一节内容中，如图❻所示。

Step 06 将光标放置“景观”段落末尾处，按Enter键新起一行，并将其居中。然后以“嵌入型”方式插入“景观”图片，如图❼所示。

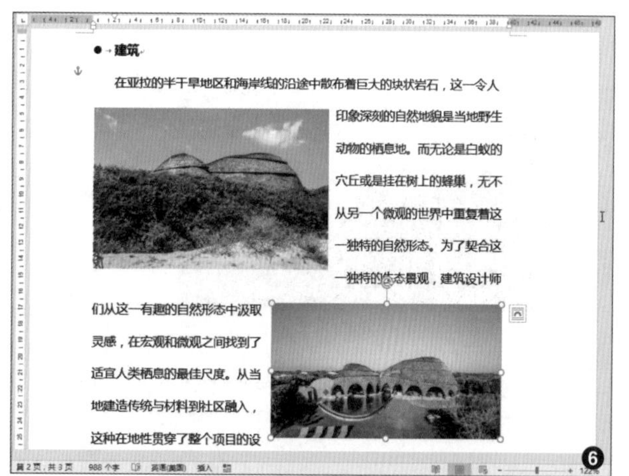

❻

❼

或许会有人问，如果要在文档中插入多张图片的话，按照你以上介绍的方法一个个插入实在太麻烦，有没有快捷的办法啊？有啊！你只需要在“插入图片”对话框中，选择多张图片插入就可以了。下面小德子将以插入多张室内图片为例，来介绍批量插入图片以及分栏排列的方法。

Step 01 接着以上的案例，将光标放置“室内空间”段落末尾处，按Enter键另起一行，单击“图片”按钮，按住Ctrl键，选择6张室内图片，如图❶所示。单击“插入”按钮，图片会以嵌入的方式插入文档，如图❷所示。

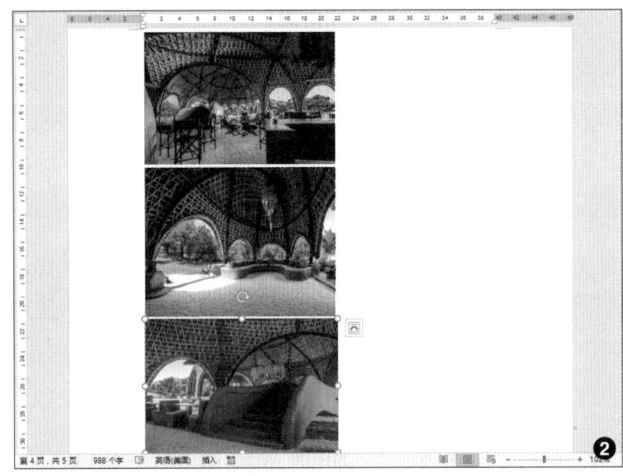

知识加油站：设置图片叠放顺序

当以“环绕文字”的方式插入了多张图片后，可能会存在图片叠放顺序的问题，如果需要将某张图片放在最上层的话，就需要调整它的顺序。其方法为：选中该图片，然后在“格式”选项卡中，单击“上移一层”下拉按钮，在下拉列表中，选择“置于顶层”选项就可以了。我们还可以利用右键功能进行操作。其方法与选项卡相同。

Step 02 将光标放置在最后一张图片末尾处，按Enter键另起一行，如图❸所示。

Step 03 将光标放置在第一张室内图片左侧空白处，使用鼠标拖拽的方法，全选图片，如图❹所示。

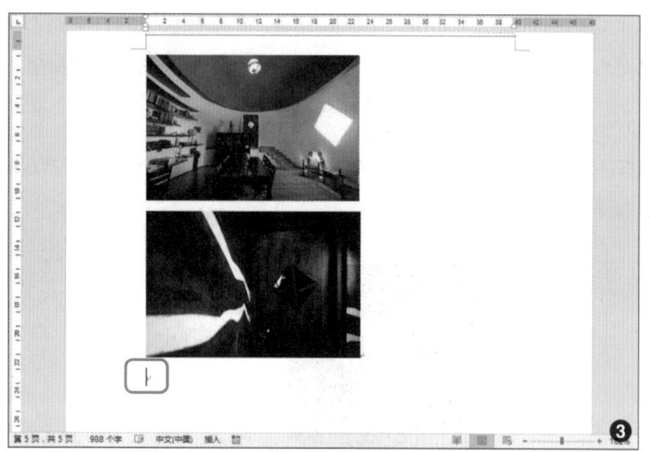

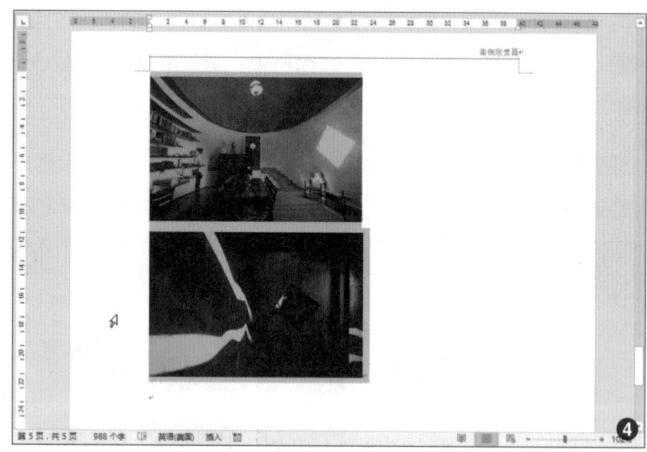

Step 04 在“布局”选项卡中单击“分栏”下拉按钮，选择“两栏”选项，将的图片分为两栏，如图❺所示。

Step 05 适当调整一下每张图片的大小就完工喽！最终效果如图❻所示。

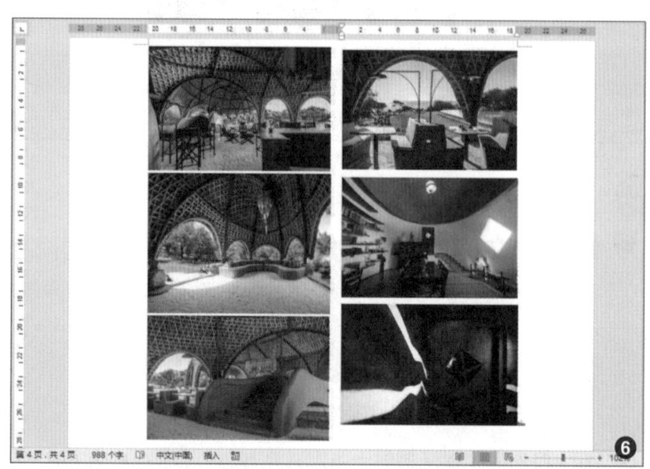

也许有强迫症的朋友会说：“图片有大有小，不对齐啊！”确实，使用分栏功能来对图片进行摆放会出现这样的情况。如果想要将图片对齐并其大小一致的话，就需要使用另外一种方法了。这里小德子先卖个关子，大家可以继续往下看。到时候就知道该怎么做了！

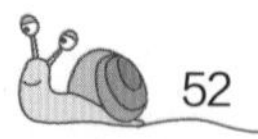

03 迅速提取文档图片

让你在文档中提取图片，你会怎么做？估计大多数朋友都会先右击选中图片，然后在打开的菜单中，选择“另存为图片”选项，保存图片。对，这种方法没错，但若要批量提取图片的话，明显这种方法效率太低。这时我们就需要使用“网页”模式进行操作了。

Step 01 打开所需文档。单击“文件”选项卡，在打开的菜单中，选择“另存为”选项。在“另存为”对话框中，单击“保存类型”下拉按钮，在列表中选择“网页”选项。

Step 02 在“文件名”文本框中，输入名称，单击“保存”按钮。在打开的提示框中，单击“是”按钮。此时我们会发现除了Word文档外，还有另外两份文件，一份是后缀为“.files”的文件夹，一份是网页文件。

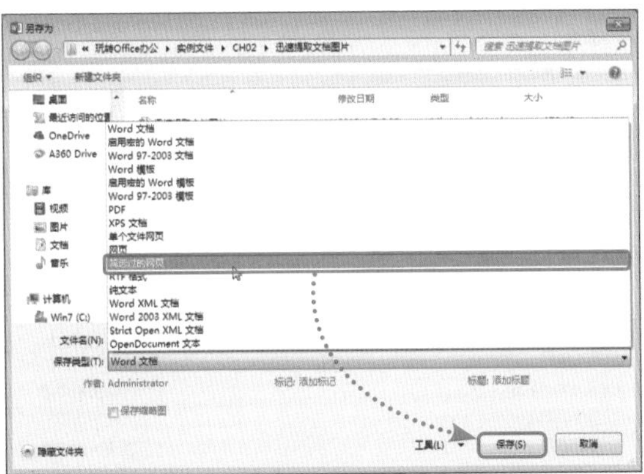

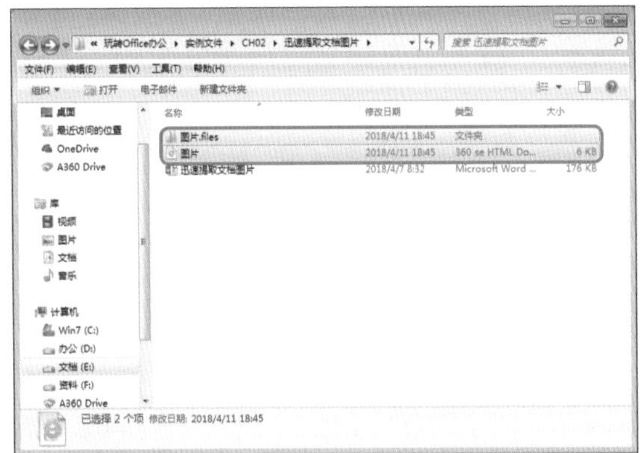

Step 03 双击那份文件夹，就可以看到文档中所有图片都包含在内。打开相应的Word文档，就会发现该文档会以Web版式视图方式显示，只需单击页面左下角的“页面视图”按钮就可以恢复正常。

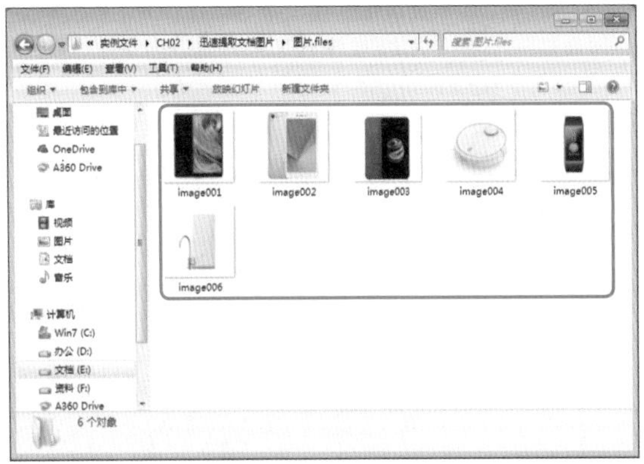

知识加油站：“网页”和“筛选过的网页”的区别

在“网页”模式的文件夹中，既保留了原有分辨率大小的图片，又保留了经过Word固有的分辨率转化出来的图片。而“筛选过的网页”模式，其图片只保留原有分辨率大小的图片。该方法比较方便快捷。而“网页”模式通常用在低版本中。

04 一次性删除文档所有图片

要删除文档中所有的图片，大家会怎么操作？一个个删吗？当然不是啦！小德子再这教一招，使用替换功能就可以一次性删除所有图片。试试看吧！

Step 01 按Ctrl+D组合键打开“查找和替换”对话框。将光标定位至“查找内容”文本框中，单击“更多”按钮，从中单击“特殊格式”按钮，选择“图形”选项，如图❶所示。

Step 02 此时在“查找内容”文本框中，会显示“^g”字符。将“替换为”文本框中保持为空状态。单击“全部替换”按钮，如图❷所示。

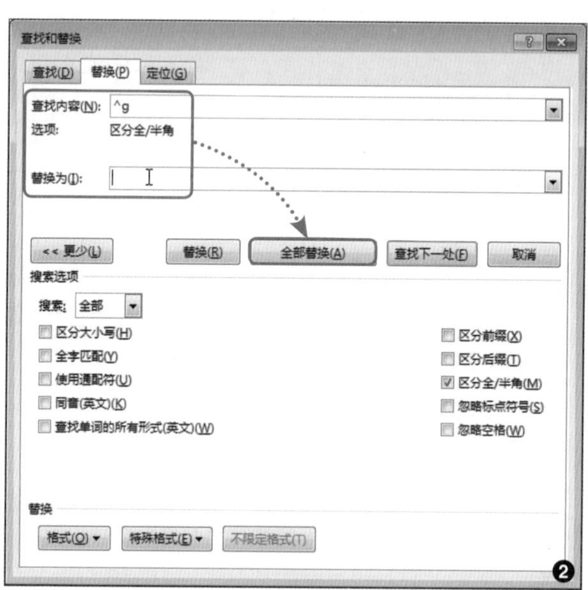

Step 03 在打开的提示框中，会显示替换的结果，在此单击“确定”按钮，如图❸所示，完工！

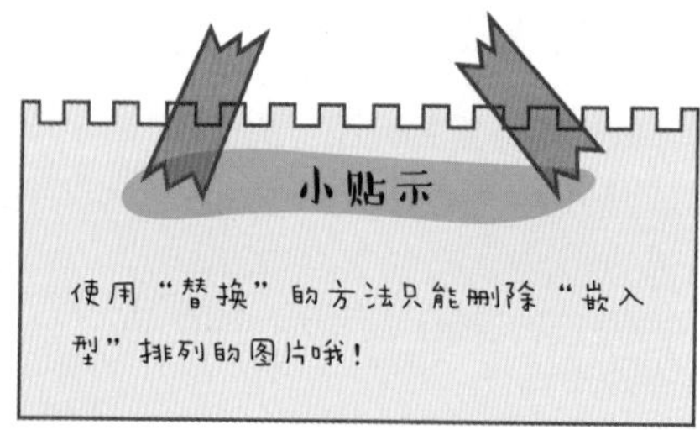

小贴示
使用“替换”的方法只能删除“嵌入型”排列的图片哦！

小图形有大智慧

在Word中使用图形工具主要目的有两个，一个是突出文档主题，另一个就是美化文档。使用图形工具可以画出任何图形形状。下面就让小德子说说图形工具的妙用吧！

01 使用形状突显主题文本

在Word中想要突显文本，通常都会对相关的文本添加底纹或是更换文本颜色。这种方法简单快捷，别人一眼就能注意到。但其效果比较呆板。如果对页面排版有要求的话，使用形状工具来制作是比较明智的。

Step 01 打开原始文档。在“插入”选项卡中，单击“形状”下拉按钮，在打开的下拉列表中，选择“矩形：圆角”形状。使用鼠标拖拽的方式，在文档空白处画出圆角矩形。然后适当调整它的大小和位置。

Step 02 选中圆角矩形，在“格式”选项卡中，单击“形状填充”下拉按钮，选择橙色，然后单击“形状轮廓”下拉按钮，选择白色，并设置粗细为1.5磅。

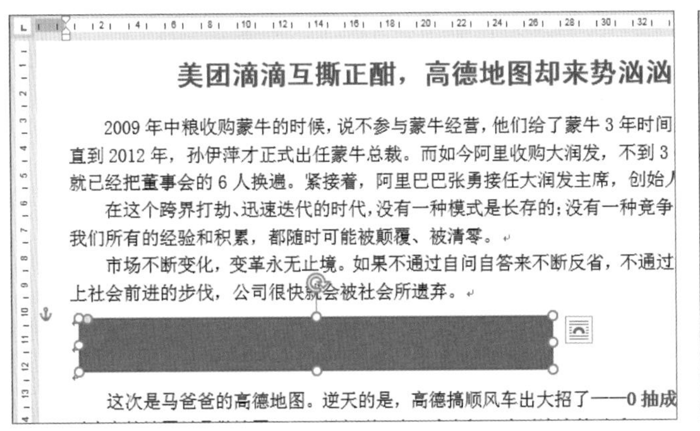

美团滴滴互撕正酣，高德地图却来势汹汹

2009 年中粮收购蒙牛的时候，说不参与蒙牛经营，他们给了蒙牛 3 年时间
直到 2012 年，孙伊萍才正式出任蒙牛总裁。而如今阿里收购大润发，不到 3
就已经把董事会的 6 人换遍。紧接着，阿里巴巴张勇接任大润发主席，创始人

在这个跨界打劫、迅速迭代的时代，没有一种模式是长存的；没有一种竞争
我们所有的经验和积累，都随时可能被颠覆、被清零。

市场不断变化，变革永无止境。如果不通过自问自答来不断反省，不通过
上社会前进的步伐，公司很快就会被社会所遗弃。

这次是马爸爸的高德地图。逆天的是，高德搞顺风车出大招了——0 抽成

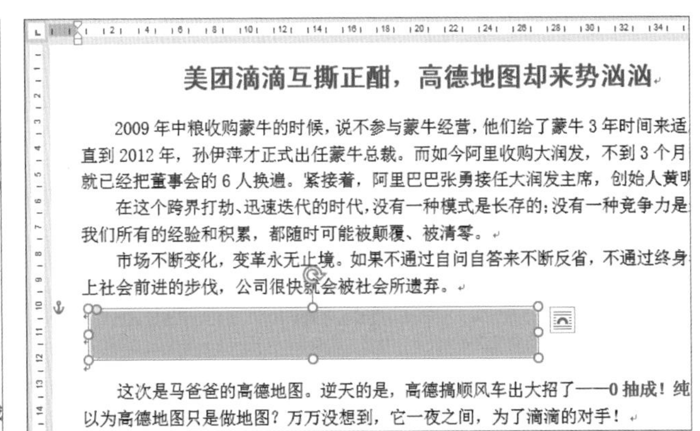

美团滴滴互撕正酣，高德地图却来势汹汹

2009 年中粮收购蒙牛的时候，说不参与蒙牛经营，他们给了蒙牛 3 年时间来适
直到 2012 年，孙伊萍才正式出任蒙牛总裁。而如今阿里收购大润发，不到 3 个月
就已经把董事会的 6 人换遍。紧接着，阿里巴巴张勇接任大润发主席，创始人黄明

在这个跨界打劫、迅速迭代的时代，没有一种模式是长存的；没有一种竞争力是
我们所有的经验和积累，都随时可能被颠覆、被清零。

市场不断变化，变革永无止境。如果不通过自问自答来不断反省，不通过终身
上社会前进的步伐，公司很快就会被社会所遗弃。

这次是马爸爸的高德地图。逆天的是，高德搞顺风车出大招了——0 抽成！纯
以为高德地图只是做地图？万万没想到，它一夜之间，为了滴滴的对手！

Step 03 在“形状”列表中，选择“矩形”，画出矩形。然后设置矩形颜色设为白色，矩形轮廓颜色为橙色，轮廓粗细为默认大小。

Step 04 右击该矩形，在快捷菜单中选择“置于底层”选项，把它放在圆角矩形下一层。适当调整一下矩形的位置和大小。然后在“形状”列表中，选择“笑脸”图形，在圆角矩形左上角处画出笑脸形状，并将其颜色设为白色，轮廓颜色为橙色。

知识加油站：文本框与形状的区别

文本框和形状都可以输入文本，可以调整其大小，并都可以对它的格式进行设置。不同之处在于，文本框可以实现链接，而形状不可以；文本框样式比较单一，而形状样式比较丰富。

Step 05 右击圆角矩形，在快捷菜单中选择“添加文字”选项。在光标处输入文字内容。然后设置字体为黑体，字体颜色为白色，并加粗显示。

Step 06 选中所有图形，单击鼠标右键，在快捷菜单中选择“组合”选项。把所有图形组合在一起。复制组合后的图形，并把它放在文档另一空白位置。然后修改其中的文本内容就可以了。

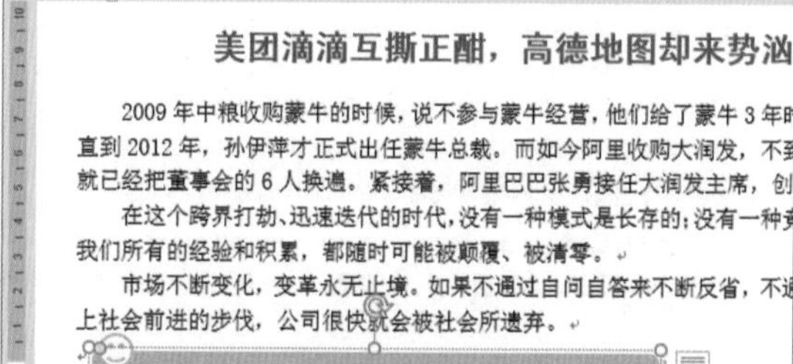

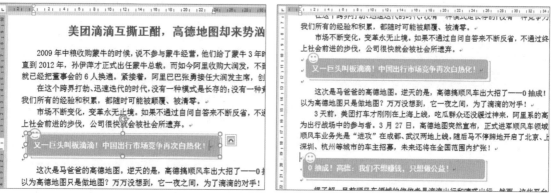

02 SmartArt工具的使用

在Word中想要制作流程图的话，使用SmartArt工具是最便捷的方法了。我们可以在文档中直接插入SmartArt图形，还可以利用各种形状工具手动画出流程图。到底使用哪种方法好呢？小德子只能说，这两种方法各有千秋。下面小德子就和大家简单介绍一下SmartArt工具使用方法。

Step 01 打开原始文档。将光标放置在文档末尾处，并按Enter键另起一行。然后单击“插入”选项卡中的“SmartArt”按钮，打开相应的对话框。

Step 02 在该对话框的左侧选择“流程”选项，然后在右侧列表中，选择一款满意的流程图样式。这里我们选择“交替流”选项。

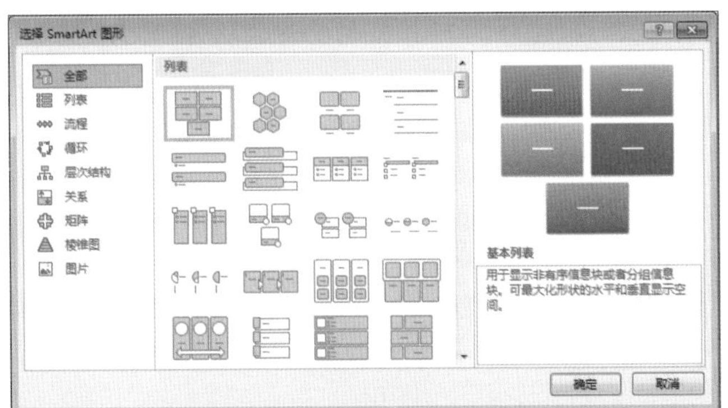

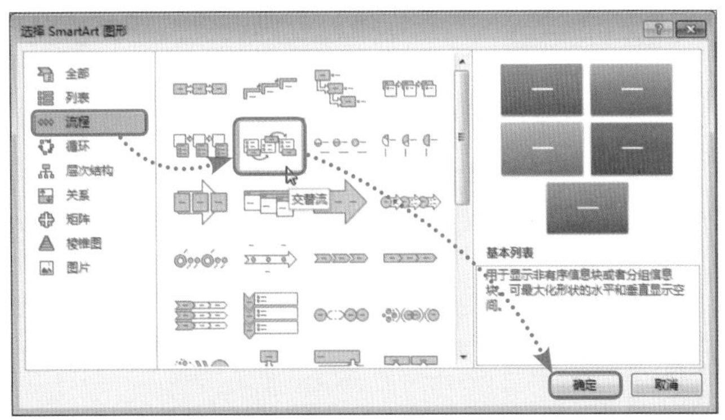

Step 03 单击“确定”按钮，就完成流程图的创建操作了。

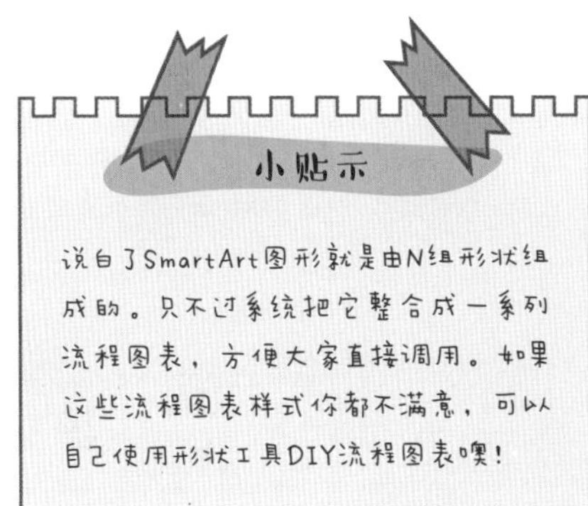

小贴示
说白了SmartArt图形就是由N组形状组成的。只不过系统把它整合成一系列流程图表，方便大家直接调用。如果这些流程图表样式你都不满意，可以自己使用形状工具DIY流程图表噢！

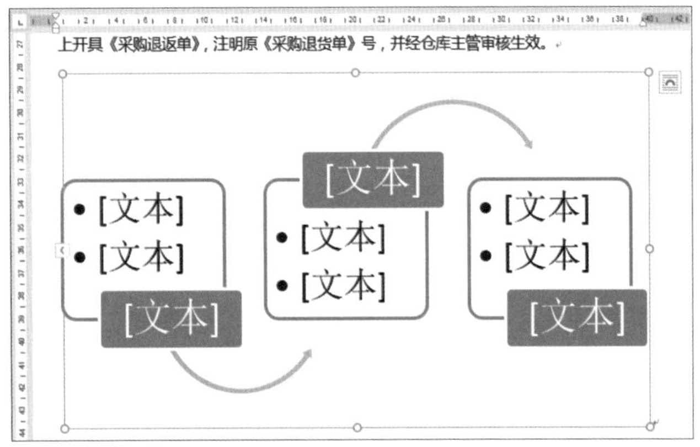

选中流程图，单击左侧扩展按钮，打开“在此处键入文字”窗口，在该窗口中输入文字内容后，系统会自动添加到相应的形状中。

Step 04 在流程图中，单击【文本】字样，就可以在图形中输入文字内容。在输入文字内容时，会发现插入的流程图中的形状不够用，这时就需要添加形状。选中流程图，在“SmartArt工具–设计”选项卡中，单击“添加形状”下拉按钮，选择“在后面添加形状”选项。此时就在流程图右侧添加了一组形状。

Step 05 在添加的形状中，继续输入文本内容。然后按照需要再次添加几组形状，并输入好内容。

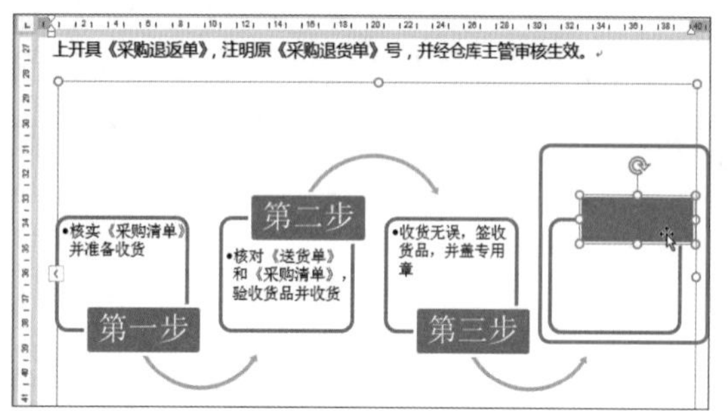

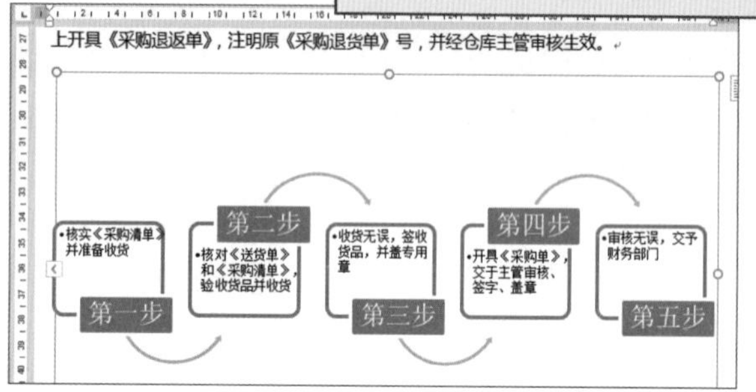

SmartArt流程图基本创建完成了，但以小德子看，还是觉得少点什么，是不是稍微美化一下会更好呢！那么就趁热打铁继续干吧！

Step 01 选中流程图，在“设计”选项卡中，单击“SmartArt样式”下拉按钮，选择一款满意的样式。单击“更改颜色”下拉按钮，选择一款合适的颜色。此时原本单调无味的流程图，一下子变得靓丽起来了！

Step 02 选中流程图中的文本，适当调整一下它的大小。收工！

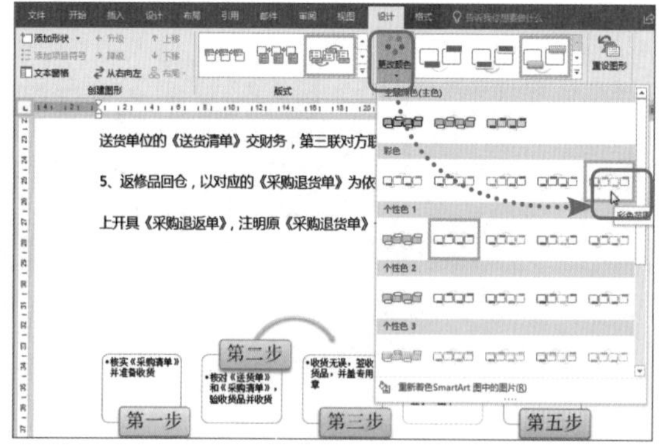

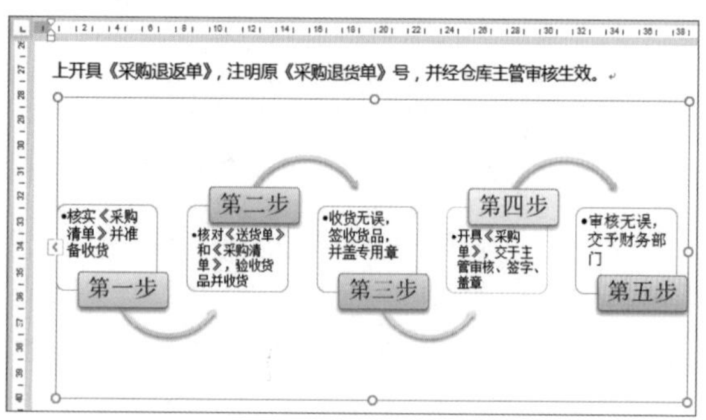

你不知道的表格排版功能

大家都知道表格是用来统计或计算数据信息的，除此之外，还知道表格的其他用处吗？有吗？当然有啦！它可是文档排版的能手噢！

01 你知道制表符吗？

看到这个标题，肯定有人会问：“制表符是啥？干什么用的？”具体官方怎么解释的，大家百度一下便知。以小德子的理解就是，制表符就是键盘上的Tab按键，当你按下Tab键后，就会产生一个制表符。默认情况下，制表符的距离为2个字符，当然这距离是可以调节的。利用它可以自动对齐文本，甚至可以制作一个伪表格（没有边框线的表格）。

举个简单的例子吧，在Word文档中输入选择题A、B、C、D这些选项时，总是对不齐。这时就要果断的使用制表符来操作。方法很简单：在A选项后，按两次Tab键；然后在C选项和D选项中间，再按两次Tab键，此时系统就会自动对齐B选项内容了。

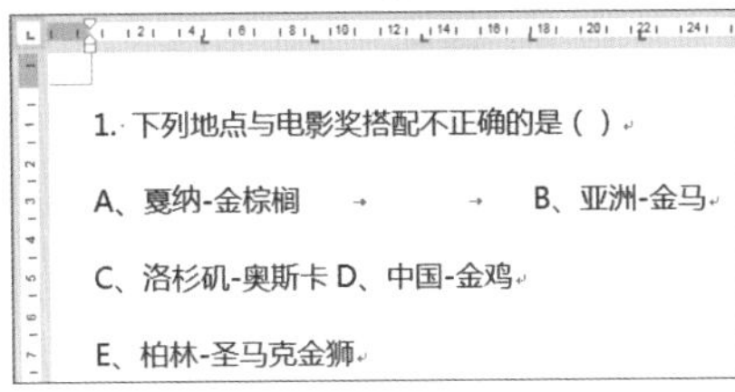
1. 下列地点与电影奖搭配不正确的是（ ）
A、戛纳-金棕榈 B、亚洲-金马
C、洛杉矶-奥斯卡 D、中国-金鸡
E、柏林-圣马克金狮

1. 下列地点与电影奖搭配不正确的是（ ）
A、戛纳-金棕榈 B、亚洲-金马
C、洛杉矶-奥斯卡 D、中国-金鸡
E、柏林-圣马克金狮

举一反三，我们可以制作一些合同前页或尾页上甲、乙方的信息内容，就像右图所显示的一样，这种格式都是利用制表符制作出来的。

九、本合同正本一式二份，合同双方各执一份；合同副本一式___份，送等单位各留一份。
自双方签字盖章之日生效。
托运方：______ 承运方：______
代表人：______ 代表人：______
地址：______ 地址：______
电话：______ 电话：______
开户银行：______ 开户银行：______
帐号：______ 地址：______
____年____月____日

02 利用表格进行图文混排

还记得小德子在上面介绍图片排版时，卖了一个关子给大家吗？现在就揭晓答案啦！使用表格功能既能把控住图片的大小，又能对齐所有图片。相信这一招应该能满足那些略带强迫症同学的要求了吧！下面小德子将以双栏排版PS教程为例，来介绍如何利用表格对图文混排的操作方法。

Step 01 打开原始文档。我们看到该文档就是以默认格式进行排版的，一步一图。把光标放置在标题的末尾处。并另起一行。在“插入”选项卡中，单击“表格”按钮，插入一个1行2列的表格。

Step 02 把“Step01”文本内容移动到表格第1列内。把光标定位至“Step01”内容末尾处，按Enter键另起一行。然后按Ctrl+E组合键将它居中。把“Step01”相关的图片移至表格中。

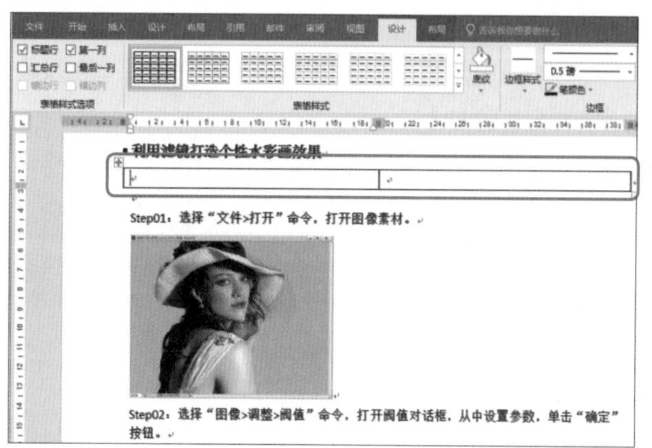

Step 03 把“Step02”文本内容移至表格第2列，并按照同样的方式把它的图片也插入其中。然后适当的对齐图片。将光标放在表格右侧段落标记处，按Enter键就可以在下方新建空白行。

Step 04 重复以上步骤，将文稿剩下的步骤装进表格中。调整后，单击表格左上角十字型图标，全选表格。在悬浮工具栏中，单击“边框”下拉按钮，选择“无框线”选项。此时表格的边框就全部隐藏了。

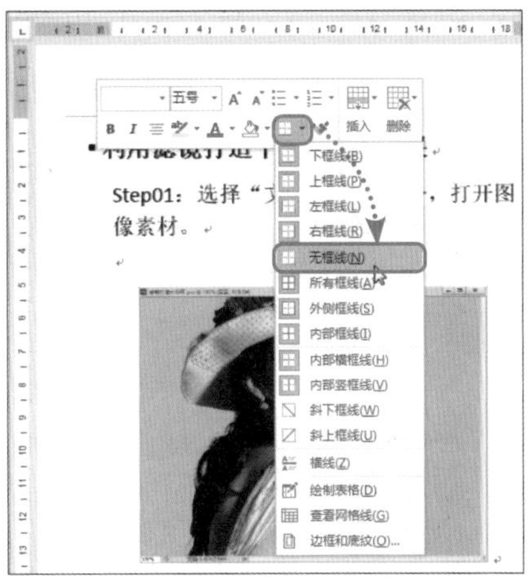

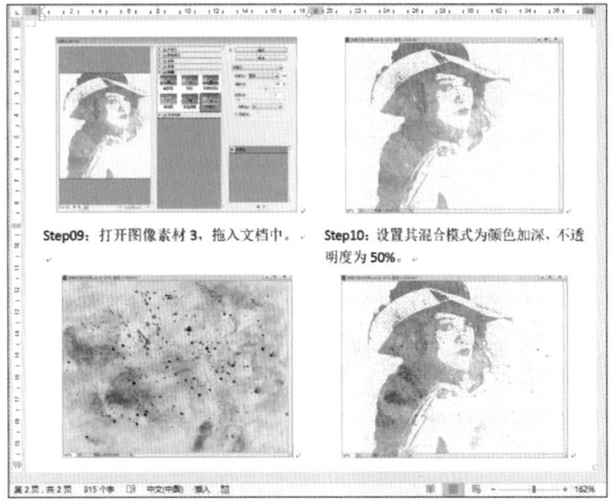

03 文本与表格间的切换

以上的案例是以双栏双图进行排版的。那如果想实现双栏单图效果的话，就用不着费那么大劲了。我们可以直接使用“文本转换为表格”功能进行操作，一键搞定！

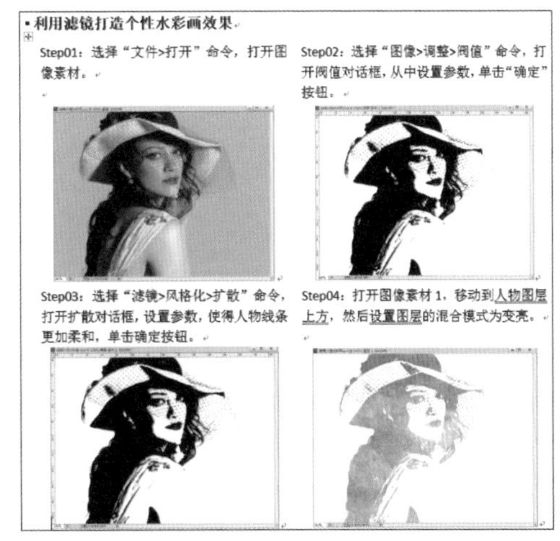

上面两图是两种版式效果，左图版式为双栏双图，该版式比较紧凑，整个页面很饱满。而右图版式为双栏单图，其版式比较灵活，整个页面适当的留一些空白。图大字少，使人感觉很轻松。

一不小心扯远了，回到正题。小德子就以上一个案例文档为例，和大家说说如何实现上面右图这种双栏单图的效果吧！

Step 01 打开原始文档，使用鼠标拖拽的方法选择除标题以外的文本和图片内容。

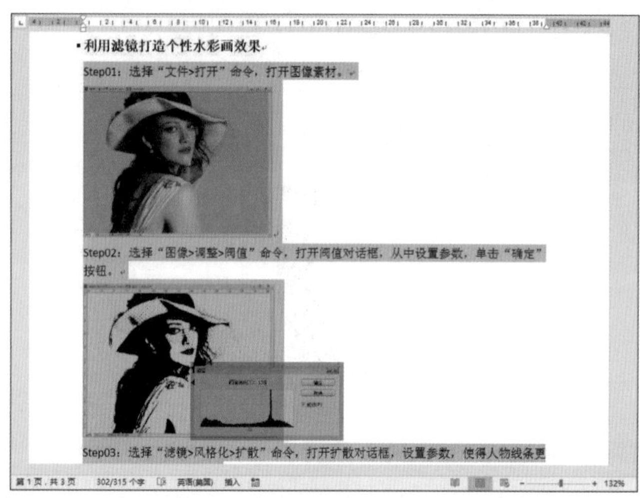

知识加油站：为什么空白页删除不了？

我们经常会遇到空白页无法删除的情况，这是因为文档中增加了分页符。默认分页符是不显示的，此时在“开始”选项卡中，单击“显示/隐藏编辑标记”按钮，即可显示分页符。选中该分页符，按Delete键将其删除即可。

Step 02 在“插入”选项卡中单击“表格”下拉按钮，然后在下拉列表中选择“文本转换成表格”选项。

Step 03 在打开的对话框中，将“列数”设为2。然后单击“确定”按钮。

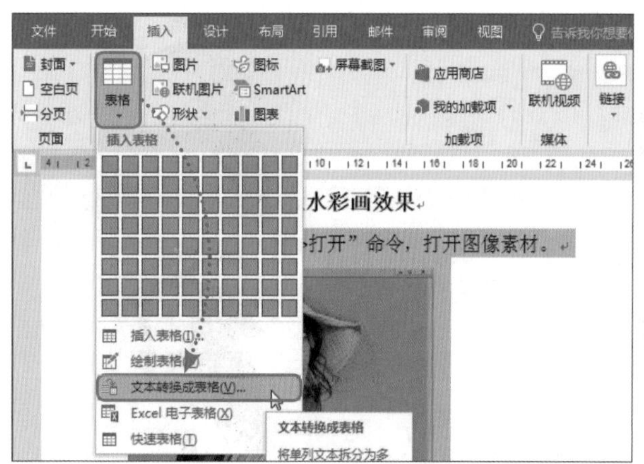

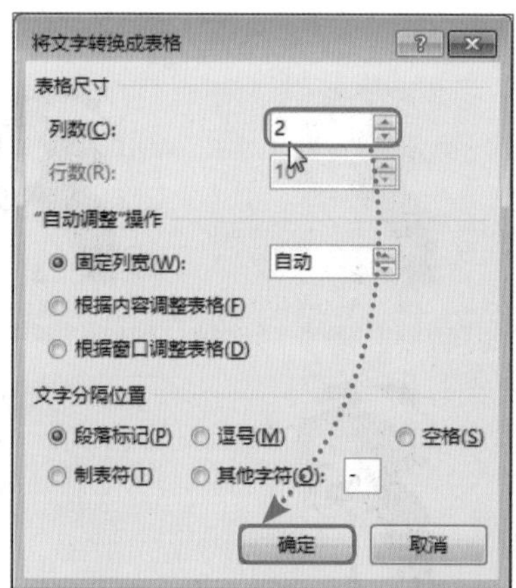

Step 04 此时文档就自动以表格的形式显示了。适当调整一下图片的大小，并把表格的边框进行隐藏就可以了。

反过来如果想要将表格转换为文本该怎么弄？简单，同样也是一键搞定！首先，全选要转换的表格，然后在“表格工具-布局”选项卡中，单击“转换为文本”按钮，在打开的对话框中，设置一下“文字分隔符”，一般选择“段落标记”选项，单击“确定”按钮就搞定了！

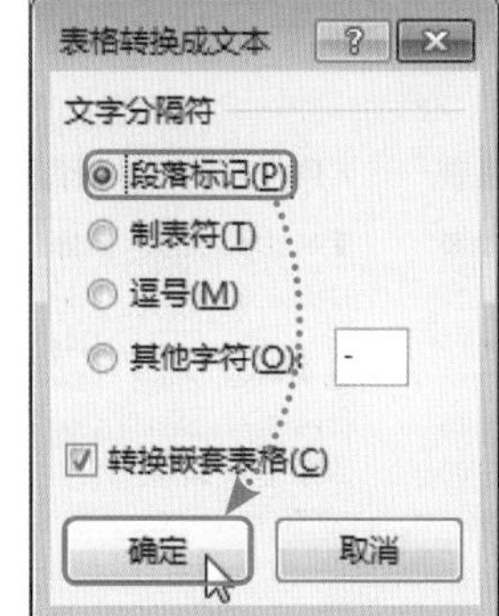

04 并排放置两个或多个表格

默认情况下，在文档中插入多张表格后，这些表格会挨着插入的顺序从上到下摆放。这样就会占用页面很大篇幅，并且如果要对数据进行对比分析的话，就需要滚动鼠标中键上下来回查看，极不方便。遇到这种情况后，我们需要果断的把表格并排放置。当然了，这种方法只适用于列数较少，内容不多的表格！那些霸屏的表格，咱还是规规矩矩的上上、下下来回看吧！

Step 01 打开原始文档，会发现当前文档中的表格是上下排放的。在“插入”选项卡中单击“文本框”下拉按钮，选择“简单文本框”选项。在第1个表格右边添加一个文本框，删除其中的内容。然后选中“7月份”的表格内容，把它移动到文本框内，并调整文本框大小。

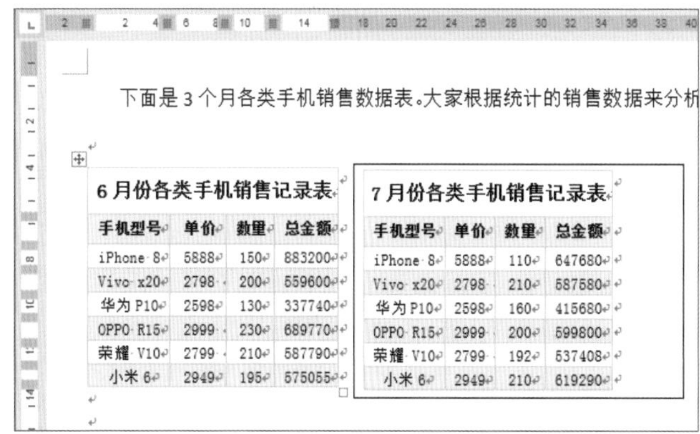

下面是3个月各类手机销售数据表。大家根据统计的销售数据来分析

6月份各类手机销售记录表

手机型号	单价	数量	总金额
iPhone 8	5888	150	883200
Vivo x20	2798	200	559600
华为 P10	2598	130	337740
OPPO R15	2999	230	689770
荣耀 V10	2799	210	587790
小米 6	2949	195	575055

7月份各类手机销售记录表

手机型号	单价	数量	总金额
iPhone 8	5888	110	647680
Vivo x20	2798	210	587580
华为 P10	2598	160	415680
OPPO R15	2999	200	599800
荣耀 V10	2799	192	537408
小米 6	2949	210	619290

Step 02 右击文本框，在悬浮工具栏中，单击“边框”下拉按钮，选择“无轮廓”选项。将文本框边框线隐藏。重复以上步骤，将“8月份”的表格也并排摆放在一起。

下面是 3 个月各类手机销售数据表。大家根据统计的销售数据来分析下造成数据波动的原因？

6 月份各类手机销售记录表

手机型号	单价	数量	总金额
iPhone 8	5888	150	883200
Vivo x20	2798	200	559600
华为 P10	2598	130	337740
OPPO R15	2999	230	689770
荣耀 V10	2799	210	587790
小米 6	2949	195	575055

7 月份各类手机销售记录表

手机型号	单价	数量	总金额
iPhone 8	5888	110	647680
Vivo x20	2798	210	587580
华为 P10	2598	160	415680
OPPO R15	2999	200	599800
荣耀 V10	2799	192	537408
小米 6	2949	210	619290

8 月份各类手机销售记录表

手机型号	单价	数量	总金额
iPhone 8	5888	210	1236480
Vivo x20	2798	260	727480
华为 P10	2598	275	714450
OPPO R15	2999	220	659780
荣耀 V10	2799	265	741735
小米 6	2949	266	784434

知识加油站：使用分栏也可实现表格并排放置

除了使用文本框功能来并排放置表格外，还可以使用分栏功能来实现。全选所有表格，在“布局”选项卡中单击“栏”下拉按钮，然后选择“两栏”选项。但它的排列效果可能没有文本框来的漂亮。

QUESTION

学习心得

这一课我们学习了Word图文混排的操作技巧，其中包括Word图片处理、图形的绘制以及表格功能的运用等。举一反三，如果用文本框进行排版，会怎么做呢？大家可以一起动手试试看！在此过程中如果遇到什么疑难问题，可以到“德胜书坊”微信公众号以及相关QQ群中进行交流。让我们在轻松快乐的学习氛围中玩转Office吧！

你知道吗？Word排版功能可与专业的排版软件相媲美噢！

Chapter

04

审阅功能帮大忙

读书欲精不欲博，
用心欲专不欲杂

查看文档有妙招

你知道如何快速查看文档吗？你知道如何迅速了解当前文档的页码、字数等属性信息吗？你知道如何快速翻译你看不懂的文档吗？你知道……这一系列的问题答案，你都知道吗？不知道的话，就让小德子来给你一一揭晓吧！

01 快速浏览文档的3种方式

Word中快速查看文档的方式有3种，这3种方式也许是你第一次听说，也许你听说过，但没有实践过。那下面就跟着小德子一起来动动手，或许其中某一种方式会让你觉得相见恨晚噢！

1. 阅读视图

顾名思义，阅读视图就是专门以阅读的方式浏览文档。这种方式只能浏览或查找文档，不能更改文档。在“视图”选项卡中，单击“阅读视图”按钮，就会切换到该界面（系统默认打开界面为“页面视图”界面）。

2018年度山西省考试录用公务员
公共科目考试大纲

为便于报考者充分了解2018年度山西省考试录用公务员公共科目笔试，特制定本大纲。

一、公共科目笔试内容

2018年度山西省考试录用公务员公共科目笔试分为行政职业能力测验和申论两科，全部采用闭卷考试的方式。

行政职业能力测验为客观性试题，考试时限120分钟，满分100分。

申论为主观性试题，考试时限150分钟，满分100分。

二、作答要求

1、行政职业能力测验

报考者务必携带的考试文具包括黑色字迹的钢笔或签字笔、2B铅笔和橡皮。报考者必须用2B铅笔在指定位置上填涂准考证号，并在答题卡上作答。在试题本或其他位置作答一律无效。

2、申论

报考者务必携带的考试文具包括黑色字迹的钢笔或签字笔、2B铅笔和橡皮。报考者必须用2B铅笔在指定位置上填涂准考证号，用钢笔或签字笔在答题卡指定位置上作答。在非指定位置作答或用铅笔作答一律无效。

试卷包括注意事项、多个给定资料和作答要求，考生根据给定资料，综合运用相关知识进行分析判断、整理加工，按照作答要求进行答题。试题主要是主观性试题。

三、行政职业能力测验介绍

1、测试内容

行政职业能力测验主要测查与公务员职业密切相关的、适合通过客观化纸笔测验方式进行考查的基本素质和能力要素，包括言语理解与表达、数量关系、判断推理、资料分析和常识判断等部分。

言语理解与表达主要测查报考者运用语言文字进行思考和交流、迅速准确地理解和把握文字材料内涵的能力，包括根据材料查找主要信息及重要细节；正确理解阅读材料中指定词语、语句的含义；概括归纳阅读材料的中心、主旨；判断新组成的语句与阅读材料原意是否一致；根据上下文内容合理推断阅读材料中的隐含信息；判断作者的态度、意图、倾向、目的；准确、得体地遣词用字等。常见的题型有：阅读理解、逻辑填空、语句表达等。

数量关系主要测查报考者理解、把握事物间量化关系和解决数量关系问题的能力，主要涉及数据关系的分析、推理、判断、运算等。常见的题型有：数字推理、数学运算等。

判断推理主要测查报考者对各种事物关系的分析推理能力，涉及对图形、语词概念、事物关系和文字材料的理解、比较、组合、演绎和归纳等。常见的题型有：图形推理、定义判断、类比推理、逻辑判断在该视图中，单击右边的箭头按钮，就会立即跳转到下一页。按住Ctrl键并滚动鼠标中键，就会放大或缩小视图显示比例。默认情况下以100%的比例显示。

如果要在当前文档中快速查找某一内容，可在功能区中，单击“工具”按钮，选择“查找”选项。然后在打开的“导航”窗格中，输入要查找的关键字，此时系统会自动搜索全文与之匹配的内容，并给出相应的结果。

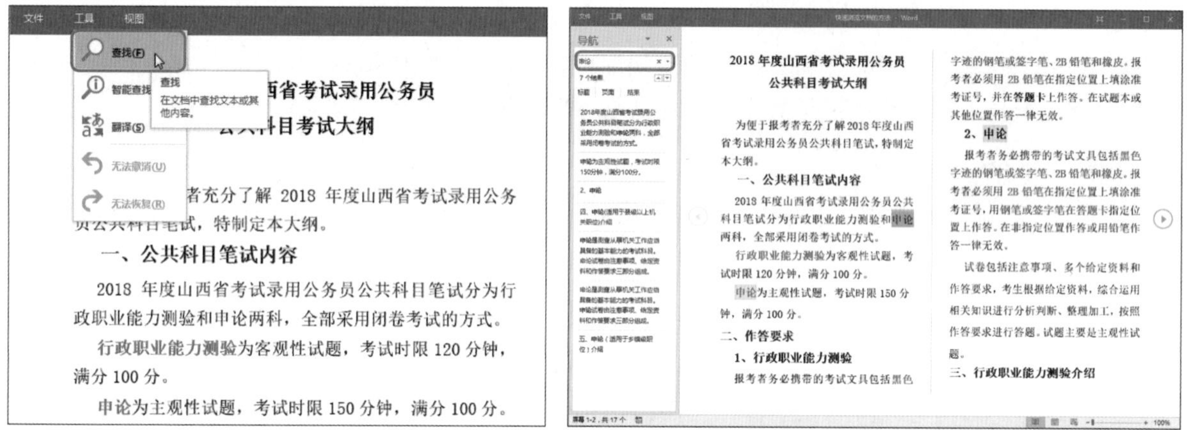

单击“视图”按钮，在下拉菜单中，可以根据需要更改目前视图的显示模式，例如列宽的显示、页面颜色的显示等。在此小德子就不一一介绍了，有兴趣的朋友可以挨个选项试试看。下面两张图是单列显示以及更换页面底色的效果。

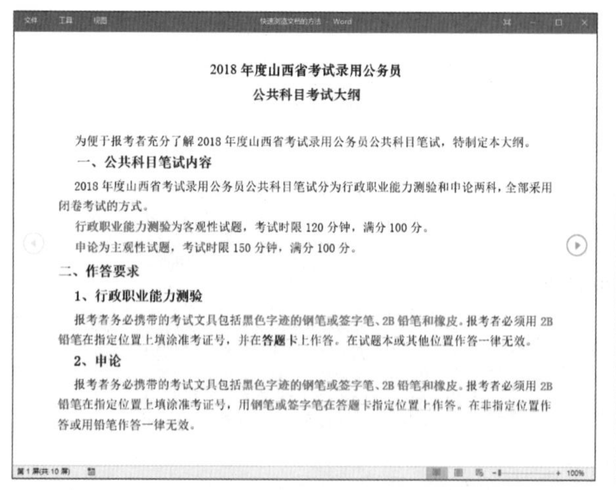

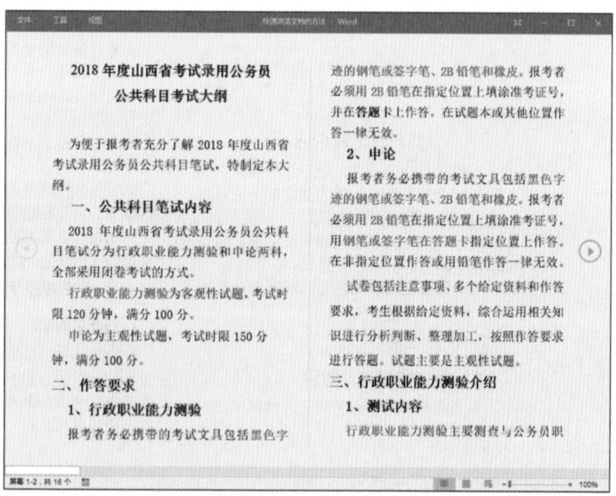

想要恢复正常的“页面视图”模式，只需按Esc键退出“阅读视图”模式即可。

2. 大纲视图

在没有目录的情况下，如果想要对文档的内容先做一个大概了解，该怎么办？简单，打开“大纲视图”不就得了。在“视图”选项卡中，单击“大纲”按钮，就可以打开大纲视图界面。

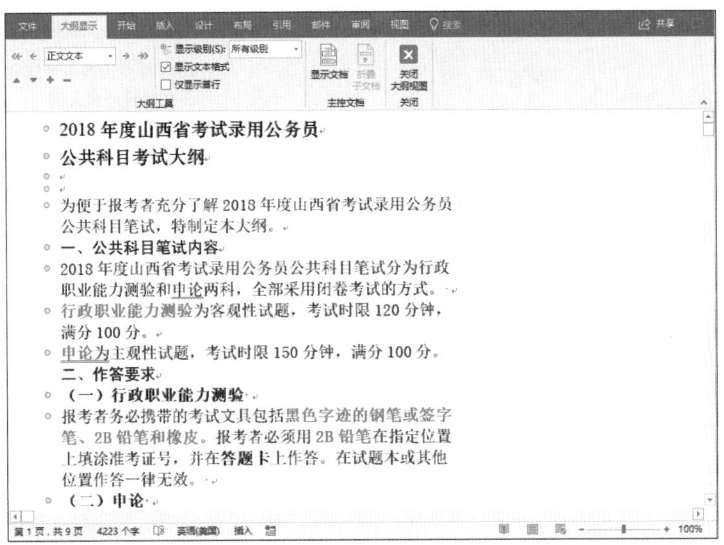

默认情况下，该视图是以大纲的形式显示所有内容，我们可以在“大纲显示”选项组中，单击“显示级别”下拉按钮，选择要显示的级别项，然后系统会根据你选择的级别来显示相关内容。例如选择2级，此时在当前视图中就会显示所有2级标题的内容。

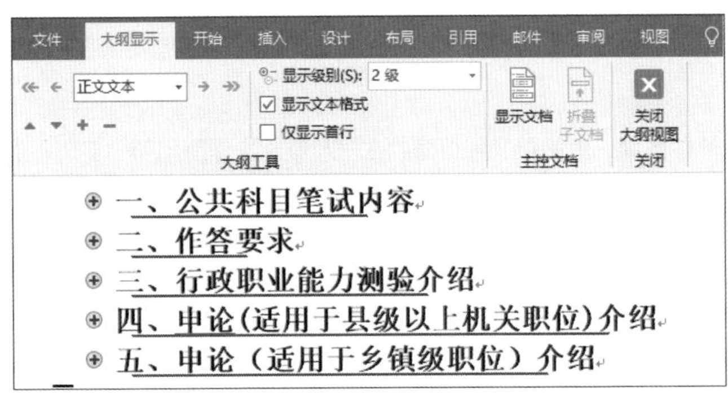

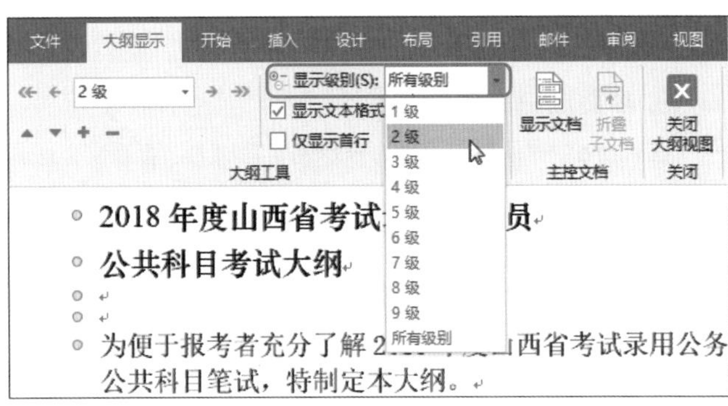

双击2级标题前的⊕按钮，可以显示该标题的正文内容。再次双击该按钮，可隐藏内容。

把光标放在某一标题后，然后在“大纲工具”选项组中，单击“上移▲”或“下移▼”按钮，可以调整该标题以及相关内容的顺序。当关闭大纲视图后，会发现相应的正文内容也随之做了调整。

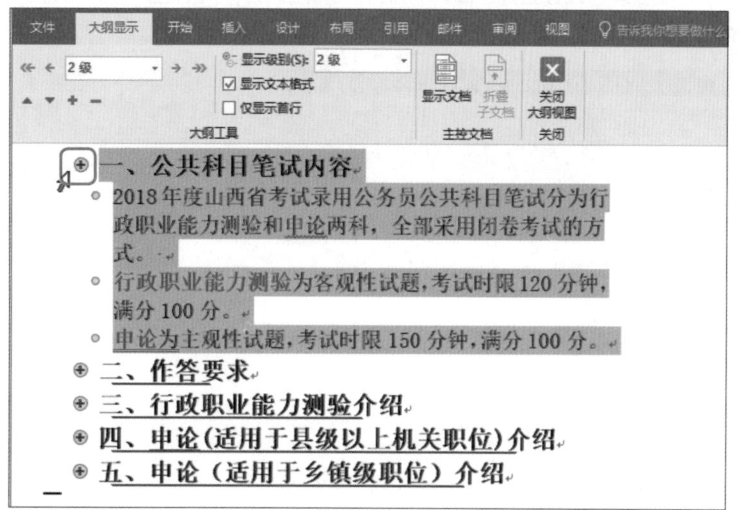

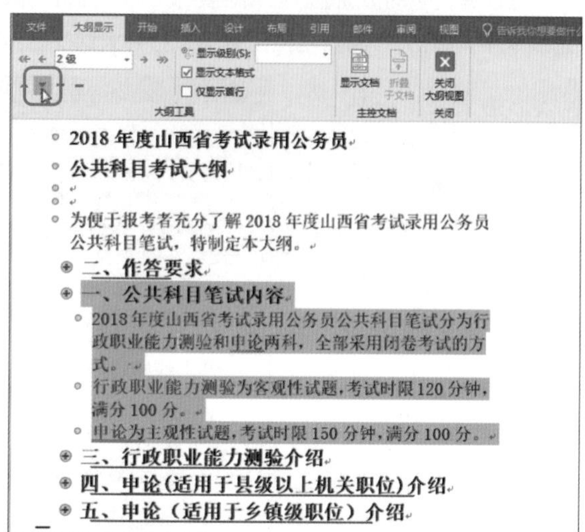

知识加油站：使用导航窗格显示内容大纲

在“视图”选项卡中，勾选“导航窗格”复选框，在文档左侧的窗格中，同样会按照标题级别来显示大纲。在此选中某一标题，按住鼠标左键不放，把它拖拽到合适的位置，放开鼠标，此时被选中的标题以及内容的顺序也随之发生了变化。

3. 多页浏览文档

在Word中默认是单页状态显示的。有时为了查看文档版式的整体效果，就需要多张页面放在一起看。这里就用到“多页”显示功能了。

在“视图”选项卡中，单击“多页”按钮。然后按住Ctrl键的同时，滚动鼠标中键，适当的调整下文档的显示比例。此时文档所有页面会呈多页显示状态。这样，文档的整体版式效果就一目了然。

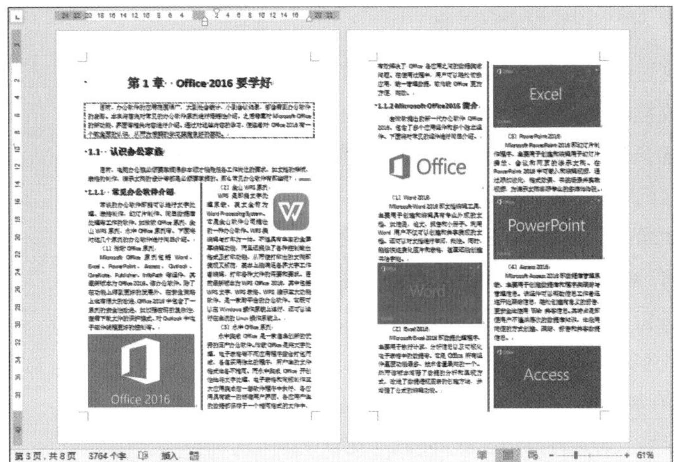

4. 拆分窗口

在一份文档中可以同时查看两个不同小节的内容吗？当然可以。使用“拆分”功能就欧了。

Step 01 在“视图”选项卡中，单击“拆分”按钮，就可以把当前窗口拆分成上下两个视图窗口。

Step 02 分别在这两个窗口中，滚动鼠标中键，找到要查看的内容就可以了。

Step 03 在“视图”选项卡中单击“取消拆分”按钮，就可恢复成一个文档窗口了。就这么简单！

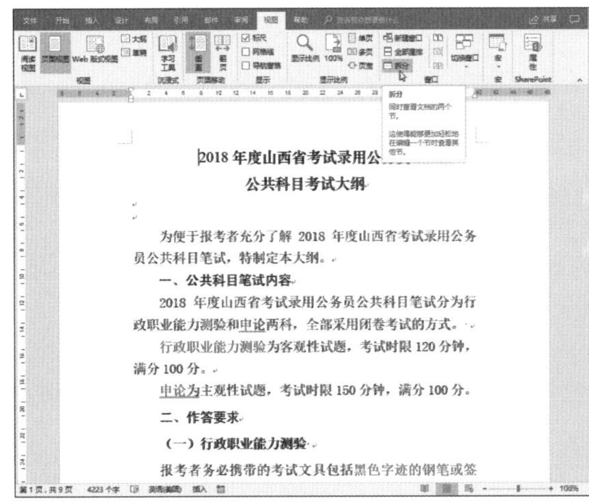

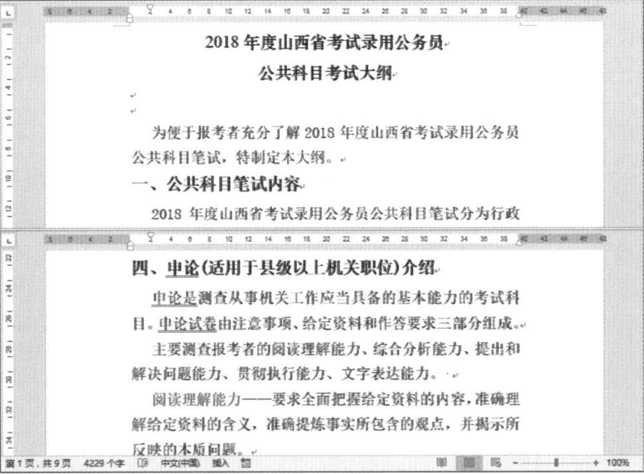

02 一键知晓文档信息

这里所说的文档信息指的是文档的一些属性信息，例如文档的大小、页数、字数、创建时间、作者等等。这类信息在一般情况下可以忽略，但需要时如果不知道其中窍门的话，还真有些麻烦！

大家可通过3种方法来了解这些信息。

第1种方法：在“审阅”选项卡中，单击“字数统计”按钮，在打开的对话框中，我们就可以看到文档的页数、字数、段落数、行数等信息。

第2种方法：在页面左下角会自动显示当前文档的页数和字数。但这种方法了解到的信息比较少。

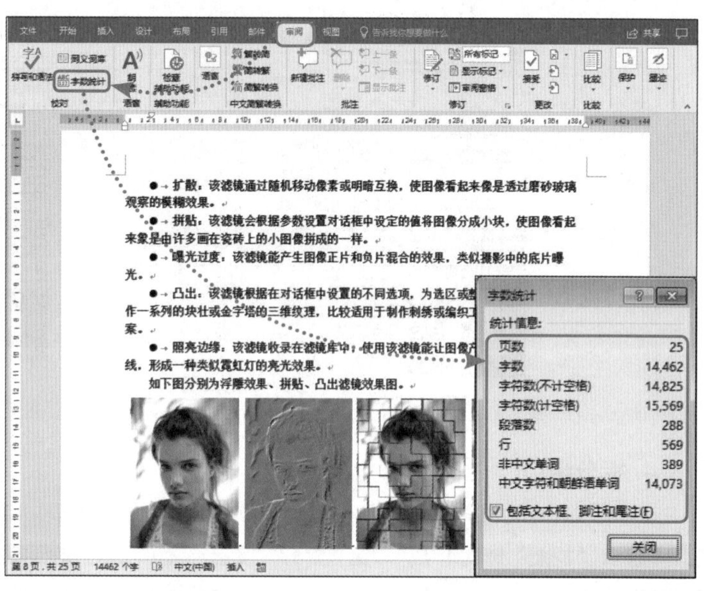

第3种方法：单击“文件”选项卡，打开“信息”界面。在该界面右侧信息列表中，就会显示“属性”、“相关日期”、“相关人员”等详细信息。

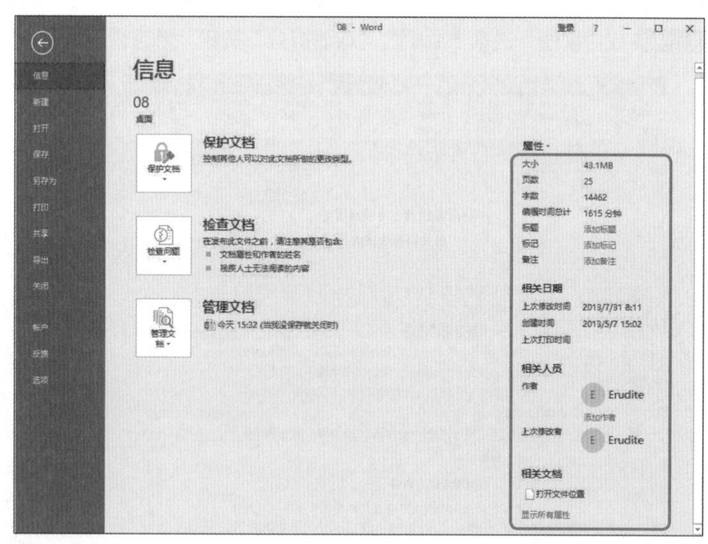

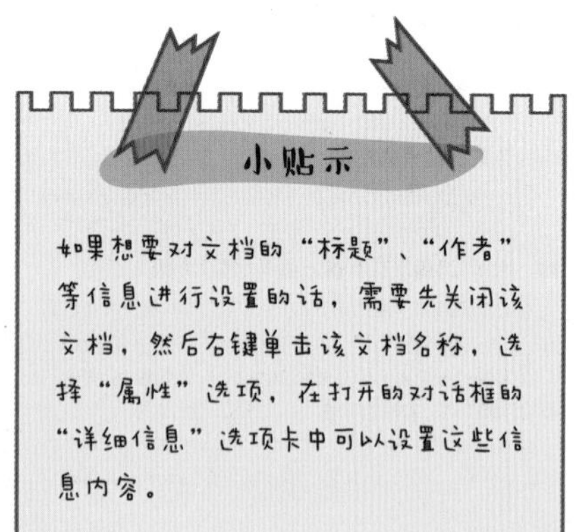

小贴示
如果想要对文档的“标题”、“作者”等信息进行设置的话，需要先关闭该文档，然后右键单击该文档名称，选择“属性”选项，在打开的对话框的“详细信息”选项卡中可以设置这些信息内容。

文档审核很重要

如果你从事的是教师或是出版社编辑的工作，对文章或论文的审核是常有的事。如果你还只停留在纸制审核的地步，那你就OUT了！目前Word的审核功能已经很成熟，利用这些功能，我们能够轻松的对文档进行校对、修订、比较以及批注等操作。

01 自动校对拼写和语法

打开一篇文档后，文档中会以波浪线（俗称：蚯蚓线）或双杠线来标注某些文字或词组。这些被标注出来的文本或多或少都会有一些语法或拼写错误。我们可以一一对它进行确认或更改。

Step 01 打开文档，会看到蚯蚓线和双杠线比比皆是。如果确认这些词组是正确的，就把光标定位到某一处蚯蚓线上，单击鼠标右键，在快捷菜单中选择“忽略”选项。

Step 02 此时该蚯蚓线即可消失。如果确认这些词组是错误的，只需把它纠正，蚯蚓线自然就消失了。

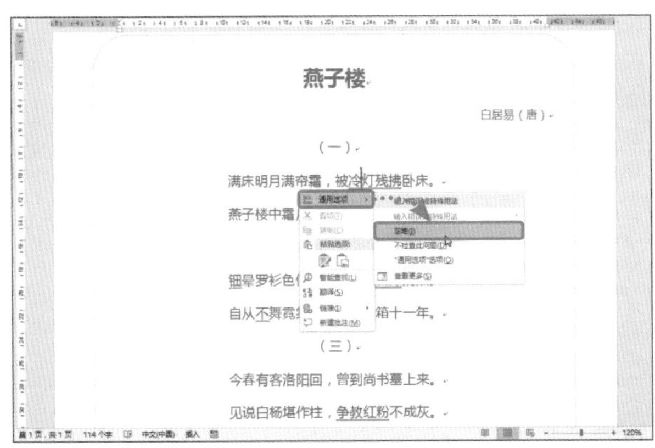

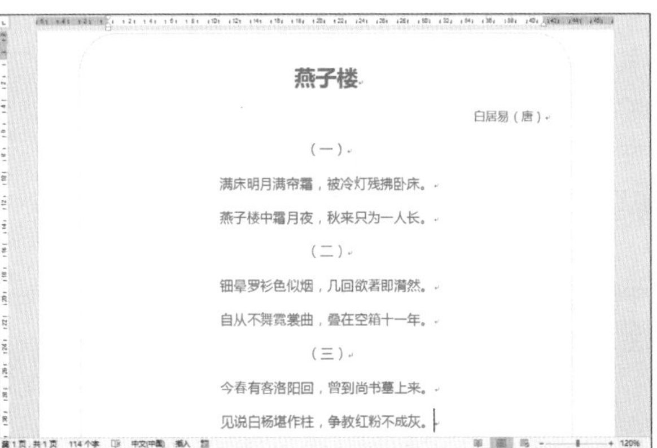

利用“自动更正”功能，可将容易写错的文本自动改正过来。打开“Word选项”对话框，在“校对”选项卡中，单击“自动更正选项”按钮，打开相应的对话框。勾选“键入时自动替换”复选框，并在“替换”文本框中输入错别字，例如输入“得胜”，然后在“替换为”文本框中输入“德胜”，单击“确定”按钮。以后在文档中输入“得胜”两个字后，系统会自动更正为“德胜”。

Step 03 在右键菜单中，选择“查看更多”选项，在打开的“编辑器”窗格中，同样可多次单击“忽略”按钮，直到删除所有蚯蚓线为止。这时会打开提示框，在此单击“确定”按钮，完成操作。

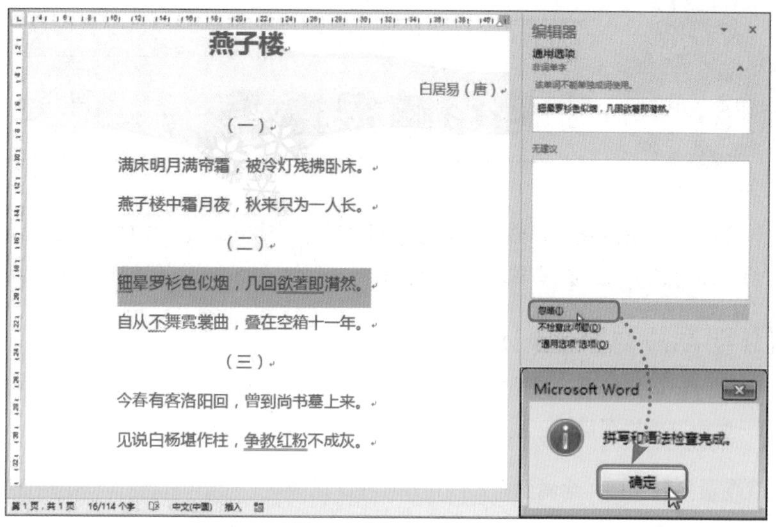

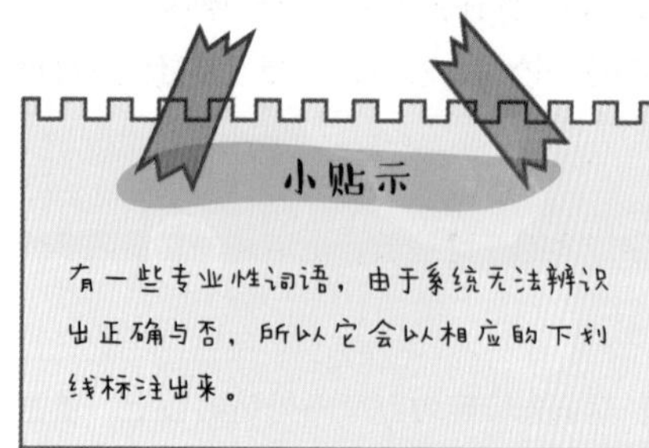

小贴示
有一些专业性词语，由于系统无法辨识出正确与否，所以它会以相应的下划线标注出来。

只要打开文档，拼写和语法功能就会自动检测文档中存在的错别字或语法不同的问题。很多时候一些专业性的词语被用上了蚯蚓线后，一个个的删除好麻烦。所以可以不启动这项自检功能。

打开文档，单击“文件”选项卡，选择“选项”选项，打开“Word选项”对话框。在左侧列表中，选择“校对”选项，然后取消勾选“在Word中更正拼写和语法时”选项组中的所有选项，单击“确定”按钮就可以了。

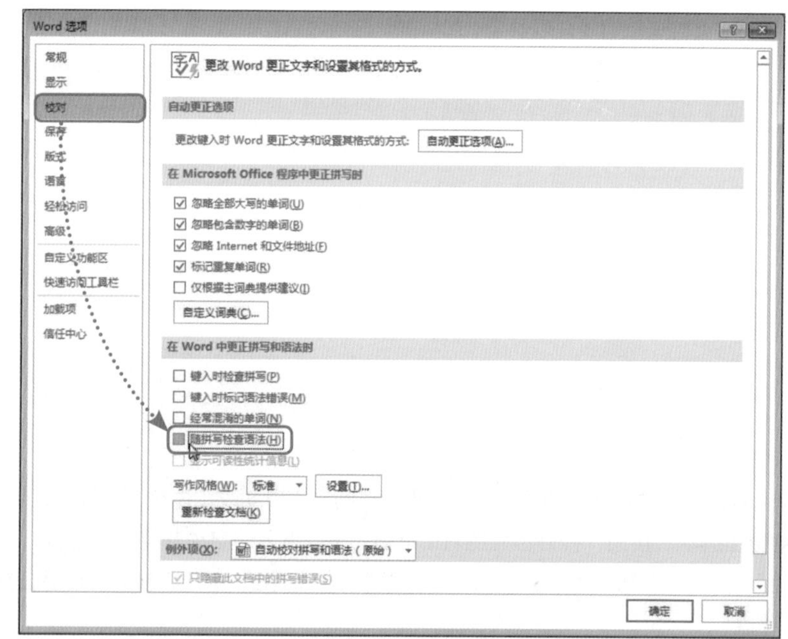

02 批注功能很实用

在文档中如果想添加一些修改意见，可以使用批注功能。批注添加后，其他人就会按照你的意见进行修改。

打开原始文档。先选中要批注的内容，然后在“插入”选项卡中，单击“批注”命令。此时在文档右侧就会添加一个空白的批注框，在这里输入修改意见，单击批注框外出空白处即可。

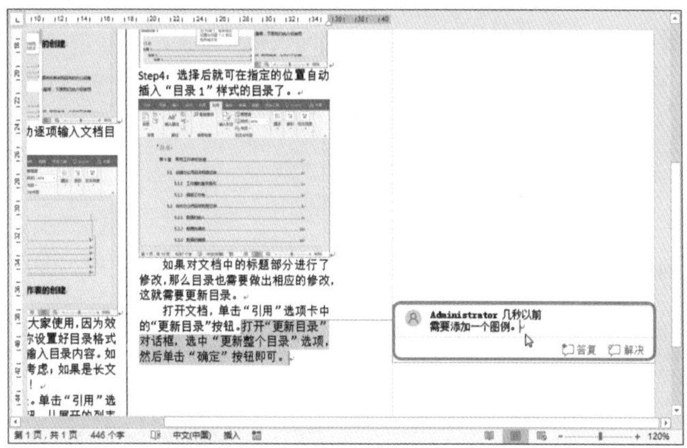

如果别人看到你的修改意见后，有不同意见的话，可以在该批注框中单击“答复”按钮，并输入他的意见。如果同意，在修改内容后，右键单击该批注框，在快捷菜单中，选择“删除批注”选项就可以了。

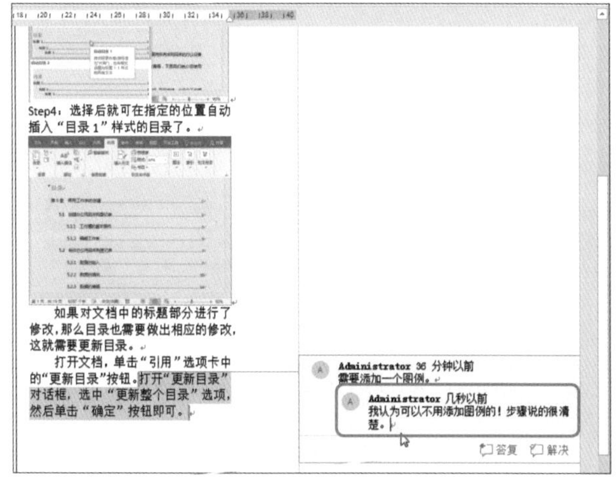

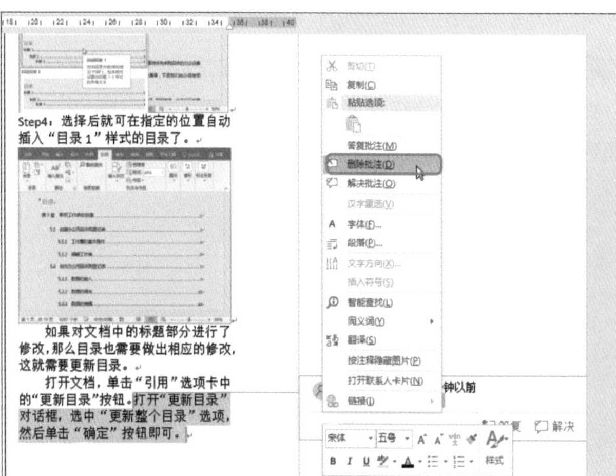

03 使用修订功能修改文档

在Word文档中也可以实现文档修订的效果。下面小德子将举例来向大家讲解一下具体的操作方法。

Step 01 打开原始文档。在“审阅”选项卡中，单击“修订”按钮，就可以开启修订模式。

Step 02 在文档中，选中“人们的审美……为了满足”这一段文字，按Delete键，此时被选中的文字上会显示删除线，并以红色突显出来。这就说明该段文字需要删除。按照同样的方法，删除“向往和”文字。

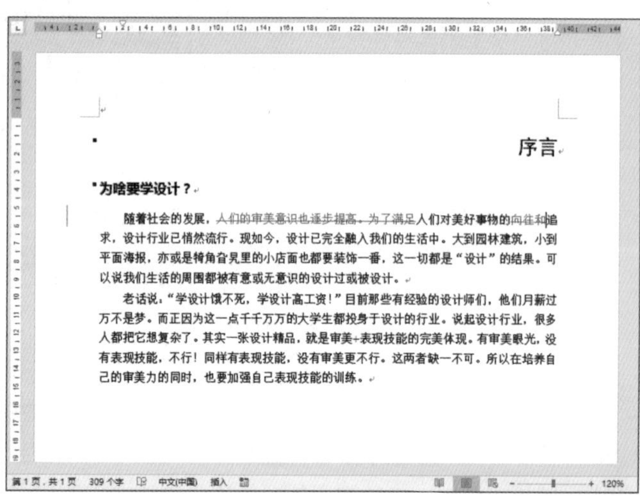

Step 03 把光标放到“追求”文字末尾，这里要输入添加的文字。此时添加的文字会在其下方添加下划线。这就说明这些文字是新添加的内容。重复以上步骤，对这段文字进行修订。

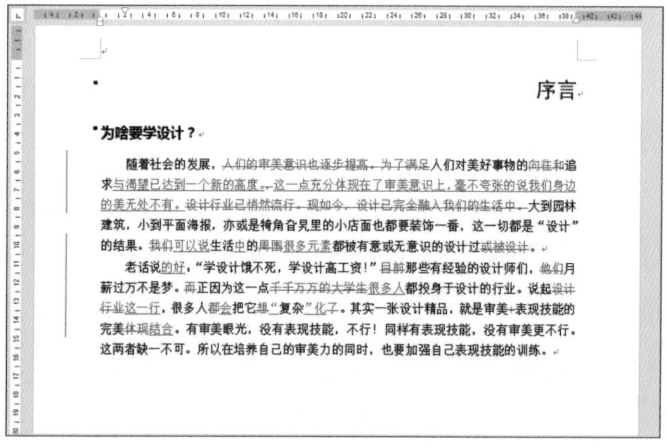

Step 04 在该文档左侧空白处，单击灰色的修订线，就可以隐藏被修订的痕迹。也就是说显示最终的效果。此时修订线已呈红色显示。再次单击修订线，就可以恢复原始修订状态。

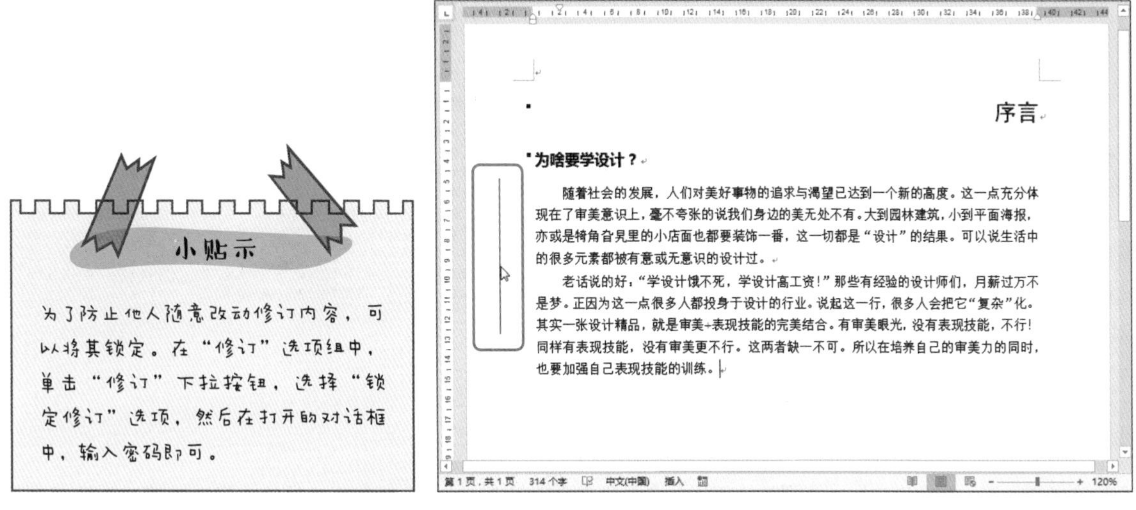

文档修订完成后，可以通过“接受”或“拒绝”命令来对文档进行设置。如果认为修订内容是对的，在“审阅”选项卡中单击“接受”按钮，逐一接受修订，或是在“接受”下拉列表中，选择“接受所有修订”选项，一次性接受全部的修订内容。

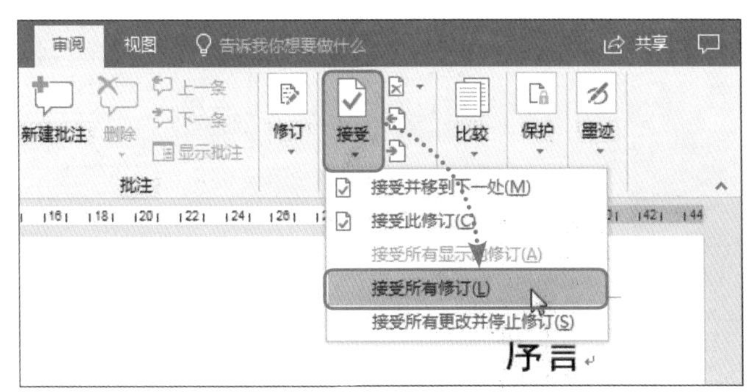

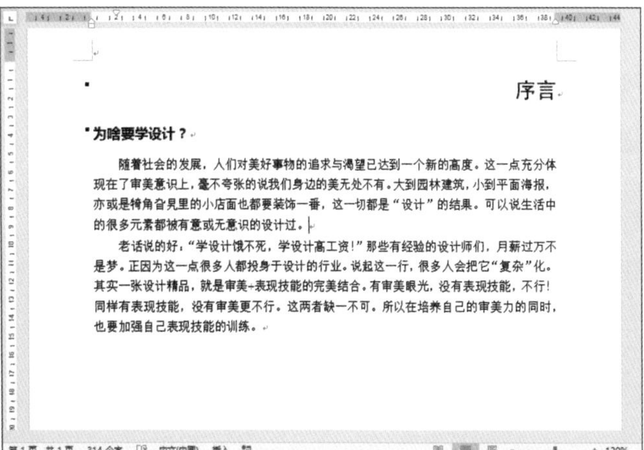

如果认为修订的内容不正确，也可以单击“拒绝”按钮，拒绝接受当前修订内容，或是单击其下拉按钮，在列表中选择“拒绝所有修订”选项即可放弃所有修订。这时，文档就回到了未修订状态。

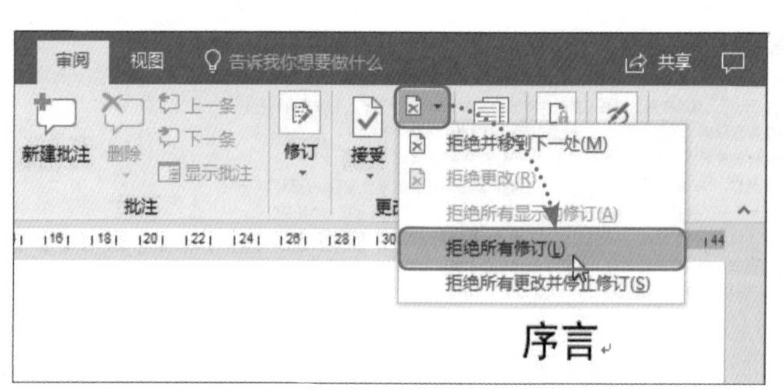

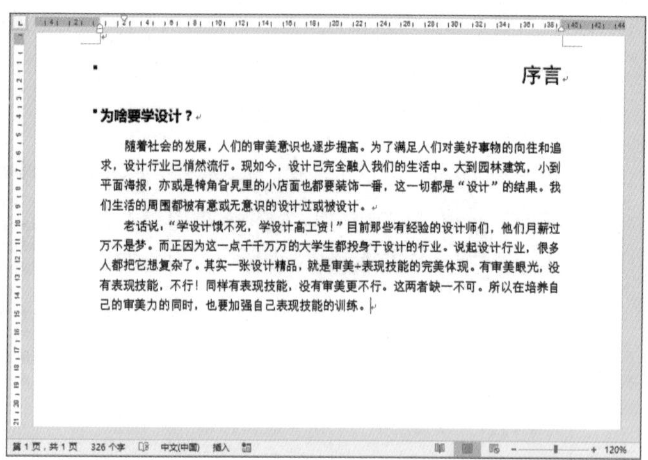
序言

为啥要学设计？

随着社会的发展，人们的审美意识也逐步提高。为了满足人们对美好事物的向往和追求，设计行业已悄然流行。现如今，设计已完全融入我们的生活中。大到园林建筑，小到平面海报，亦或是犄角旮旯里的小店面也都要装饰一番，这一切都是“设计”的结果。我们生活的周围都被有意或无意识的设计过或被设计。

老话说，“学设计饿不死，学设计高工资！”目前那些有经验的设计师们，他们月薪过万不是梦。而正因为这一点千千万万的大学生都投身于设计的行业。说起设计行业，很多人都把它想复杂了。其实一张设计精品，就是审美+表现技能的完美体现。有审美眼光，没有表现技能，不行！同样有表现技能，没有审美更不行。这两者缺一不可。所以在培养自己的审美力的同时，也要加强自己表现技能的训练。

小德子在这提醒一句，修订完成后，需要在“审阅”选项卡中再次单击“修订”按钮，关闭修订模式才行。否则无论打开什么文档，它都处于修订状态而不是默认编辑状态。

04 多人同时编辑一个文档

你知道不？使用Word可以进行多人协助办公。这样一来，办公效率想不高都难！废话不多说，下面小德子就举例来介绍其具体的操作方法吧！

Step 01 打开“文档目录”文档。在“视图”选项卡中单击“大纲”按钮，打开大纲视图界面。在“主控文档”选项组中，单击“显示文档”按钮，然后按Ctrl+A组合键，全选目录内容。

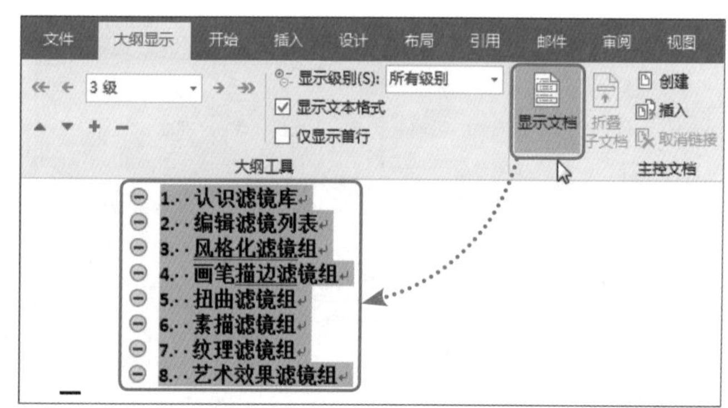

Step 02 单击“创建”按钮，此时系统将根据目录自动拆分成多个子文档。而每个子文档分别用框线隔开。

Step 03 分隔开后，将当前目录文档进行另存为操作。记得要单独保存在一个文件夹内。双击刚保存的文件夹，我们就会发现原来目录中的子文档都以Word文档的形式被保存。

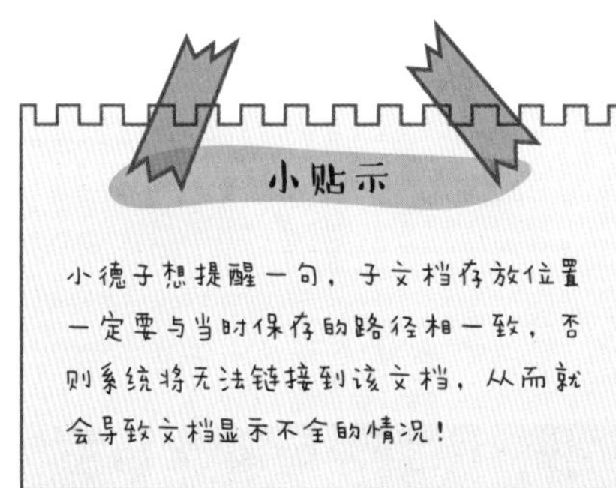

小贴示
小德子想提醒一句，子文档存放位置一定要与当时保存的路径相一致，否则系统将无法链接到该文档，从而就会导致文档显示不全的情况！

这时候就可以把这些子文档分别发送给其他几个同事。当同事拿到子文档后，双击该文档就可以进行编辑了。编辑完成后直接保存。当所有同事做好汇总到你这里时，可以直接打开文件夹中的主文档（文档目录），此时会看到一系列的目录链接。按Ctrl键的同时单击相应的链接后，就会立即跳转到相应的子文档。

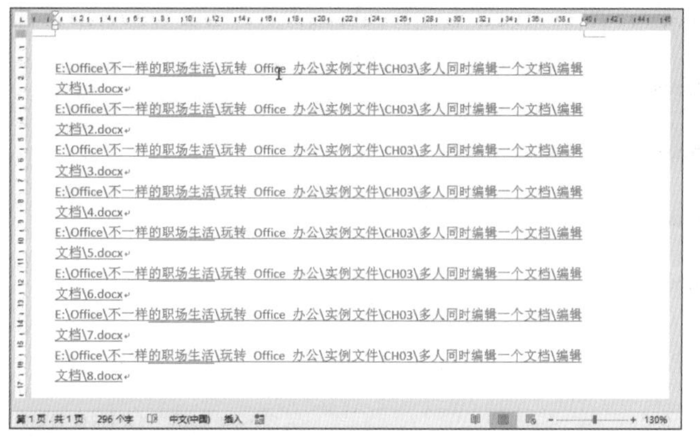

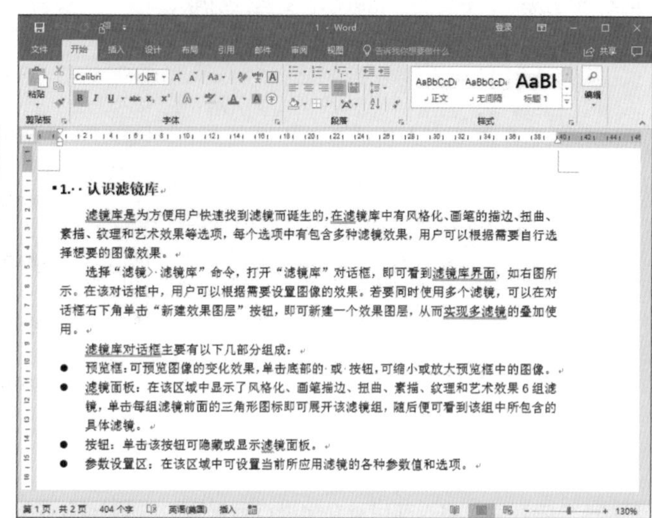

将“文档目录”切换到大纲视图，单击“展开子文档”按钮，这时就会看到所有同事编辑的文档内容了。单击“关闭大纲视图”按钮，返回到正常页面视图，原来的链接已变成正常的文档形式了。

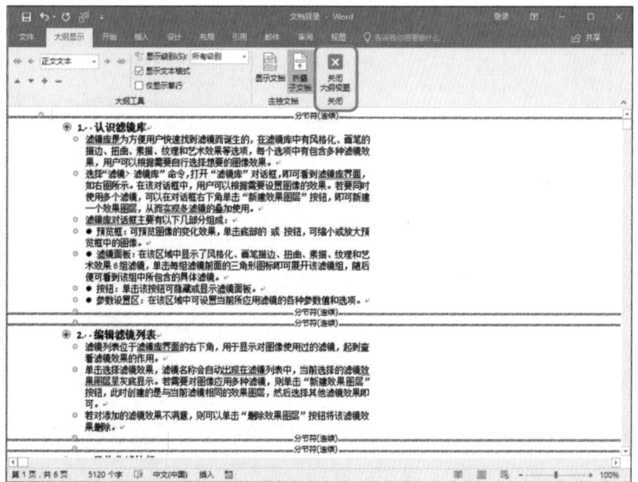

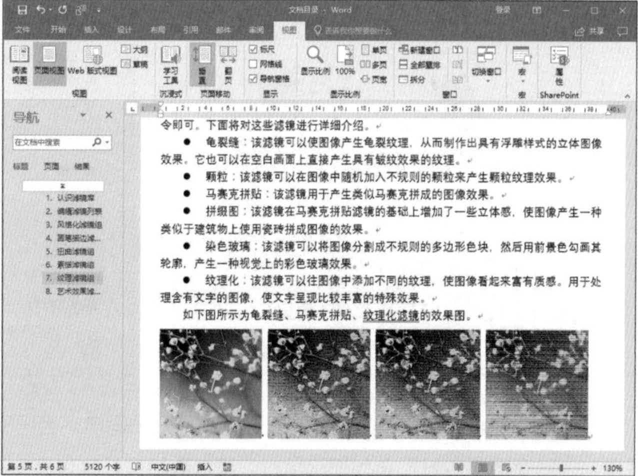

保护好你的文档

文档做完后，如果只想让指定的人浏览或编辑，别忘了最重要的一步，那就是给文档加密或者是限制编辑。这样，除了指定的人能看外，其他人无权过问。这招真霸气！

01 对文档进行加密保护

为文档加密的操作很简单，我们只需要使用“保护文档”功能就可以。

具体的方法是：在“文件”菜单的“信息”选项卡中，单击“保护文档”下拉按钮，在其列表中，选择“用密码进行加密”选项。在打开的“加密文档”对话框中，输入密码，然后单击“确定”按钮。

加密操作完成后，将该文档进行保存。当再次打开该文档时，会打开输入密码提示框，这时只有知道密码的人才能打开。

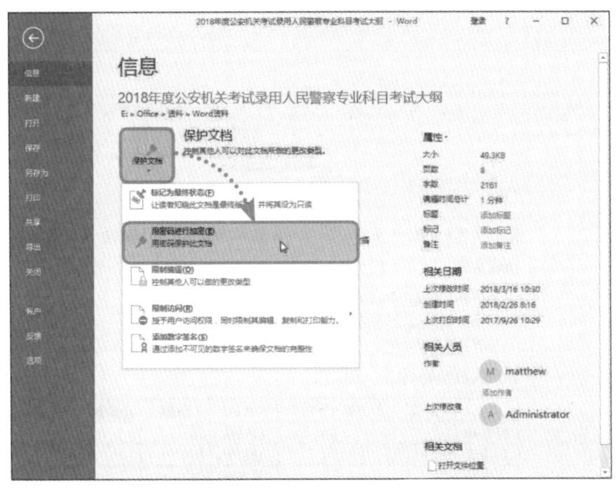

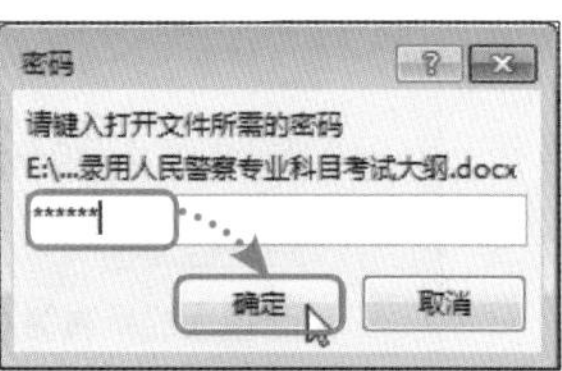

知识加油站：撤销密码保护

如果想要取消密码保护，只需要再次打开“加密文档”对话框，删除输入的密码，单击“确定”按钮并保存就可以了。这里又要提醒一句，自己一定要记住密码啊，否则你连打开文档的资格都没有，怎么来撤销密保呢！

⓪② 对文档进行限制编辑

限制编辑说白了就是对文档某一区域设定编辑权限。它与加密文档不同的是，任何人都可以打开文档，但无法对文档中指定的区域进行编辑或更改。这一招可以完全避免文档被恶意篡改的可能性。

打开文档，在“审阅”选项卡中，单击“限制编辑”按钮，打开相应的窗格。勾选“限制对选定的样式设置格式”和“仅允许在文档中进行此类型的编辑”两个复选框。然后选中可编辑的文本内容，在窗格中勾选“每个人”复选框。最后单击“是，启动强制保护”按钮，如图❶所示。

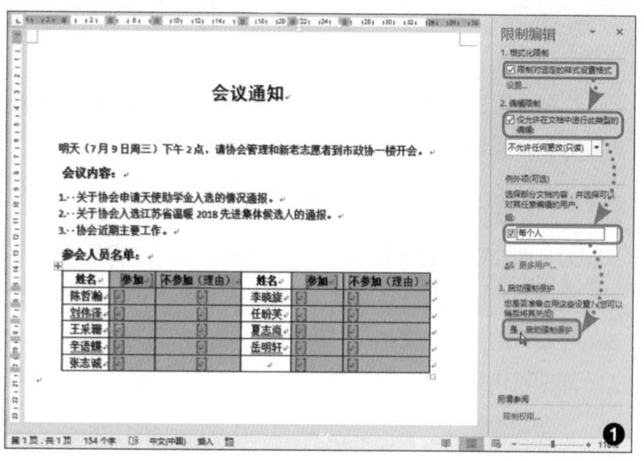

在打开的对话框中设置密码，单击“确定”按钮即可，如图❷所示。

设置完成后，别忘了将文档进行保存。当再次打开该文档后，如图❸所示。黄色高亮显示区域里内容是可以进行修改的，除此之外，其他区域你就没有修改的权限了。

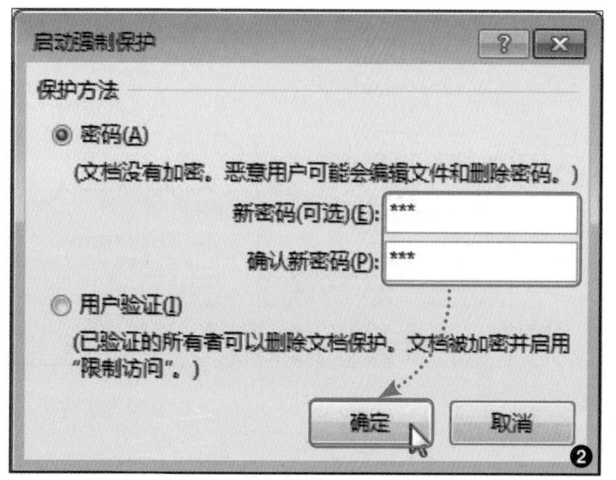

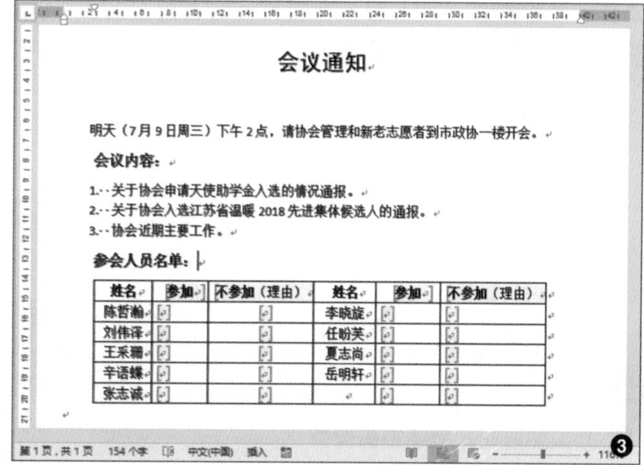

QUESTION

学习心得

这一课我们学习了Word审阅功能的操作技巧，其中包括快速查看文档、添加批注、修订文档以及文档的保护等知识点。大家在学习的过程中，如果遇到什么疑难问题，可以到“德胜书坊”微信公众号以及相关QQ群中进行交流。让我们在轻松快乐的学习氛围中玩转Office吧！

Word审阅功能不学不知道，学后好奇妙！

好习惯是这样养成的

深窥自己的心，
而后发觉一切的奇迹在你自己

表格的格式很重要

为什么小德子要在这里强调表格格式的重要性呢？那是因为一句俗语：“没有规矩，不成方圆。”只有对Excel格式进行规范设置，才能够有效的避免那些不必要的麻烦。所以不要小看格式，它准确与否会直接影响到你对数据分析的结果。

01 你会修改默认字体吗？

Office2016版本的默认字体格式为“等线”，在录入表格数据时，通常也都会按照默认的“等线”字体来录入。对字体进行设置，相信大家应该都会，小德子在Word章节中也重点介绍过。那如果想更改系统默认的字体，该怎么办？简单，利用“Excel选项”对话框就可以轻松办到。

在“文件”菜单中，选择“选项”，打开“Excel选项”对话框，在“常规”选项卡的“新建工作簿时”选项组中，将“使用此字体作为默认字体”设置为中意的字体项，随后设置好“字号”大小，单击“确定”按钮。

新建Excel后，我们就会发现原先默认的字体已发生了变化。

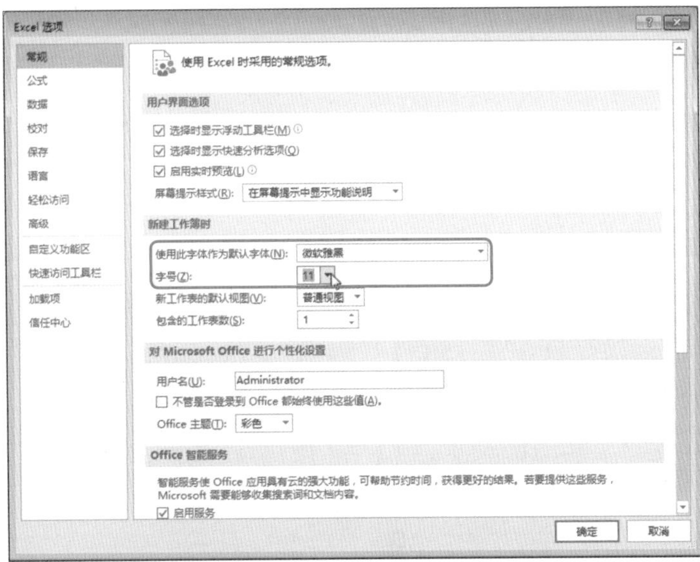

02 巧设表格框线

也许大家会问Excel边框线有什么好研究的？是，就边框线来说，是没什么好说的。无非就是在“设置单元格格式”对话框的“边框”选项卡中进行设置。所以说破天了也就是这么点操作。但是同样一张表格，为什么两个人做出来的效果截然不同呢？有没有想过？

商品编号	商品名称	市场价格	销售状态	提成比例	销售员
cdz0001	一体机-S5684	¥4,680.00	正常	2%	季小倩
cdz0002	一体机-T6985	¥4,510.00	促销	1%	张彤
cdz0003	品牌电脑-P4895	¥5,600.00	新产品推广	4%	刘月云
cdz0004	品牌电脑-P5890	¥6,100.00			梁静
cdz0005	服务器2000型	¥4,800.00			王丽
cdz0006	服务器3000型	¥5,100.00			李莉
cdz0007	服务器CPU-5890	¥5,280.00			秦悦阳
cdz0008	服务器CPU-6587	¥5,380.00			
cdz0009	服务器CPU-7850	¥6,420.00			
cdz0010	服务器CPU-8950	¥6,220.00			

数据源　销售清单

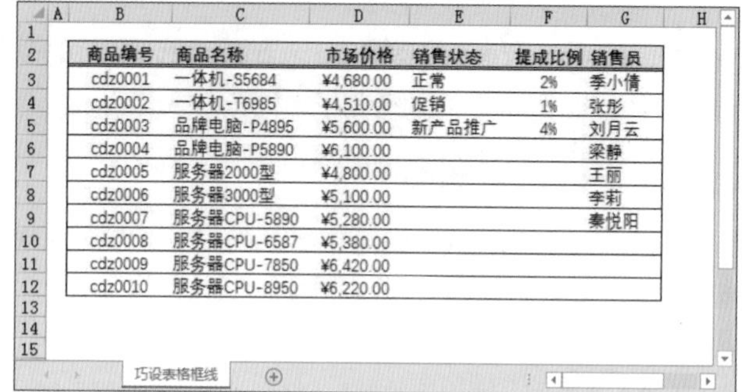

商品编号	商品名称	市场价格	销售状态	提成比例	销售员
cdz0001	一体机-S5684	¥4,680.00	正常	2%	季小倩
cdz0002	一体机-T6985	¥4,510.00	促销	1%	张彤
cdz0003	品牌电脑-P4895	¥5,600.00	新产品推广	4%	刘月云
cdz0004	品牌电脑-P5890	¥6,100.00			梁静
cdz0005	服务器2000型	¥4,800.00			王丽
cdz0006	服务器3000型	¥5,100.00			李莉
cdz0007	服务器CPU-5890	¥5,280.00			秦悦阳
cdz0008	服务器CPU-6587	¥5,380.00			
cdz0009	服务器CPU-7850	¥6,420.00			
cdz0010	服务器CPU-8950	¥6,220.00			

巧设表格框线

上面两张表格，大家更喜欢看哪一张呢？小德子比较喜欢右边的。右边表格减少了纵向分割线，隐藏了网格线，表格的顶端和左侧留有空隙，这些变化使得表格中的数据关系更加清晰明了。而左边的表格很规整，挑不出什么大的毛病，但与右边表格相比好像少了点什么似的。

如果想实现右边表格的效果，该怎么做呢？下面的操作就会给你答案。

Step 01 打开原始文件，全选表格，按Ctrl+X和Ctrl+V组合键，将表格整体移位到从B2单元格开始，如图❶所示。

Step 02 将光标分别放在行号和列标的分割线上，当光标呈双向箭头时，按住鼠标左键不放，拖动分割线来调整行高和列宽，如图❷所示。

商品编号	商品名称	市场价格	销售状态	提成比例	销售员
cdz0001	一体机-S568	¥4,680.00	正常	2%	季小倩
cdz0002	一体机-T698	¥4,510.00	促销	1%	张彤
cdz0003	牌电脑-P48	¥5,600.00	新产品推广	4%	刘月云
cdz0004	牌电脑-P58	¥6,100.00			梁静
cdz0005	服务器2000型	¥4,800.00			王丽
cdz0006	服务器3000型	¥5,100.00			李莉
cdz0007	务器CPU-58	¥5,280.00			秦悦阳
cdz0008	务器CPU-65	¥5,380.00			
cdz0009	务器CPU-78	¥6,420.00			
cdz0010	务器CPU-89	¥6,220.00			

巧设表格框线

❶

商品编号	商品名称	市场价格	销售状态	提成比例	销售员
cdz0001	一体机-S568	¥4,680.00	正常	2%	季小倩
cdz0002	一体机-T698	¥4,510.00	促销	1%	张彤
cdz0003	牌电脑-P48	¥5,600.00	新产品推广	4%	刘月云
cdz0004	牌电脑-P58	¥6,100.00			梁静
cdz0005	服务器2000型	¥4,800.00			王丽
cdz0006	服务器3000型	¥5,100.00			李莉
cdz0007	务器CPU-58	¥5,280.00			秦悦阳
cdz0008	务器CPU-65	¥5,380.00			
cdz0009	务器CPU-78	¥6,420.00			
cdz0010	务器CPU-89	¥6,220.00			

巧设表格框线

❷

Step 03 按照同样的操作，调整“商品编号”和“商品名称”这两列的列宽。全选表格，按Ctrl+1组合键，打开“设置单元格格式”对话框，在“边框”选项卡中，设置边框样式，如图❸所示。

Step 04 选中表格首行，再次打开“设置单元格格式”对话框，设置下边框的样式，如图❹所示。

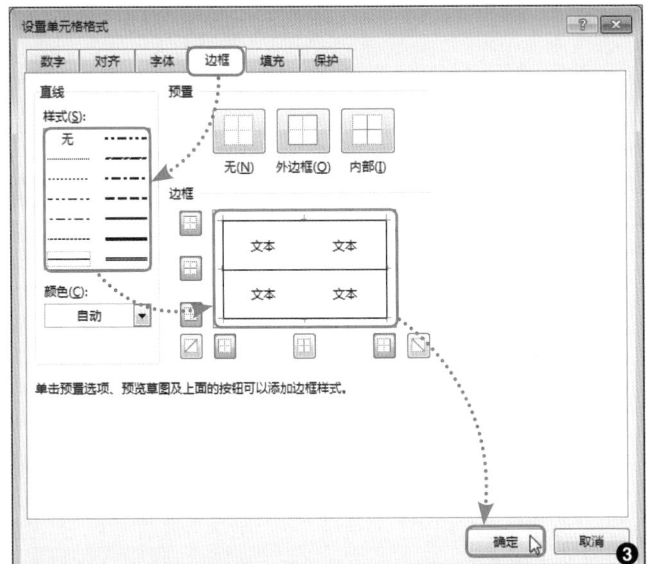

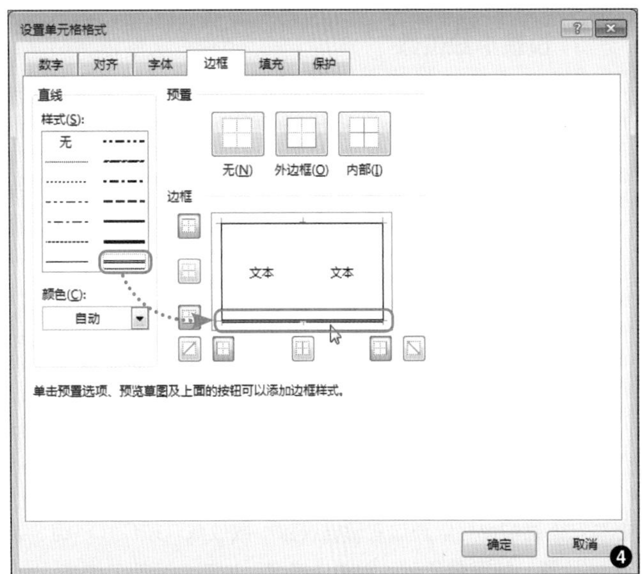

Step 05 在“视图”选项卡中，取消勾选“网格线”复选框，隐藏网格线，如图❺所示。然后设置表格中数据的对齐方式。

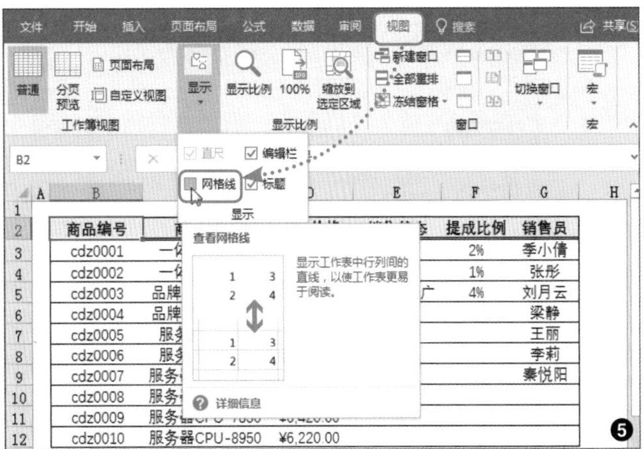

03 数字格式设置不是小事

在刚开始录入表格数据时，一定要把握好其格式的正确与否。否则输入进去的数据，不一定是你想要的结果。下面小德子为大家整理了一些常见数据格式的设置方法。

1. 设置小数位数

有的时候在单元格中输入小数，按Enter键后，会发现小数点后面的数字自动被四舍五入了。这是因为单元格已经被设置了固定的小数位数，当输入的小数位数大于所设小数位数时就会被四舍五入，遇到这种情况需要重新设置小数位数。

Step 01 选中要输入小数的列，在“开始”选项卡中，单击“数字格式”下拉按钮，选择“数字”选项，即可将所选单元格格式设置为2位小数。如图❶所示。

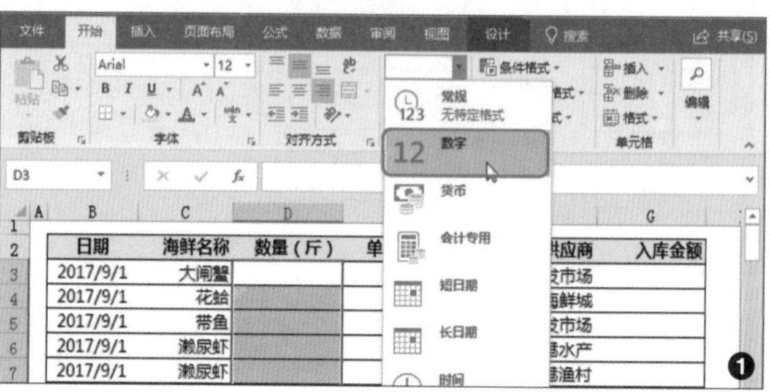

Step 02 我们也可以通过对话框设置小数位数，按Ctrl+1组合键，打开“设置单元格格式”对话框，在“数字”选项卡中，可设置小数位置，如图❷所示。单击“确定”按钮，返回工作表，此时在所选单元格中无论输入什么数值都会自动变成所设小数位数。结果如图❸所示。

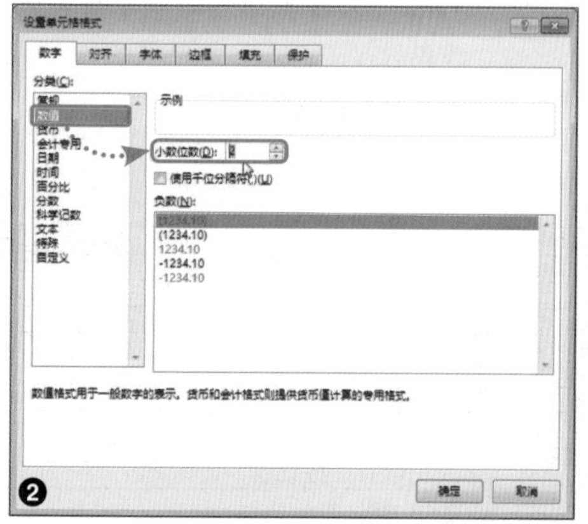

日期	海鲜名称	数量（斤）	单价（元）	供应商
2017/9/1	大闸蟹	105.22		东苑批发市场
2017/9/1	花蛤	33.34		上房海鲜城
2017/9/1	带鱼	36.57		东苑批发市场
2017/9/1	濑尿虾	21.39		连港水产
2017/9/1	濑尿虾	36.04		南港渔村
2017/9/2	大闸蟹	63.14		连港水产
2017/9/2	花蛤	94.58		连港水产
2017/9/2	蛏子	97.07		连港水产
2017/9/2	蛏子	95.42		七星农贸市场
2017/9/3	大闸蟹	20.69		上房海鲜城
2017/9/3	小龙虾	83.54		东苑批发市场
2017/9/3	蛏子	113.02		上房海鲜城
2017/9/3	牛蛙	64.41		东苑批发市场

2. 设置日期格式

日期格式输入的是否正确，会直接影响到后续数据处理和分析结果。很多人输入日期很随意，例如经常会看到“2018.6”这样的日期，这种日期格式在Excel里面是无法识别的。那什么样的日期格式才是正确的呢?

大家按Ctrl+1组合键打开“设置单元格格式”对话框，在“数字”选项卡的“分类”列表中，选择“日期”选项，然后在“类型”列表中，会看到一系列日期格式，这里的格式，系统才能够正确识别。所以以后在输入日期格式时，需要参照这里的格式输入。

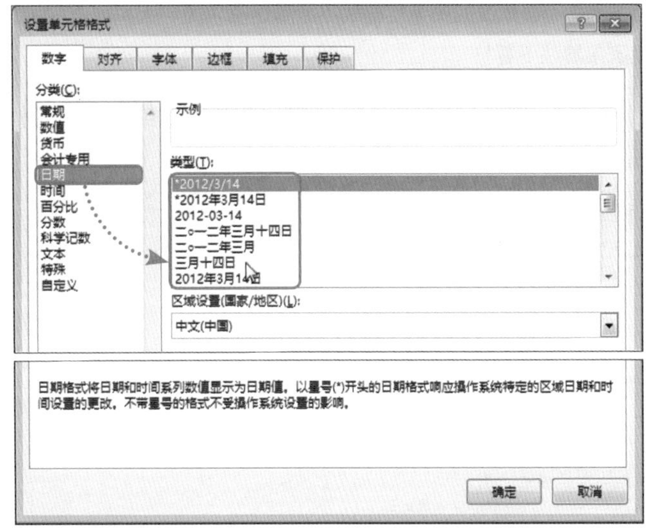

通过“数字格式”功能可以快速检验日期格式正确与否。当输入正确的日期格式时，在“数字格式”方框中就会显示“日期”；而输入错误时，其方框还是以默认的“常规”显示。

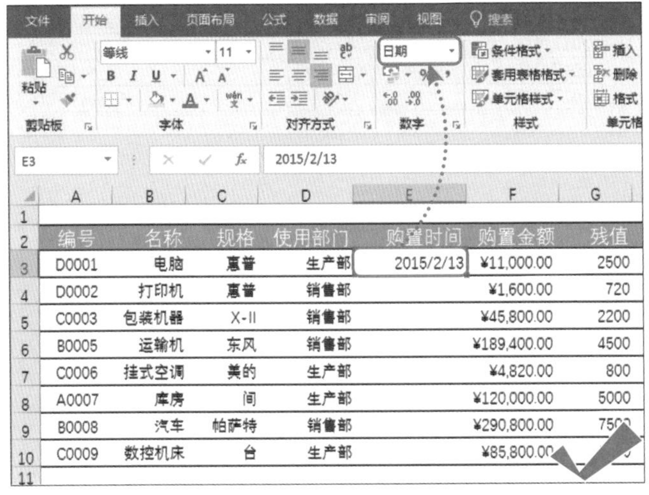

编号	名称	规格	使用部门	购置时间	购置金额	残值
D0001	电脑	惠普	生产部	2015/2/13	¥11,000.00	2500
D0002	打印机	惠普	销售部		¥1,600.00	720
C0003	包装机器	X-II	销售部		¥45,800.00	2200
B0005	运输机	东风	销售部		¥189,400.00	4500
C0006	挂式空调	美的	生产部		¥4,820.00	800
A0007	库房	间	生产部		¥120,000.00	5000
B0008	汽车	帕萨特	销售部		¥290,800.00	7500
C0009	数控机床	台	生产部		¥85,800.00	

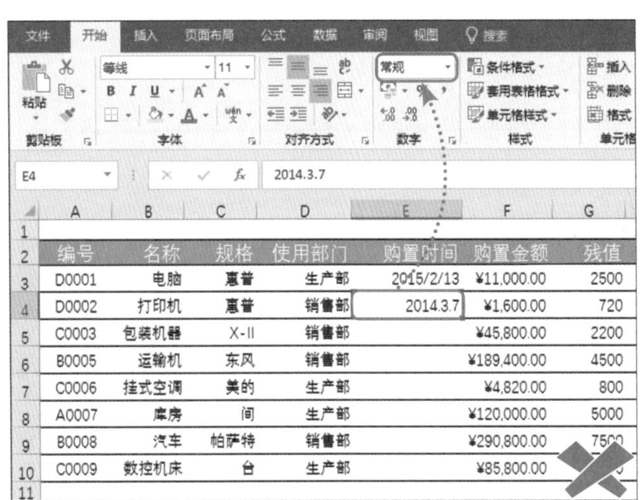

编号	名称	规格	使用部门	购置时间	购置金额	残值
D0001	电脑	惠普	生产部	2015/2/13	¥11,000.00	2500
D0002	打印机	惠普	销售部	2014.3.7	¥1,600.00	720
C0003	包装机器	X-II	销售部		¥45,800.00	2200
B0005	运输机	东风	销售部		¥189,400.00	4500
C0006	挂式空调	美的	生产部		¥4,820.00	800
A0007	库房	间	生产部		¥120,000.00	5000
B0008	汽车	帕萨特	销售部		¥290,800.00	7500
C0009	数控机床	台	生产部		¥85,800.00	

3. 自己DIY单元格格式

当Excel预设的单元格格式不能满足需求时，大家自己就可以DIY一个！例如需要在数字后面添加单位（斤），该怎么操作？大家接着往下看！

Step 01 选中要添加的数字区域，打开“设置单元格格式”对话框。在“数字”选项卡的“分类”列表中，选择“自定义”选项。

Step 02 在“类型”文本框中输入‘0.00 " 斤 " ’，单击“确定”按钮，完成操作。

	A	B	C	D	E	F
1						
2		日期	海鲜名称	数量	单价	供应商
3		2017/9/1	大闸蟹	105.22斤		东苑批发市场
4		2017/9/1	花蛤	33.34斤		上房海鲜城
5		2017/9/1	带鱼	36.57斤		东苑批发市场
6		2017/9/1	濑尿虾	21.39斤		连港水产
7		2017/9/1	濑尿虾	36.04斤		南港渔村
8		2017/9/2	大闸蟹	63.14斤		连港水产
9		2017/9/2	花蛤	94.58斤		连港水产
10		2017/9/2	蛏子	97.07斤		连港水产
11		2017/9/2	蛏子	95.42斤		七星农贸市场
12		2017/9/3	大闸蟹	20.69斤		上房海鲜城
13		2017/9/3	小龙虾	83.54斤		东苑批发市场
14		2017/9/3	蛏子	113.02斤		上房海鲜城
15		2017/9/3	牛蛙	64.41斤		东苑批发市场

知识加油站：添加货币符号

如果想为数据添加货币符号，可以先选中数据，然后在“数字格式”列表中，选择“货币”选项，就可以添加人民币符号，想要添加其他货币符号，可单击“会计数字格式”下拉按钮，从中选择相应的符号即可。如果这些符号不能满足需求，那就在“设置单元格格式”对话框的“分类”列表中，选择“货币”选项，然后在右侧“货币符号（国家/地区）”列表中去选择吧！

准确高效的录入数据

经常看到职场新人在录入Excel数据时，几乎都是一个个的敲上去，等录入完成后，也该到下班的点了。看着真是着急。现如今，高效办公时代已来临，不想办法提高效率，迟早要被淘汰。在此，小德子就给职场新人们说一说怎样高效准确的录入Excel数据。

01 拒绝重复输入

在一张表格中，难免要录入一些重复的数据，如果手动一遍遍的输入，那真是费时又费力。下面小德子就来支一招。

1. 快速输入相同数据

遇到在一列或一行中要输入相同数据的情况时，就要使用自动填充功能了。例如要在B3:B10单元格区域中，输入相同的内容，该怎么做?

Step 01 选中B3单元格，并输入“儿童床”字样。将光标放在B3单元格右下角填充手柄处，当它变成实心十字形时，按住鼠标左键不放，将它拖拽到B10单元格。

Step 02 放开鼠标，此时B3:B10单元格区域已全部显示了“儿童床”的字样。

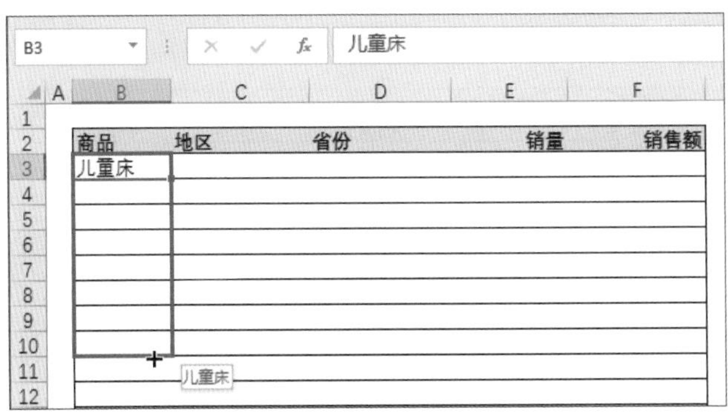

使用功能区中的“填充”功能，也能达到相同的效果。在“填充”列表中，选择“向上、向下、向左和向右”选项来设定填充的方向。

只要事先选择好填充区域就可填充，我们还可以利用快捷键来操作。例如向下填充Ctrl+D和向右填充Ctrl+R。

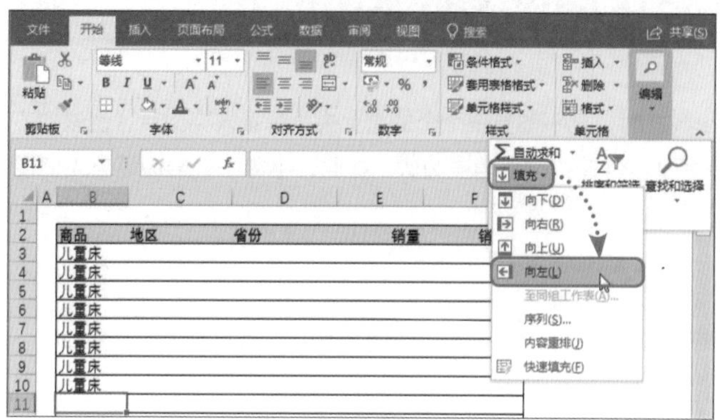

扫描延伸阅读

2. 在不相邻单元格中输入相同数据

想要在多个不相邻的单元格中输入同一数据，明显使用以上填充方法不合适。那到底该怎么操作呢？按住Ctrl键，单击选中多个单元格，如图❶所示，然后在最后一个被选单元格中输入数据内容，如图❷所示，最后按Ctrl+Enter组合键，这时，在所有被选的单元格中，已显示了相同的数据内容，如图❸所示。

C7

商品	地区	省份	销量	销售额
儿童床		福建省	138	¥49,039.68
儿童床		甘肃省	156	¥60,572.52
儿童床		广东省	36	¥8,261.82
儿童床		贵州省	24	¥7,048.57
儿童床		海南省	102	¥30,874.62
儿童床		河北省	59	¥15,948.97
儿童床		河南省	140	¥51,136.25
儿童床		江苏省	160	¥77,624.32

各地区家具销售统计

就绪 ❶

C7 华南

商品	地区	省份	销量	销售额
儿童床		福建省	138	¥49,039.68
儿童床		甘肃省	156	¥60,572.52
儿童床		广东省	36	¥8,261.82
儿童床		贵州省	24	¥7,048.57
儿童床	华南	海南省	102	¥30,874.62
儿童床		河北省	59	¥15,948.97
儿童床		河南省	140	¥51,136.25
儿童床		江苏省	160	¥77,624.32

各地区家具销售统计

输入 ❷

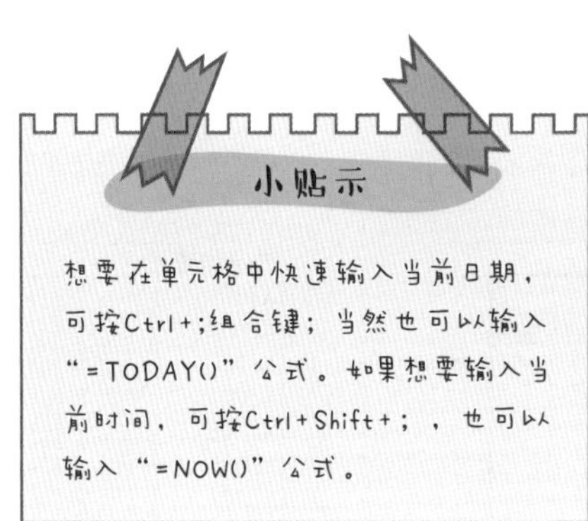

小贴示
想要在单元格中快速输入当前日期，可按Ctrl+;组合键；当然也可以输入“=TODAY()”公式。如果想要输入当前时间，可按Ctrl+Shift+；，也可以输入“=NOW()”公式。

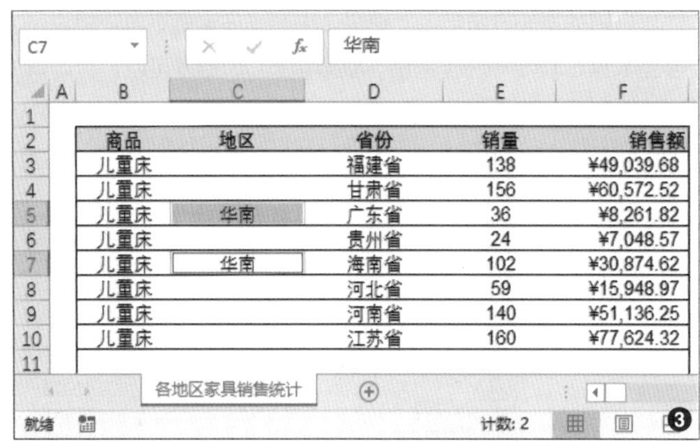

C7 华南

商品	地区	省份	销量	销售额
儿童床		福建省	138	¥49,039.68
儿童床		甘肃省	156	¥60,572.52
儿童床	华南	广东省	36	¥8,261.82
儿童床		贵州省	24	¥7,048.57
儿童床	华南	海南省	102	¥30,874.62
儿童床		河北省	59	¥15,948.97
儿童床		河南省	140	¥51,136.25
儿童床		江苏省	160	¥77,624.32

各地区家具销售统计　就绪　计数: 2

02 有序数据输入的好方法

在输入产品编号、员工工号或者日期这类有序数据项时，使用下面的输入方法，会大大提高工作效率。

Step 01 在单元格中输入编号，这里输入的是“XZ001”编号字样。将光标放到该单元格右下角填充手柄上，当出现实心“+”图形后，按住鼠标左键不放，向下拖动光标到所需单元格。

Step 02 放开鼠标，完成数据填充操作。这时会看到A2:A10单元格区域中的编号自动按照“XZ001-XZ009”显示了。

	A
1	产品编号
2	XZ001

	A
1	产品编号
2	XZ001
3	XZ002
4	XZ003
5	XZ004
6	XZ005
7	XZ006
8	XZ007
9	XZ008
10	XZ009

日期的填充方法与以上相同，小德子在这就不再重复说了。但需要提醒的是，上述方法只适合填充文本型数据。如果要填充数字型数据（1、2……）的话，就必须按Ctrl键才可以，否则填充出来的数字是相同的。

说到这，或许有朋友就要问了：“如果要输入等差序列的话，该怎么做？”答案很简单，只需要在单元格中输入等差数据，例如先在A1单元格中输入“2”，在A2单元格中输入“4”，然后再选中这两个单元格，使用鼠标向下拖拽的方法就可以输入了。

	A	B	C
1	产品编号		
2	XZ001	2	
3	XZ002	4	
4	XZ003		
5	XZ004		
6	XZ005		
7	XZ006		
8	XZ007		
9	XZ008		
10	XZ009		
11	XZ010		
12	XZ011		

	A	B	C
1	产品编号		
2	XZ001	2	
3	XZ002	4	
4	XZ003		
5	XZ004		
6	XZ005		
7	XZ006		
8	XZ007		
9	XZ008		
10	XZ009		
11	XZ010		
12	XZ011		
13			22

	A	B	C
1	产品编号		
2	XZ001	2	
3	XZ002	4	
4	XZ003	6	
5	XZ004	8	
6	XZ005	10	
7	XZ006	12	
8	XZ007	14	
9	XZ008	16	
10	XZ009	18	
11	XZ010	20	
12	XZ011	22	
13			

除了使用鼠标拖拽的方法填充数据外，还可以使用功能区中的“序列”功能来操作。先在单元格中输入起始值“1”，选中起始值所在单元格。在“开始”选项卡的“编辑”选项组中，单击“填充”下拉按钮，从中选择“序列”选项，就可以打开相应的对话框。

在“序列”对话框中，先选择序列产生在“列”，然后在“步长值”文本框中输入步长值，在“终止值”文本框中，输入截止数，单击“确定”按钮即可。

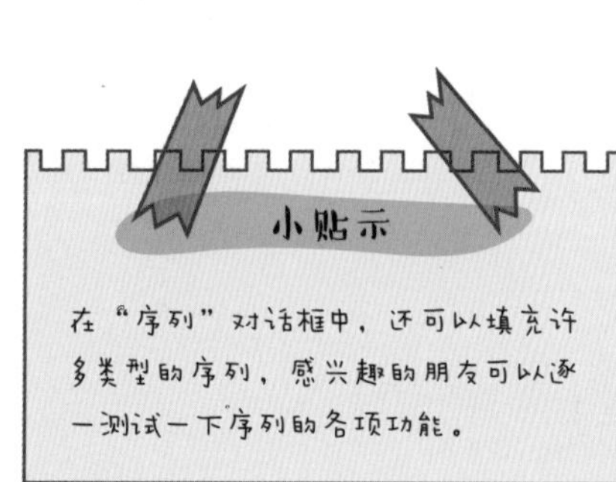

小贴示
在“序列”对话框中，还可以填充许多类型的序列，感兴趣的朋友可以逐一测试一下序列的各项功能。

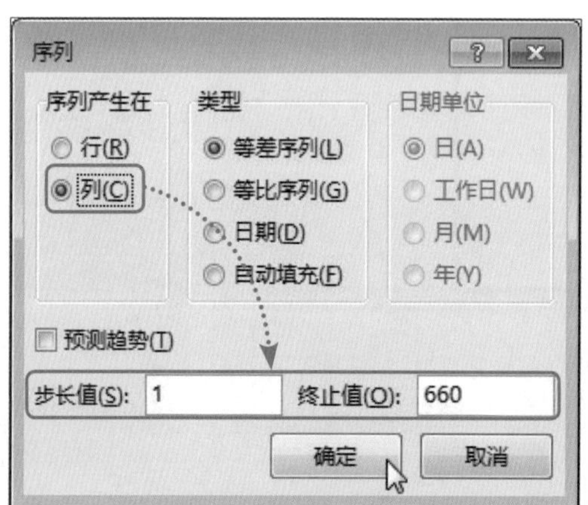

	A	B
1	1	
2	2	
3	3	
4	4	
5	5	
6	6	
7	7	
656	656	
657	657	
658	658	
659	659	
660	660	
661		

03 自定义序列输入法

对经常输入的数据，我们可以将这些数据设置为自定义序列，然后通过自动填充功能，将这些常用数据快速的输入到所需表格中。下面小德子就以值班表为例，来介绍具体的操作方法。

Step 01 打开原始文件。在“文件”菜单中，选择“选项”，在“Excel选项”对话框的“高级”界面中，单击“编辑自定义列表”按钮。

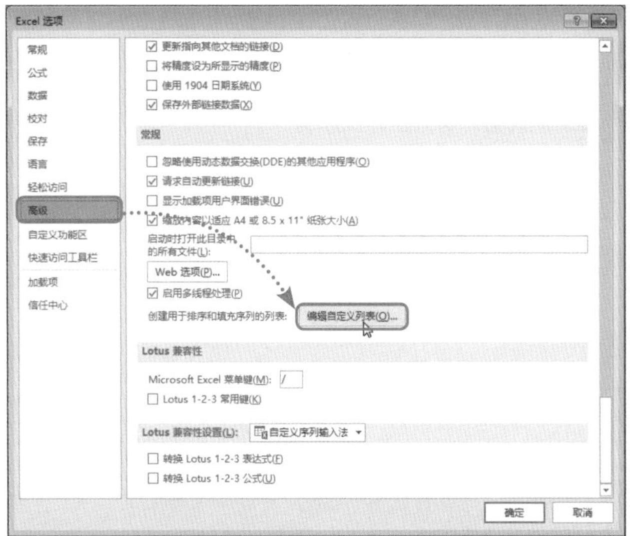

Step 02 在“自定义序列”对话框的“输入序列”方框中输入所有值班人员的姓名。然后单击“添加”按钮。这时输入的姓名已全部添加到“自定义序列”方框中。

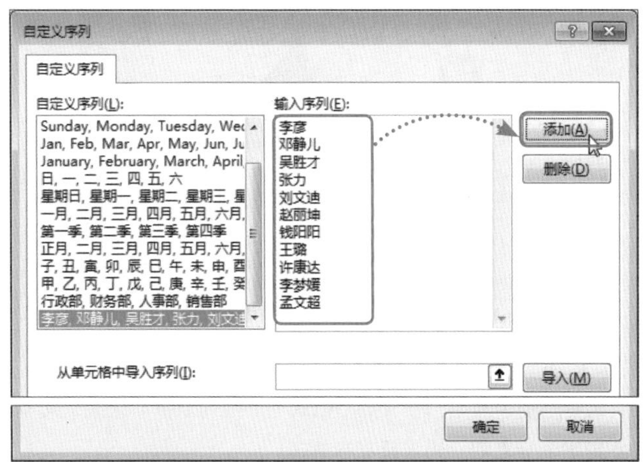

知识加油站：更改自定义序列顺序

如果只是想要更改定义好的序列顺序，只需在“自定义序列”对话框中，选择好定义好的序列，并在“输入序列”方框中，更改其顺序即可。

Step 03 单击“确定”按钮，关闭对话框。此时，自定义序列已设定完毕。将光标定位在C3单元格，按照刚设定的序列，输入第一个姓名“李彦”。使用鼠标向下拖拽的方法就可以快速将定义的序列填充到单元格中。

	A	B	C	D	E
1					
2		值班日期	值班人员	联系方式	
3		7月10日	李彦	130****5425	
4		7月11日	邓静儿	186****9921	
5		7月12日	吴胜才	133****5699	
6		7月13日	张力	158****0560	
7		7月14日	刘文迪	183****6554	
8		7月15日	赵丽坤	159****7565	
9		7月16日	钱阳阳	130****6652	
10		7月17日	王璐	177****6634	
11		7月18日	许康达	185****3246	
12		7月19日	李梦媛	158****6556	
13		7月20日	孟文超	159****6687	
14					
15		值班时间：上午8:00-12:00　下午14:00-17:00			
16		值班地点：学校招生办就业处（大学生活动中心）			

知识加油站：导入自定义序列

除了以上自定义序列的方法外，还可以先在表格中录入所需的序列，然后将它导入到自定义序列列表中，以便日后直接调用。选中现有的序列单元格，打开“自定义序列”对话框，单击“导入”按钮，此时在“自定义序列”方框中就会显示刚录入的序列，当下次使用时，输入第一个数据，然后使用向下填充功能就可以了。

04 身份证号码输入有妙招

大家在输入身份证时会不会遇到以下这种情况？

明明输入的身份证号是正确的，可显示出来字符是这个样子，该怎么解决？简单，只要修改下单元格格式就OK啦！当然还可以使用其他方法直接输入。

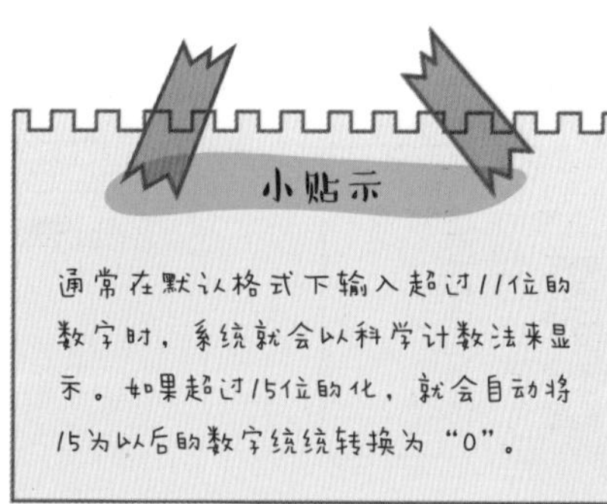

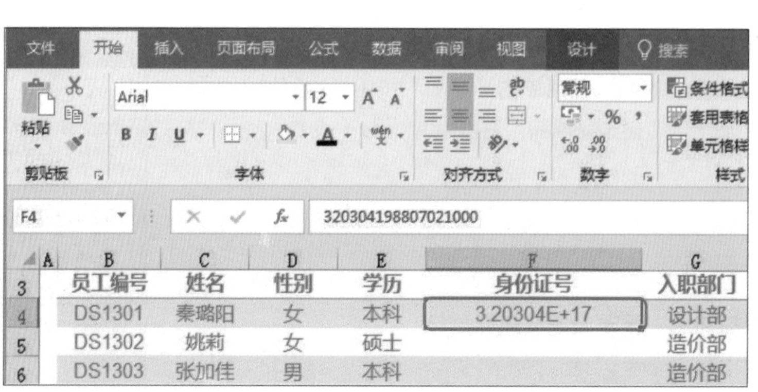

	A	B	C	D	E	F	G
3		员工编号	姓名	性别	学历	身份证号	入职部门
4		DS1301	秦璐阳	女	本科	3.20304E+17	设计部
5		DS1302	姚莉	女	硕士		造价部
6		DS1303	张加佳	男	本科		造价部

选中所需单元格，在“数字格式”下拉列表中，选择“文本”选项，然后再输入身份证号就可以了。需要提醒一句：一定要在输入身份证号之前，先设置文本格式。

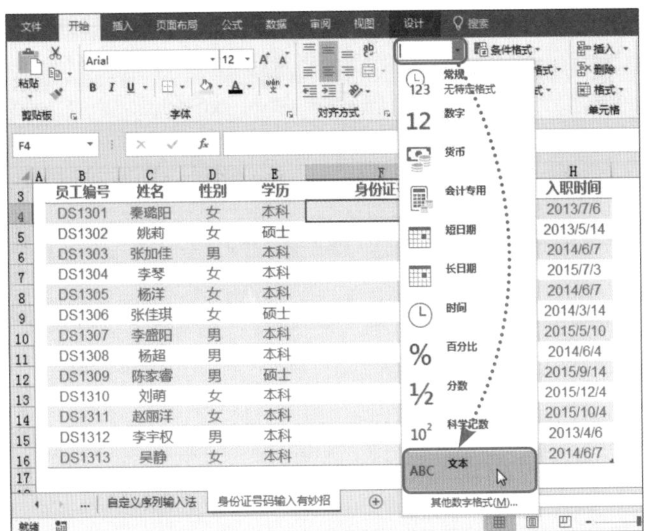

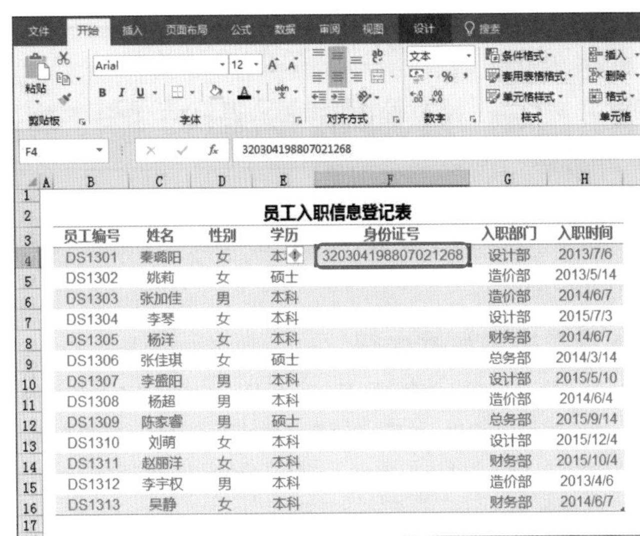

除了以上更改单元格格式的方法外，还可以在输入身份证号之前，先输入一个英文状态下的“'”，接着再输入身份证号码就可以了。

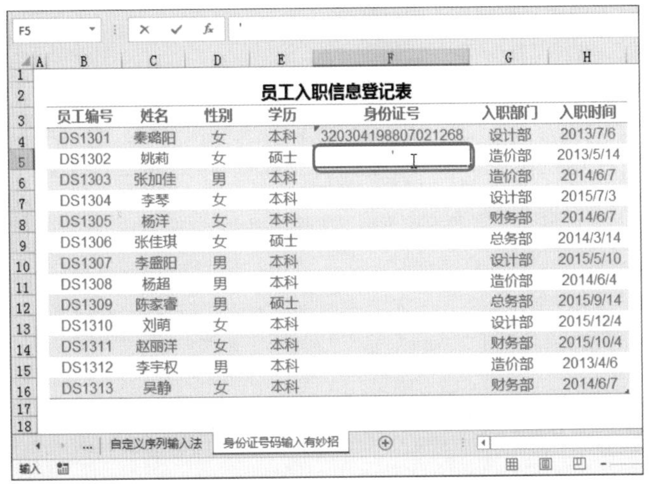

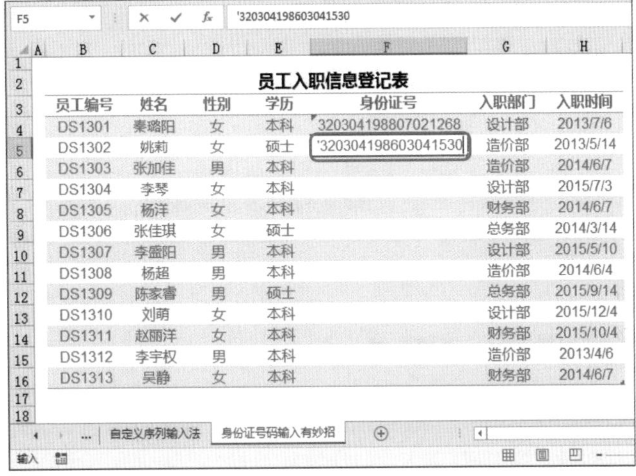

几种数据查找的方法

在表格数据比较多的情况下，我们会通过什么方法来快速查找到想要的数据信息呢？下面小德子给大家罗列了几种方法，供大家参考使用。

01 查找指定数据内容

为了快速在表格中查询到某一项数据，可使用“查找和替换”功能来实现。

按Ctrl+F组合键，打开“查找和替换”对话框。在“查找内容”文本框中输入你要查找的数据内容或关键字，单击“查找全部”按钮。此时在结果列表中，可显示查找的结果。按Ctrl+A组合键全选，在工作表中相应的数据内容也会全部选中，这样查看就比较方便。

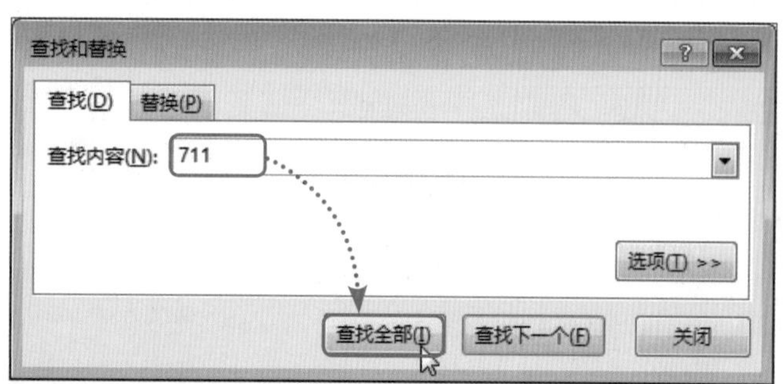

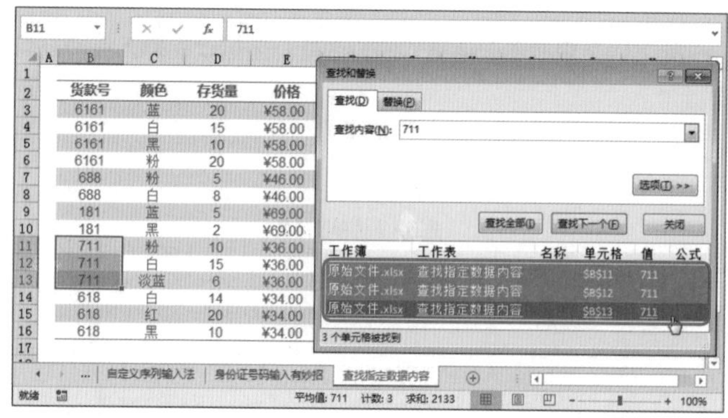

知识加油站：模糊查找

模糊查找是指使用通配符进行查找。当不清楚数据的具体名称时，可以使用模糊查找功能来操作。通配符主要是由“*”、“？”以及“~”来替代一个或多个真正字符。例如想要查找姓李的名字，在“查找和替换”对话框的“查找内容”文本框中输入“李*”，单击“查找全部”按钮就可以搜索到表格中所有李姓的名字。

02 定位条件按需查找

如果想要一键选中表格中所有的空值，怎么办？使用“查找和替换”功能是没有办法查询到的。这时就需要使用“定位”功能了。

按F5键打开“定位”对话框，单击“定位条件”按钮。在打开的“定位条件”对话框中，单击“空值”单选按钮。

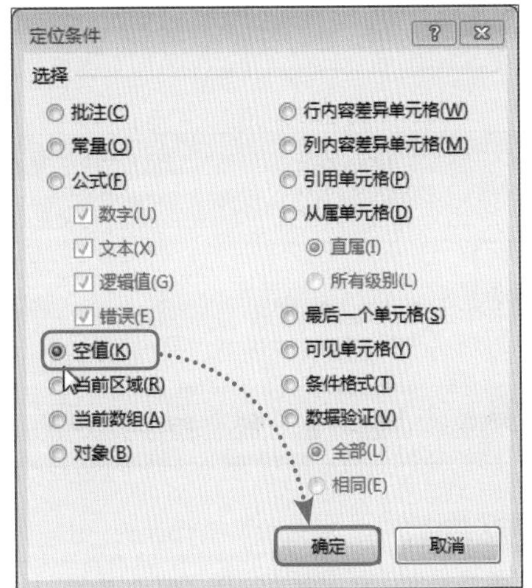

此时，就会发现表格中所有的空值都被选中了。

在“定位条件”对话框中，我们还可以定位其他条件，例如“批注”、“公式”、“引用单元格”、“从属单元格”等等。

	A	B	C	D	E
1					
2		货款号	颜色	存货量	价格
3		6161	蓝	20	¥58.00
4		6161	白	15	¥58.00
5		6161	黑	10	¥58.00
6		6161	粉	20	¥58.00
7		688	粉		¥46.00
8		688	白	8	¥46.00
9		181	蓝		¥69.00
10		181	黑		¥69.00
11		711	粉	10	¥36.00
12		711	白	15	¥36.00
13		711	淡蓝		¥36.00
14		618	白	14	¥34.00

知识加油站：批量删除某项数据内容

如果想要一下子删除表格中某数据，也可以使用替换功能来操作。在“查找和替换”文本框中，先在“查找内容”方框中输入要删除的数据项，然后再“替换为”方框中，按1次空格键，单击“全部替换”按钮就可以了。

03 一键替换数据内容

替换Excel表格中的数据信息，其操作方法与Word中的操作很相似，它们都需要通过“查找和替换”对话框进行操作。

Step 01 按Ctrl+F组合键，打开“查找和替换”对话框。切换到“替换”选项卡。在“查找内容”方框中，输入需要替换的数据内容，这里输入“6161”。然后在“替换为”方框中，输入新数据内容，这里输入“6101”。

Step 02 单击“全部替换”按钮，在打开的提示信息框中，单击“确定”按钮。这时原表格中的“6161”数据项已统一更改为“6101”了。

04 突出显示数据内容

为了能够让一些重要数据一目了然，利用“条件格式”功能可突出显示这些数据。下面小德子将以突显销售数量大于5的数据项为例，来介绍具体的操作步骤。

Step 01 打开原始文件。选中G3:G64单元格区域。在“开始”选项卡中单击“条件格式”下拉按钮，从中选择“突出显示单元格规则”选项，并在其级联菜单中选择“大于”选项。

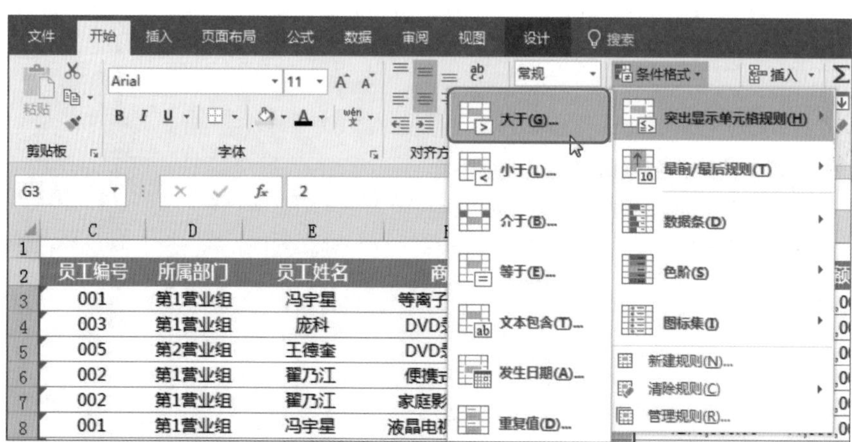

Step 02 在“大于”对话框中的“为大于以下值的单元格设置格式”文本框中输入5，然后将“设置为”选择“黄填充色深黄色文本”选项。

Step 03 设置完成后，单击“确定”按钮。此时被选中的单元格区域内，所有大于5的数据项已被高亮显示出来了。

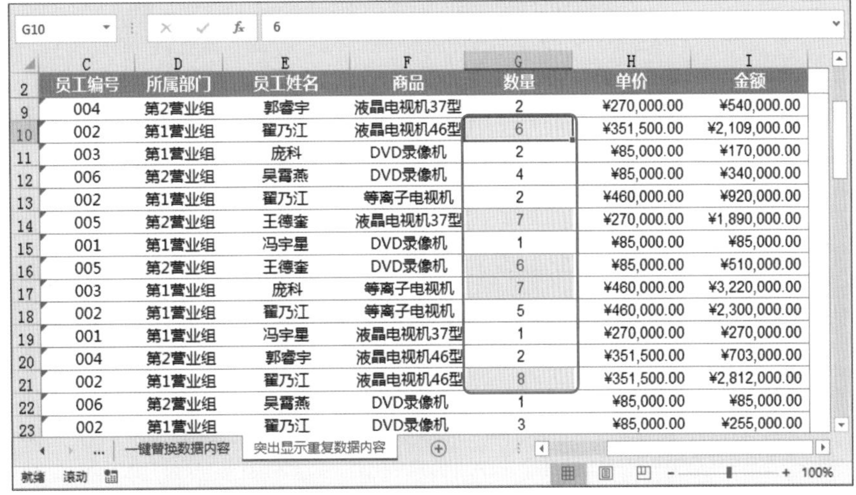

	员工编号	所属部门	员工姓名	商品	数量	单价	金额
9	004	第2营业组	郭睿宇	液晶电视机37型	2	¥270,000.00	¥540,000.00
10	002	第1营业组	翟乃江	液晶电视机46型	6	¥351,500.00	¥2,109,000.00
11	003	第1营业组	庞科	DVD录像机	2	¥85,000.00	¥170,000.00
12	006	第2营业组	吴霄燕	DVD录像机	4	¥85,000.00	¥340,000.00
13	002	第1营业组	翟乃江	等离子电视机	2	¥460,000.00	¥920,000.00
14	005	第2营业组	王德奎	液晶电视机37型	7	¥270,000.00	¥1,890,000.00
15	001	第1营业组	冯宇星	DVD录像机	1	¥85,000.00	¥85,000.00
16	005	第2营业组	王德奎	DVD录像机	6	¥85,000.00	¥510,000.00
17	003	第1营业组	庞科	等离子电视机	7	¥460,000.00	¥3,220,000.00
18	002	第1营业组	翟乃江	等离子电视机	5	¥460,000.00	¥2,300,000.00
19	001	第1营业组	冯宇星	液晶电视机37型	1	¥270,000.00	¥270,000.00
20	004	第2营业组	郭睿宇	液晶电视机46型	2	¥351,500.00	¥703,000.00
21	002	第1营业组	翟乃江	液晶电视机46型	8	¥351,500.00	¥2,812,000.00
22	006	第2营业组	吴霄燕	DVD录像机	1	¥85,000.00	¥85,000.00
23	002	第1营业组	翟乃江	DVD录像机	3	¥85,000.00	¥255,000.00

知识加油站：新建条件规则

当内置的条件格式还不能够满足你的需求时，可以自己设定条件规则。在“条件格式”下拉列表中，选择“新建规则”选项，在打开的“新建格式规则”对话框中，我们可以选择规则类型、设置单元格的格式等参数。设置完成后，单击“确定”按钮就可以了。

QUESTION

学习心得

这一课我们学习了Excel的基本操作，其中包括表格格式的设置、数据录入的技巧以及数据的查找与替换操作。通过这一课的学习，大家可以思考一下，如何快速删除多余的空行呢？大家可以到“德胜书坊”微信公众号以及相关QQ群中进行交流。让我们在轻松快乐的学习氛围中玩转Office吧！

在Excel中尽量不要合并单元格，除非有特殊要求。否则会给你后续的数据分析带来麻烦！

Chapter 06

数据分析更轻松

伟大的工作，

并不是用力量而是用耐心去完成的

排序其实很简单

数据的排序是对数据进行处理分析的基本步骤。一份杂乱无章的数据摆在面前，怎样能快速理清楚这些数据之间的关系呢？我们不可能手工去做排序，否则要Excel有何用！所以数据排序是Excel的基本功。本小节小德子就列举几个排序小技巧。希望能够帮助大家解决一些燃眉之急吧！

01 按照指定的数据列排序

对表格中某一列数据进行升序或降序排列是排序的基本操作。我们只需要单击“升序”或“降序”按钮就可以轻松完成排序。下面小德子将以“配送数量”进行升序排序为例，来介绍其具体的操作方法。

Step 01 打开原始文件，我们会发现“配送数量”这一列数据呈无规律显示状态。

Step 02 选中该列任意单元格，在“数据”选项卡中，单击“升序”按钮。此时“配送数量”列的数据便会从小到大升序排序了。

	A	B	C	D	E
1					单位：件
2		姓名	配送区域	配送日期	配送数量
3		张蕴阑	泉雨区	2017/11/11	1,084
4		苏 丽	龙湖区	2017/11/11	1,786
5		潘琦婧	贾文区	2017/11/11	2,690
6		卢谦婧	鼓楼区	2017/11/11	1,594
7		何丞影	九里区	2017/11/11	1,650
8		钱凝琪	铜新区	2017/11/11	2,560
9		郎若云	枣东区	2017/11/11	980
10		吴音同	新成区	2017/11/11	1,253
11		梁尔阳	浦西区	2017/11/11	914
12		危蒲乔	浦东区	2017/11/11	1,144

	A	B	C	D	E
1					单位：件
2		姓名	配送区域	配送日期	配送数量
3		梁尔阳	浦西区	2017/11/11	914
4		郎若云	枣东区	2017/11/11	980
5		张蕴阑	泉雨区	2017/11/11	1,084
6		危蒲乔	浦东区	2017/11/11	1,144
7		吴音同	新成区	2017/11/11	1,253
8		卢谦婧	鼓楼区	2017/11/11	1,594
9		何丞影	九里区	2017/11/11	1,650
10		苏 丽	龙湖区	2017/11/11	1,786
11		钱凝琪	铜新区	2017/11/11	2,560
12		潘琦婧	贾文区	2017/11/11	2,690

02 文本也能实现排序

Excel除了能够对数值进行升序或降序外，还可以对文本进行排序。Excel默认是以拼音首字母进行排序的。下面小德子就按照文本笔划顺序进行排序。

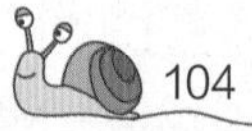

Step 01 打开原始文件。在“数据”选项卡的“排序和筛选”选项组中，单击“排序”按钮。在打开的“排序”对话框中，单击“选项”按钮。

Step 02 在“排序选项”对话框中，单击“笔划排序”单选按钮，然后单击“确定”按钮。

Step 03 返回到“排序”对话框，单击“主要关键字”下拉按钮，从中选择“姓名”选项。

Step 04 单击“次序”下拉按钮，从中选择“降序”选项。单击“确定”按钮，关闭对话框。此时，我们就会发现“姓名”列中的文本会按照首字的笔划数从高到低进行排列。按文本排序无非就是两种排序方法，一种是按文本首字母进行排序，另一种是首字笔划进行排序。在默认情况下，系统是按照首字母进行升序排序的。

	A	B	C	D	E	F	G	H	I
1									
2		员工编号	姓名	部门	学历	年龄	实发工资	基本工资	奖金
3		GL1413	魏晨	财务部	研究生	34	¥ 4,000.00	¥ 3,000.00	¥ 1,000.00
4		GL1402	郭长虹	工程部	大专	32	¥ 5,800.00	¥ 3,200.00	¥ 2,600.00
5		GL1404	赵磊	项目部	本科	29	¥ 6,000.00	¥ 4,500.00	¥ 1,500.00
6		GL1417	赵欣瑜	财务部	研究生	46	¥ 4,500.00	¥ 3,200.00	¥ 1,300.00
7		GL1415	郑佩佩	财务部	本科	34	¥ 2,500.00	¥ 2,000.00	¥ 500.00
8		GL1401	范轩	工程部	研究生	45	¥ 5,800.00	¥ 3,200.00	¥ 2,600.00
9		GL1409	陈真	策划部	大专	49	¥ 4,300.00	¥ 3,000.00	¥ 1,300.00
10		GL1407	张露	项目部	研究生	26	¥ 3,200.00	¥ 2,300.00	¥ 900.00
11		GL1414	张亮	财务部	大专	47	¥ 2,800.00	¥ 2,000.00	¥ 800.00
12		GL1406	宋可人	项目部	大专	44	¥ 3,200.00	¥ 2,500.00	¥ 700.00
13		GL1403	杨广平	工程部	本科	43	¥ 4,700.00	¥ 3,000.00	¥ 1,700.00
14		GL1416	刘润轩	财务部	大专	24	¥ 4,300.00	¥ 3,200.00	¥ 1,100.00
15		GL1411	刘若曦	策划部	研究生	29	¥ 3,100.00	¥ 2,200.00	¥ 900.00
16		GL1410	华龙	策划部	本科	25	¥ 4,500.00	¥ 3,000.00	¥ 1,500.00

03 多条件排序的规则

在日常工作中，往往需要按照多个关键字进行排序，也就是要同时满足多个条件进行排序，这可怎么操作？不急，下面小德子就举例来介绍其具体操作。

本例小德子先要将“类别”进行升序操作，然后在相同“类别”的基础上，对其“金额”再进行降序操作。

Step 01 打开原始文件。将光标定位在C4单元格中。打开“排序”对话框，单击“主要关键字”下拉按钮，从中选择“类别”选项，然后单击“次序”下拉按钮，从中选择“升序”选项。

Step 02 单击“添加条件”按钮，系统就会添加一个“次要关键字”项。在此，单击“次要关键字”下拉按钮，选择“金额”选项，然后将“次序”设为“降序”。

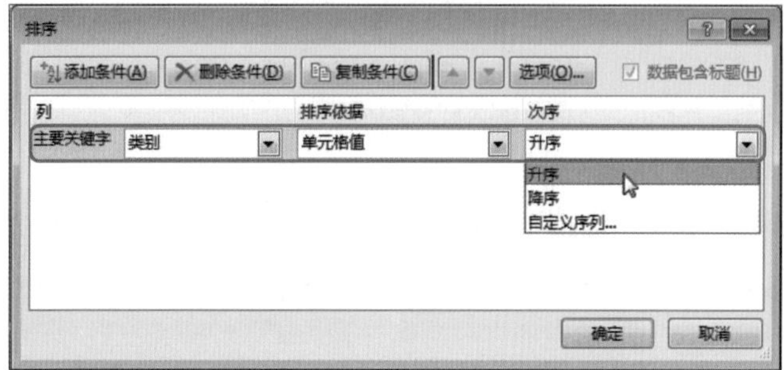

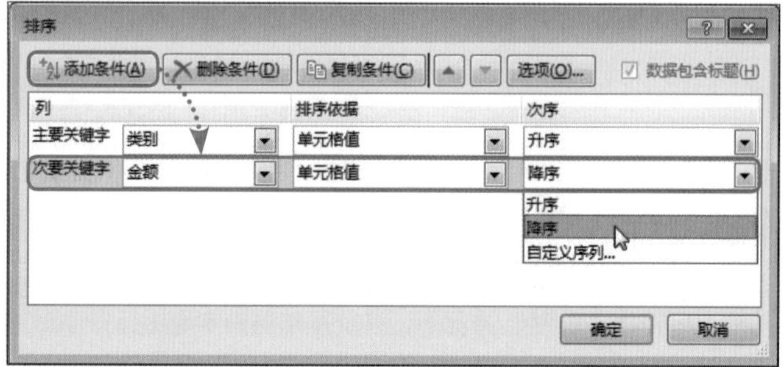

Step 03 单击“确定”按钮，关闭该对话框。此时我们就会发现表格中“类别”项以第1个字的首字母进行升序排序，而每组相同“类别”的“金额”项进行降序排序。

	A	B	C	D	E
2		日期	类别	金额	
3		2017/10/21	办公用品费	¥1,129	
4		2017/10/5	办公用品费	¥722	
5		2017/10/21	办公用品费	¥666	
6		2017/10/9	办公用品费	¥643	
7		2017/10/1	办公用品费	¥423	
8		2017/10/26	材料采购费	¥750	
9		2017/10/9	材料采购费	¥411	
10		2017/10/1	材料采购费	¥375	
11		2017/10/21	材料采购费	¥365	
12		2017/10/12	财务费	¥819	
13		2017/10/12	财务费	¥694	

04 自定义排序的规则

当Excel中的一些排序规则满足不了需求时，我们可以自定义新的排序规则。自定义排序的操作方法与自定义序列的方法相似，它们都要通过“自定义序列”对话框来实现。下面小德子就以定义“研究生、本科、大专”顺序为例，来介绍自定义排序的操作方法。

Step 01 打开原始文件。在“数据”选项卡中，单击“排序”按钮，在打开的对话框中，将“主要关键字”设为“学历”，将“次序”设置为“自定义序列”选项。

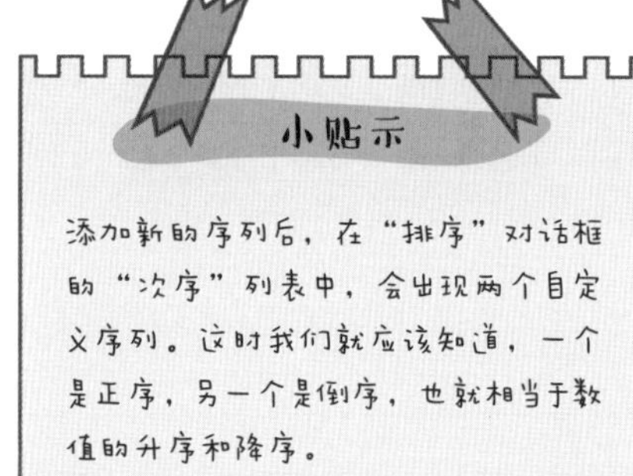

小贴示
添加新的序列后，在“排序”对话框的“次序”列表中，会出现两个自定义序列。这时我们就应该知道，一个是正序，另一个是倒序，也就相当于数值的升序和降序。

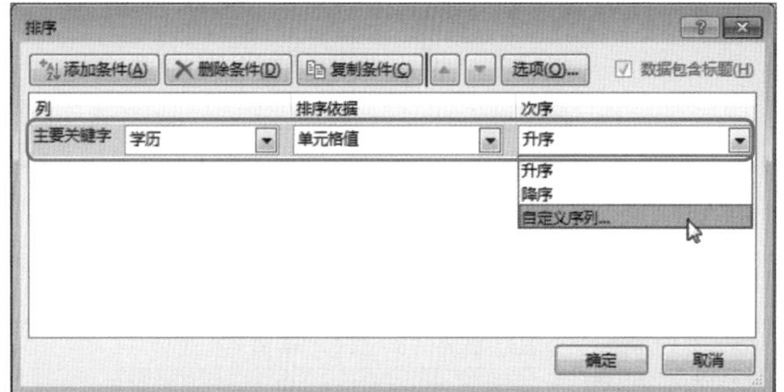

Step 02 打开“自定义序列”对话框，在“输入序列”方框中，输入序列内容单击“添加”按钮。

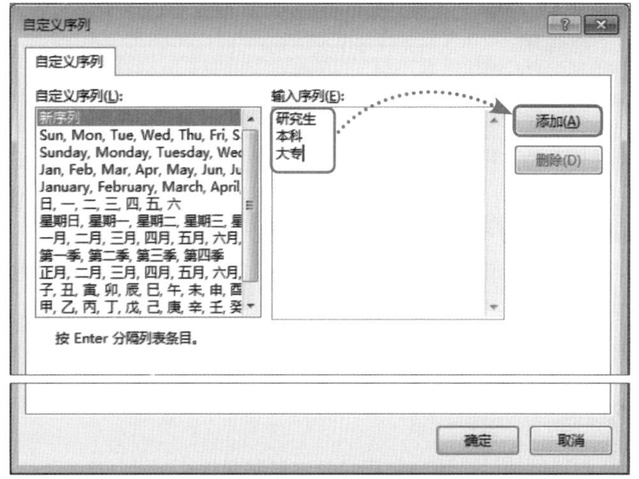

知识加油站：按照颜色也能排序

有时为了快速区分某一类数据，就会给这些数据添加颜色。如果能给这些相同颜色的数据归归类，那岂不是更好！是的，Excel排序功能就能帮你实现这种效果。打开“排序”对话框，设置好“主要关键字”，在“排序依据”下拉列表中，选择“字体颜色”选项，然后在“次序”列表中，调整好颜色的顺序，单击“确定”就可以了。

Step 03 输入完毕后，单击“确定”按钮，返回到上一层对话框。此时就可看到在“次序”列表中，已显示了刚添加的序列。

Step 04 在“次序”列表中，选择好序列选项，单击“确定”按钮后，表格中的“学历”列中的数据就会按照自定义的顺序排列了。

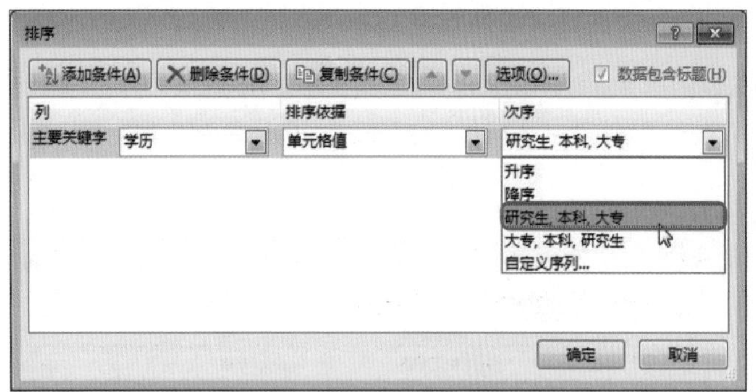

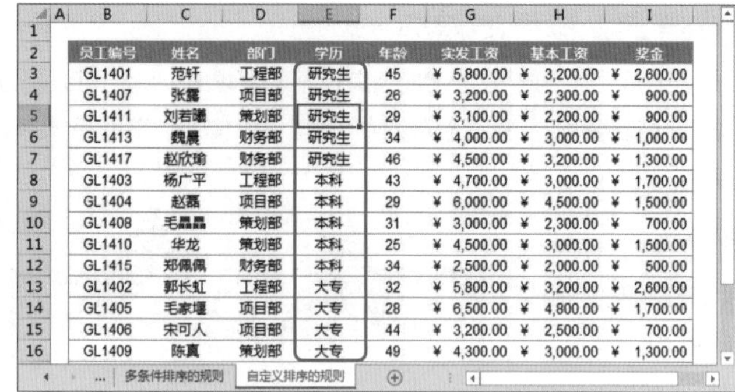

员工编号	姓名	部门	学历	年龄	实发工资	基本工资	奖金
GL1401	范轩	工程部	研究生	45	¥ 5,800.00	¥ 3,200.00	¥ 2,600.00
GL1407	张露	项目部	研究生	26	¥ 3,200.00	¥ 2,300.00	¥ 900.00
GL1411	刘若曦	策划部	研究生	29	¥ 3,100.00	¥ 2,200.00	¥ 900.00
GL1413	魏晨	财务部	研究生	34	¥ 4,000.00	¥ 3,000.00	¥ 1,000.00
GL1417	赵欣瑜	财务部	研究生	46	¥ 4,500.00	¥ 3,200.00	¥ 1,300.00
GL1403	杨广平	工程部	本科	43	¥ 4,700.00	¥ 3,000.00	¥ 1,700.00
GL1404	赵磊	项目部	本科	29	¥ 6,000.00	¥ 4,500.00	¥ 1,500.00
GL1408	毛晶晶	策划部	本科	31	¥ 3,000.00	¥ 2,300.00	¥ 700.00
GL1410	华龙	策划部	本科	25	¥ 4,500.00	¥ 3,000.00	¥ 1,500.00
GL1415	郑佩佩	财务部	本科	34	¥ 2,500.00	¥ 2,000.00	¥ 500.00
GL1402	郭长虹	工程部	大专	32	¥ 5,800.00	¥ 3,200.00	¥ 2,600.00
GL1405	毛家堰	项目部	大专	28	¥ 6,500.00	¥ 4,800.00	¥ 1,700.00
GL1406	宋可人	项目部	大专	44	¥ 3,200.00	¥ 2,500.00	¥ 700.00
GL1409	陈真	策划部	大专	49	¥ 4,300.00	¥ 3,000.00	¥ 1,300.00

让数据筛选更高效

在海量数据中，如何才能既快又准确的挑选出有用的数据呢？这就需要使用到Excel的筛选功能了。该功能可分为两大类，分别是自动筛选和高级筛选。本小节小德子就和大家说说数据筛选的家常事吧！

01 自动筛选很方便

将光标定位在表格任意单元格中，在“数据”选项卡的“排序和筛选”组中单击“筛选”按钮，这时就会发现在表头的每一个字段处，都会添加筛选器。不要小看这筛选器，它能够帮你轻松搞定大部分的数据筛选操作噢。下面小德子就以筛选出“华东”地区的销售数据为例，来介绍具体的操作方法。

扫描延伸阅读

知识加油站：指定范围的数字筛选操作

要对某范围的数字进行筛选时，就需用到“数字筛选”功能。单击筛选器按钮，在打开的列表中，选择“数字筛选”选项，在其级联菜单中，我们可根据需要来选择筛选范围。如果选择“大于、小于、介于、大于或等于”筛选项时，会打开相应的对话框，在此根据情况输入筛选条件就可以了。

Step 01 打开原始文件。按照引言说的步骤，调出筛选器。单击C2单元格中的筛选器按钮，在打开的筛选列表中，先取消勾选“全选”复选框，然后再勾选“华东”复选框。

Step 02 单击“确定”按钮，完成筛选操作。此时，表格中只显示了华东地区所有商品销售数据。而表格的其余数据都被隐藏了。

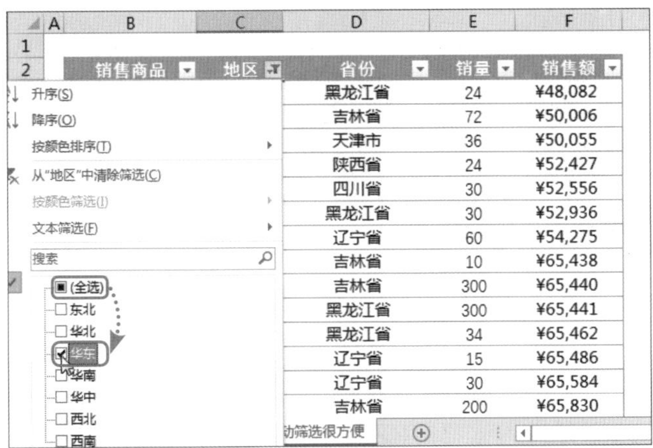

省份	销量	销售额
黑龙江省	24	¥48,082
吉林省	72	¥50,006
天津市	36	¥50,055
陕西省	24	¥52,427
四川省	30	¥52,556
黑龙江省	30	¥52,936
辽宁省	60	¥54,275
吉林省	10	¥65,438
吉林省	300	¥65,440
黑龙江省	300	¥65,441
黑龙江省	34	¥65,462
辽宁省	15	¥65,486
辽宁省	30	¥65,584
吉林省	200	¥65,830

行	销售商品	地区	省份	销量	销售额
3	电暖器	华东	上海市	50	¥46,620
8	电暖器	华东	山东省	20	¥46,637
9	电暖器	华东	安徽省	54	¥46,643
12	电暖器	华东	福建省	56	¥46,677
18	空气净化器	华东	上海市	52	¥46,932
20	电暖器	华东	湖北省	78	¥46,955
33	小米电视	华东	福建省	138	¥49,040
58	电暖器	华东	浙江省	32	¥55,399
60	空气净化器	华东	福建省	90	¥55,900
64	电暖器	华东	西藏自治区	90	¥58,219
65	空气净化器	华东	安徽省	60	¥58,365
66	空气净化器	华东	江苏省	18	¥58,480
82	小米电视	华东	上海市	176	¥65,426
84	迷你扫地机	华东	浙江省	50	¥65,429

自定义排序的规则　自动筛选很方便

02 筛选条件我来定

还是以上一个案例为例，如果想要在表格中筛选出“电暖器销售额>=55000”的数据，该怎么办？而使用上面筛选的方法是无法精确筛选出来的。像这种情况就可以使用“高级”功能解决。

Step 01 打开原始文件。首先需要在表格以外的空白处，设置好筛选条件。

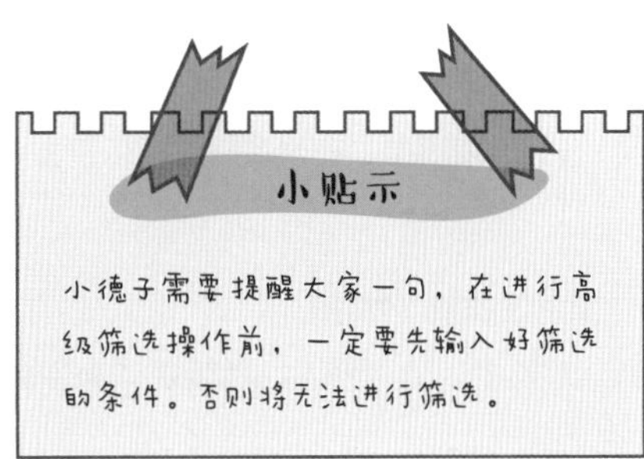

行	B	C	D	E	F
184	迷你儿童洗衣机	华中	湖北省	200	¥70,693
185	迷你儿童洗衣机	华中	河南省	400	¥71,013
186	电动吸尘器	华中	湖北省	300	¥71,794
187	迷你扫地机	华北	河北省	300	¥72,200
188	电动吸尘器	华东	山东省	20	¥72,279
189	迷你扫地机	华中	河南省	10	¥72,990
190	电动吸尘器	华东	江苏省	350	¥73,483
191	电暖器	华中	山西省	30	¥73,608
192	电动吸尘器	华北	河北省	200	¥73,683
193	电动吸尘器	华东	山东省	350	¥77,047
194	电动吸尘器	华中	河南省	300	¥77,181
195	空气净化器	华东	山东省	18	¥78,311
196					
197	销售商品	销售额			
198	电暖器	>=55000			
199					

自动筛选很方便　筛选条件我来定

Step 02 选中表格任意单元格，在“数据”选项卡中，单击“高级”按钮。打开“高级筛选”对话框。这时Excel会自动框选好“列表区域”，单击“条件区域”右边的拾取按钮，使用鼠标拖拽的方法，框选刚输入的筛选条件。

小贴示
如果想要将筛选结果显示到其他工作表中，只需在“高级筛选”对话框中，单击“将筛选结果复制到其他位置”单选按钮，然后在“复制到”文本框中框选所需单元格区域就可以了。

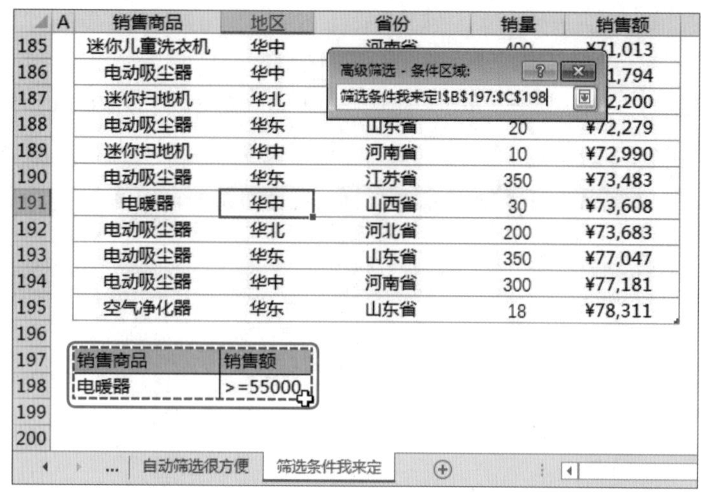

高级筛选 - 条件区域:

筛选条件我来定!$B$197:$C$198

	A	销售商品	地区	省份	销量	销售额
185		迷你儿童洗衣机	华中			¥71,013
186		电动吸尘器	华中			[illegible]1,794
187		迷你扫地机	华北			[illegible]2,200
188		电动吸尘器	华东	山东省	20	¥72,279
189		迷你扫地机	华中	河南省	10	¥72,990
190		电动吸尘器	华东	江苏省	350	¥73,483
191		电暖器	华中	山西省	30	¥73,608
192		电动吸尘器	华北	河北省	200	¥73,683
193		电动吸尘器	华东	山东省	350	¥77,047
194		电动吸尘器	华中	河南省	300	¥77,181
195		空气净化器	华东	山东省	18	¥78,311
196						
197		销售商品	销售额			
198		电暖器	>=55000			
199						
200						

自动筛选很方便　筛选条件我来定

Step 03 返回到“高级筛选”对话框，单击“确定”按钮。此时，所有“销售额>=55000”的电暖器的数据已被筛选出来了。

	A	B	C	D	E	F
2		销售商品	地区	省份	销量	销售额
58		电暖器	华东	浙江省	32	¥55,399
59		电暖器	华中	上海市	48	¥55,520
61		电暖器	华中	四川省	156	¥56,093
64		电暖器	华东	西藏自治区	90	¥58,219
67		电暖器	华北	山东省	26	¥59,161
71		电暖器	西南	湖南省	30	¥63,339
156		电暖器	华东	河北省	30	¥67,028
191		电暖器	华中	山西省	30	¥73,608
196						
197		销售商品	销售额			
198		电暖器	>=55000			
199						

03 在受保护的工作表中筛选数据

如果当前表格处于保护状态，我们也可以对其表格中的数据进行筛选。但前提是，在对表格进行保护操作时，一定要进行一些设置才可。下面小德子就向大家介绍具体的设置步骤。

Step 01 打开所需工作表，在“审阅”选项卡的“保护”组中，单击“保护工作表”按钮。

Step 02 在“保护工作表”对话框的“取消工作表保护时使用的密码”方框中，输入密码，然后在“允许此工作表的所有用户进行”列表中，勾选“使用自动筛选”复选框。再次确认设定的密码，完成操作。

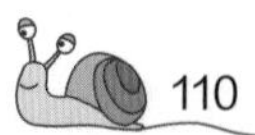

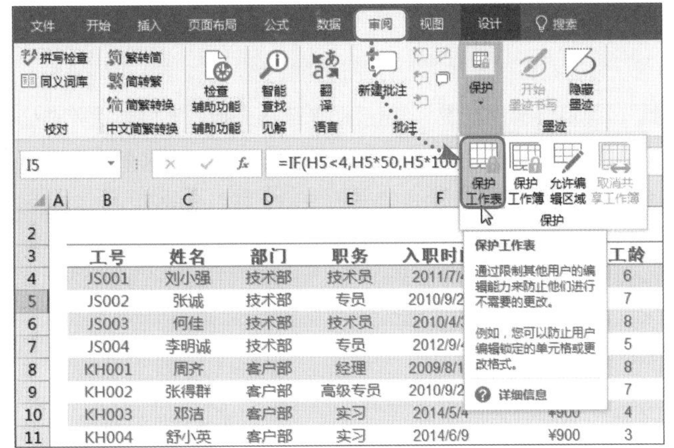

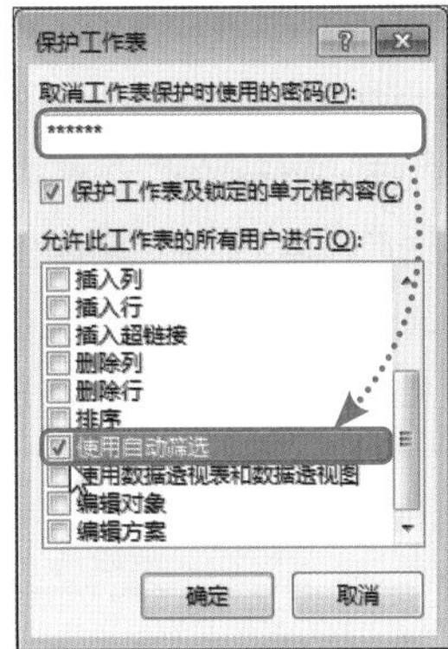

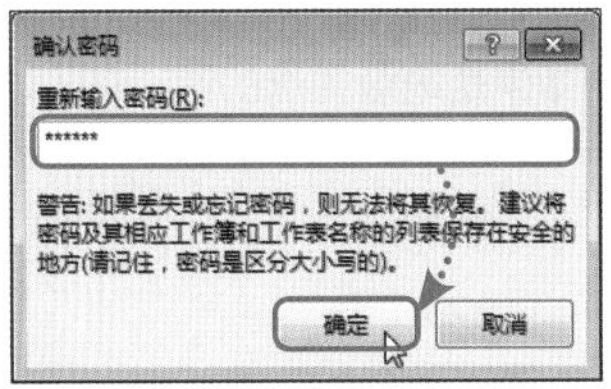

将设置好的工作表进行保存。当再次打开时，表格中除了选定单元格外，不能进行任何操作。如果想要对某列进行筛选，右击所需单元格，在快捷菜单中，选择“筛选”选项，然后在级联菜单中，选择“按所选单元格的值筛选”选项。系统会自动筛选数据，并显示出筛选结果。

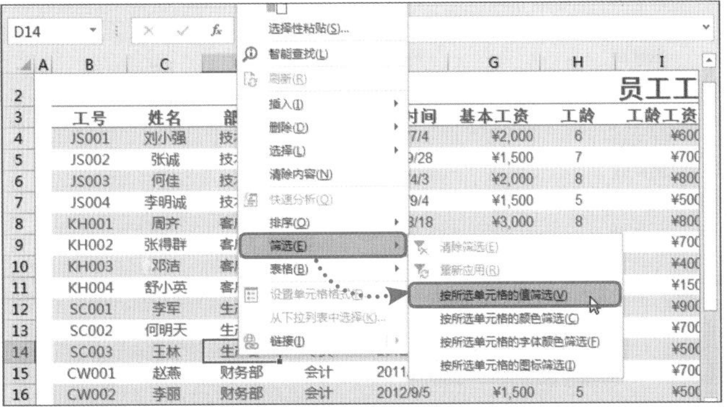

知识加油站：右键启动筛选命令

当对工作表进行保护后，功能区中所有的命令都无法执行，所以如果想要对保护后的表格进行筛选的话，只有通过右键来启动筛选命令。

如果要进行高级筛选，只能新建一张空白的工作表，输入好筛选的条件，然后再通过“高级筛选”对话框来进行操作。

04 一键清除筛选结果

在对数据进行一轮筛选后，如果还想对其他数据进行筛选的话，就必须要把之前那一轮筛选的数据给清除掉，否则系统会默认在原先的筛选结果中再进行筛选。这样筛选出的结果就完全不对了。可能会有朋友说：“直接把筛选器去掉，不就清除筛选结果了吗？”对，这是个办法，但是如果再进行一次筛选的话，是不是还得添加筛选器啊！下面小德子就来帮大家解决这个问题。

一般情况下，对某列数据进行筛选后，该列的筛选器就会添加一个漏斗形状。单击该筛选器按钮，在打开的下拉列表中，选择“从*****中清除筛选”选项就好了。这里的“***”指的是当前列的字段名称。

如果是高级筛选的话，在“排序和筛选”选项组中，单击“清除”按钮就可以了。

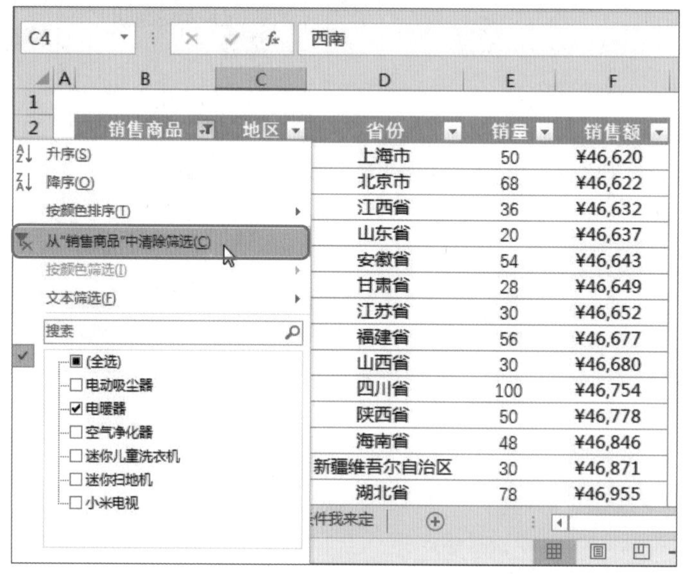

知识加油站：快速突出重点数据

在日常操作过程中，如果想要快速突出显示一些重要的数据，可以使用“条件格式”功能。在“开始”选项卡中单击“条件格式”下拉按钮，在其列表中，我们可以根据需要来选择筛选的条件，例如“突出显示单元格规则”列表中的“大于”、“小于”、“介于”等。系统内置的条件格式没办法满足要求时，还可以自定义规则。在“条件格式”列表中，选择“新建规则”选项，在打开的对话框中，根据相关选项来设置就可以了。

分类汇总并不难

既然前面提到了数据的排序和筛选，那么数据的汇总统计功能也不能落下。在日常工作中，经常要对某个字段或多个字段进行汇总计算，这里就少不了分类汇总操作。本小节小德子就向大家介绍一下分类汇总功能的应用操作。

01 按字段进行分类汇总

如果只想对表格中某一个字段进行汇总统计，例如想要汇总各个“销售人员”的“销售金额”的话，大家可按照以下方法进行操作。

Step 01 打开原始文件。将光标先定位到“销售人员”列任意单元格中，将该列的数据进行升序排序。在“数据”选项卡的“分级显示”选项组中，单击“分类汇总”按钮。

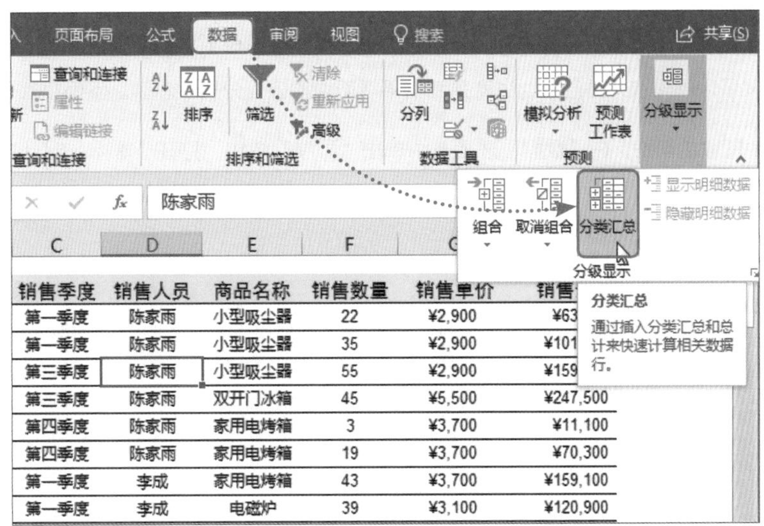

Step 02 在“分类汇总”对话框中，将“分类字段”设为“销售人员”，在“选定汇总项”列表中，勾选“销售金额”复选框。

Step 03 单击“确定”按钮。这时我们可以看到在每个销售员下方会添加一个汇总项。在表格最下方会显示汇总总和项。

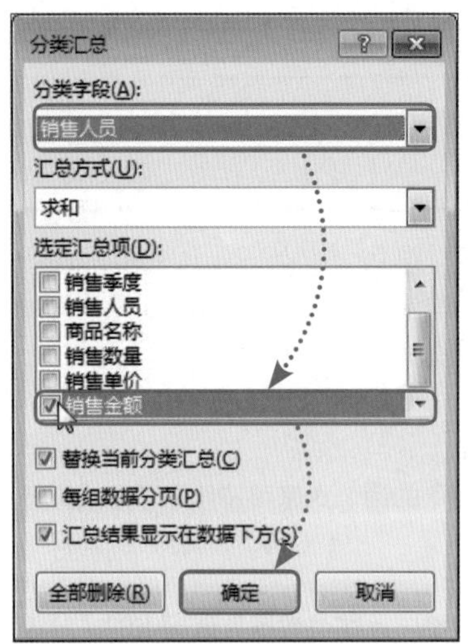

	A	B	C	D	E	F	G	H
79		2017/12/27	第四季度	于立荣	智能油烟机	66	¥4,500	¥297,000
80				于立荣 汇总				¥2,528,000
81		2017/3/10	第一季度	赵悦月	家用电烤箱	22	¥3,700	¥81,400
82		2017/3/20	第一季度	赵悦月	家用电烤箱	15	¥3,700	¥55,500
83		2017/5/15	第二季度	赵悦月	家用电烤箱	27	¥3,700	¥99,900
84		2017/6/8	第二季度	赵悦月	家用电烤箱	37	¥3,700	¥136,900
85		2017/8/10	第三季度	赵悦月	智能电饭煲	51	¥2,100	¥107,100
86		2017/8/12	第三季度	赵悦月	电磁炉	51	¥3,100	¥158,100
87		2017/9/21	第三季度	赵悦月	智能电饭煲	54	¥2,100	¥113,400
88		2017/9/26	第三季度	赵悦月	电磁炉	45	¥3,100	¥139,500
89		2017/10/10	第四季度	赵悦月	家用电烤箱	11	¥3,700	¥40,700
90		2017/10/20	第四季度	赵悦月	双开门冰箱	74	¥5,500	¥407,000
91		2017/11/6	第四季度	赵悦月	小型吸尘器	76	¥2,900	¥220,400
92		2017/11/27	第四季度	赵悦月	家用电烤箱	10	¥3,700	¥37,000
93				赵悦月 汇总				¥1,596,900
94				总计				¥11,176,300

02 同时汇总多个字段

以上介绍的是按照“销售人员”字段进行分类汇总的，那如果想要在汇总销售人员的基础上，再对每个销售员所销售的商品进行汇总，该怎么操作？这里就要用到两次分类汇总，也就是我们平常所说的嵌套分类汇总了。下面小德子就告诉大家解决方法。

Step 01 打开原始文件。选中任意单元格，在“数据”选项卡中单击“排序”按钮，打开“排序”对话框，将“主要关键字”选项设为“销售人员”，其他为默认设置。

小贴示
在设置多条件排序时，设置排序条件的先后顺序必须要和分类汇总设置的字段先后顺序一致才行。也就是说设置排序时，主要关键字为“销售人员”；次要关键字为“商品名称”，相应的分类汇总的顺序是先“销售人员”汇总，然后再是“商品名称”汇总。

Step 02 单击“添加条件”按钮，将“次要关键字”设为“商品名称”，其他为默认设置。

Step 03 单击“确定”按钮，返回到工作表中。此时工作表就会按照我们设定的排序条件进行排序了。

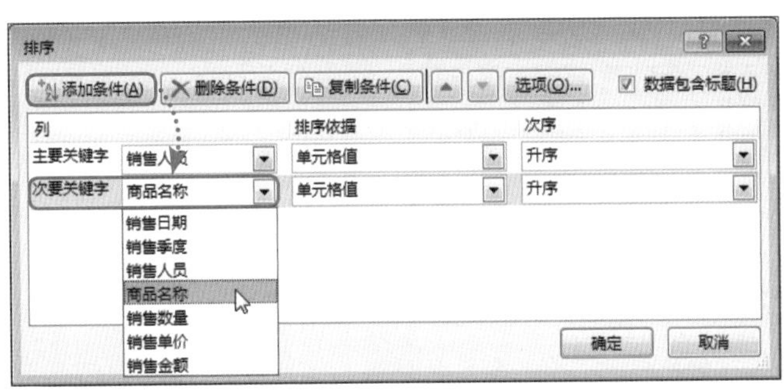

	销售日期	销售季度	销售人员	商品名称	销售数量	销售单价	销售金额
3	2017/11/21	第四季度	陈家雨	家用电烤箱	3	¥3,700	¥11,100
4	2017/12/9	第四季度	陈家雨	家用电烤箱	19	¥3,700	¥70,300
5	2017/9/20	第三季度	陈家雨	双开门冰箱	45	¥5,500	¥247,500
6	2017/1/11	第一季度	陈家雨	小型吸尘器	22	¥2,900	¥63,800
7	2017/2/15	第一季度	陈家雨	小型吸尘器	35	¥2,900	¥101,500
8	2017/7/23	第三季度	陈家雨	小型吸尘器	55	¥2,900	¥159,500
9	2017/2/3	第一季度	李成	电磁炉	39	¥3,100	¥120,900
10	2017/3/26	第一季度	李成	电磁炉	45	¥3,100	¥139,500
11	2017/8/25	第三季度	李成	电磁炉	13	¥3,100	¥40,300
12	2017/1/15	第一季度	李成	家用电烤箱	43	¥3,700	¥159,100
13	2017/2/10	第一季度	李成	家用电烤箱	53	¥3,700	¥196,100
14	2017/4/5	第二季度	李成	双开门冰箱	25	¥5,500	¥137,500
15	2017/6/23	第二季度	李成	双开门冰箱	25	¥5,500	¥137,500
16	2017/6/29	第二季度	李成	双开门冰箱	35	¥5,500	¥192,500
17	2017/12/21	第四季度	李成	小型吸尘器	40	¥2,900	¥116,000

按字段进行分类汇总 | 同时汇总多个字段

Step 04 单击“分类汇总”按钮，打开相应的对话框。将“分类字段”设为“销售人员”，其他为默认设置。

Step 05 单击“确定”按钮，关闭对话框。完成了销售人员的汇总统计。再次打开“分类汇总”对话框。将“分类字段”设为“商品名称”，然后取消勾选“替换当前分类汇总”复选框。

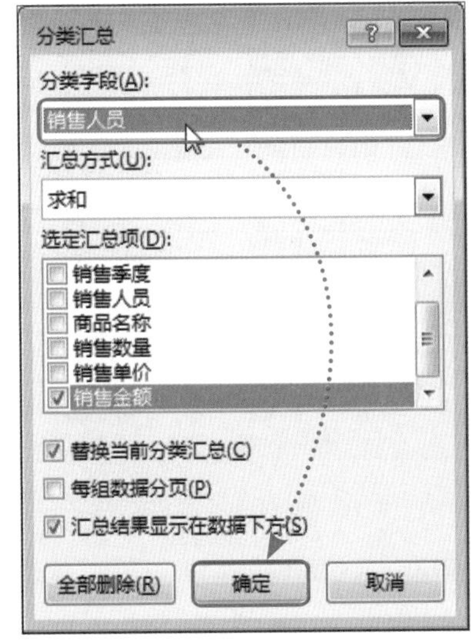

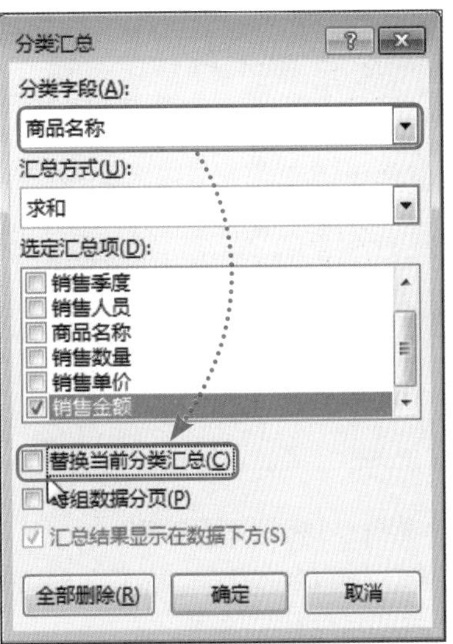

Step 06 其他保存为默认设置。单击“确定”按钮，完成嵌套分类汇总操作。

	B	C	D	E	F	G	H
2	销售日期	销售季度	销售人员	商品名称	销售数量	销售单价	销售金额
3	2017/11/21	第四季度	陈家雨	家用电烤箱	3	¥3,700	¥11,100
4	2017/12/9	第四季度	陈家雨	家用电烤箱	19	¥3,700	¥70,300
5				家用电烤箱 汇总			¥81,400
6	2017/9/20	第三季度	陈家雨	双开门冰箱	45	¥5,500	¥247,500
7				双开门冰箱 汇总			¥247,500
8	2017/1/11	第一季度	陈家雨	小型吸尘器	22	¥2,900	¥63,800
9	2017/2/15	第一季度	陈家雨	小型吸尘器	35	¥2,900	¥101,500
10	2017/7/23	第三季度	陈家雨	小型吸尘器	55	¥2,900	¥159,500
11				小型吸尘器 汇总			¥324,800
12			陈家雨 汇总				¥653,700
13	2017/2/3	第一季度	李成	电磁炉	39	¥3,100	¥120,900
14	2017/3/26	第一季度	李成	电磁炉	45	¥3,100	¥139,500
15	2017/8/25	第三季度	李成	电磁炉	13	¥3,100	¥40,300
16				电磁炉 汇总			¥300,700

03 复制分类汇总的结果

想要对汇总结果进行另存或复制的话，按照常用的Ctrl+C和Ctrl+V组合键，会出现下右图的结果。此时会发现明明复制的是汇总结果，可是粘贴出来的却是所有汇总数据的明细。

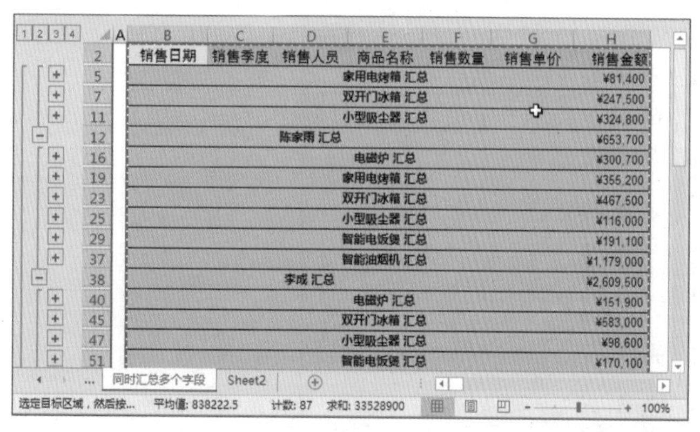

	B	C	D	E	F	G	H
2	销售日期	销售季度	销售人员	商品名称	销售数量	销售单价	销售金额
5				家用电烤箱 汇总			¥81,400
7				双开门冰箱 汇总			¥247,500
11				小型吸尘器 汇总			¥324,800
12			陈家雨 汇总				¥653,700
16				电磁炉 汇总			¥300,700
19				家用电烤箱 汇总			¥355,200
23				双开门冰箱 汇总			¥467,500
25				小型吸尘器 汇总			¥116,000
29				智能电饭煲 汇总			¥191,100
37				智能油烟机 汇总			¥1,179,000
38			李成 汇总				¥2,609,500
40				电磁炉 汇总			¥151,900
45				双开门冰箱 汇总			¥583,000
47				小型吸尘器 汇总			¥98,600
51				智能电饭煲 汇总			¥170,100

	B	C	D	E	F	G	H
2	销售日期	销售季度	销售人员	商品名称	销售数量	销售单价	销售金额
3	2017/11/21	第四季度	陈家雨	家用电烤箱	3	¥3,700	¥11,100
4	2017/12/9	第四季度	陈家雨	家用电烤箱	19	¥3,700	¥70,300
5				家用电烤箱 汇总			¥81,400
6	2017/9/20	第三季度	陈家雨	双开门冰箱	45	¥5,500	¥247,500
7				双开门冰箱 汇总			¥247,500
8	2017/1/11	第一季度	陈家雨	小型吸尘器	22	¥2,900	¥63,800
9	2017/2/15	第一季度	陈家雨	小型吸尘器	35	¥2,900	¥101,500
10	2017/7/23	第三季度	陈家雨	小型吸尘器	55	¥2,900	¥159,500
11				小型吸尘器 汇总			¥324,800
12			陈家雨 汇总				¥653,700
13	2017/2/3	第一季度	李成	电磁炉	39	¥3,100	¥120,900
14	2017/3/26	第一季度	李成	电磁炉	45	¥3,100	¥139,500
15	2017/8/25	第三季度	李成	电磁炉	13	¥3,100	¥40,300
16				电磁炉 汇总			¥300,700
17	2017/1/15	第一季度	李成	家用电烤箱	43	¥3,700	¥159,100

遇到这种情况该怎么办？别慌，小德子来帮你解决。

先选中所有汇总结果，按Ctrl+G组合键打开“定位”对话框，单击“定位条件”按钮，打开“定位条件”对话框，从中单击“可见单元格”单选按钮，然后单击“确定”按钮。

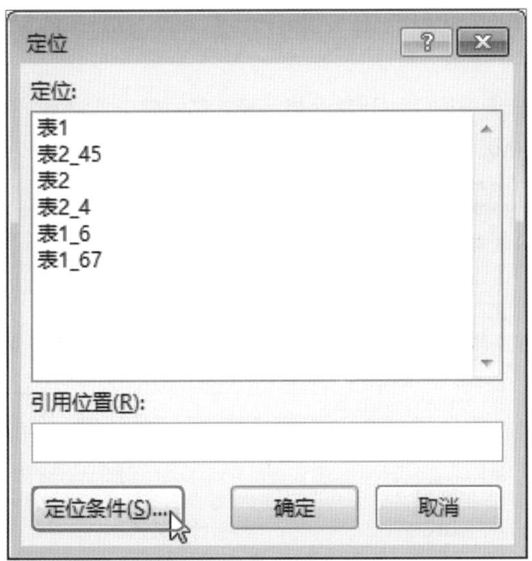

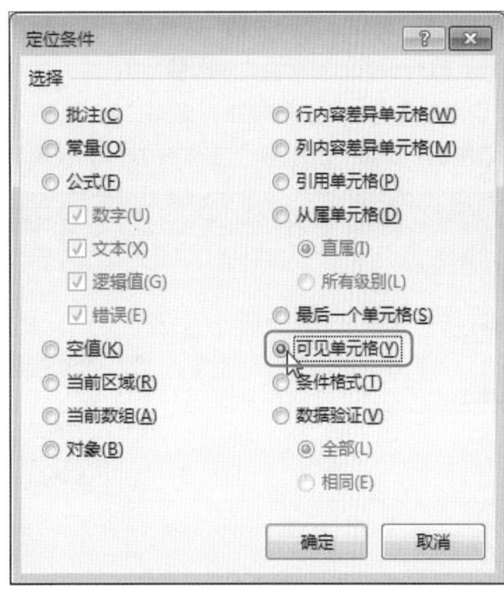

返回到结果工作表。然后按Ctrl+C组合键复制汇总结果，这时会发现被选中的单元格边框都以虚线显示。新建空白工作表，按Ctrl+V组合键粘贴汇总结果就可以了。

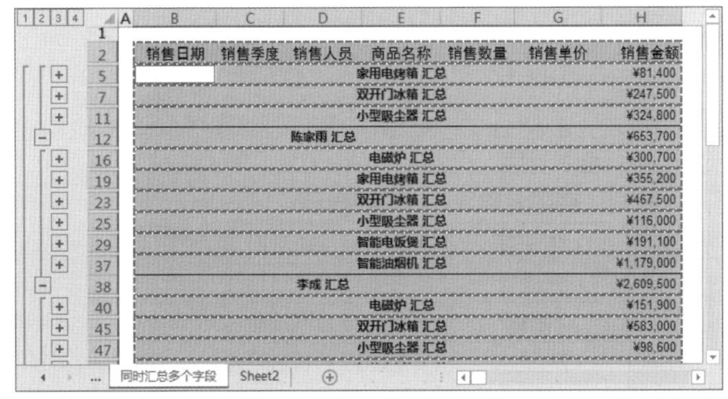

	B	C	D	E	F	G	H
1							
2	销售日期	销售季度	销售人员	商品名称	销售数量	销售单价	销售金额
5				家用电烤箱 汇总			¥81,400
7				双开门冰箱 汇总			¥247,500
11				小型吸尘器 汇总			¥324,800
12			陈家雨 汇总				¥653,700
16				电磁炉 汇总			¥300,700
19				家用电烤箱 汇总			¥355,200
23				双开门冰箱 汇总			¥467,500
25				小型吸尘器 汇总			¥116,000
29				智能电饭煲 汇总			¥191,100
37				智能油烟机 汇总			¥1,179,000
38			李成 汇总				¥2,609,500
40				电磁炉 汇总			¥151,900
45				双开门冰箱 汇总			¥583,000
47				小型吸尘器 汇总			¥98,600

同时汇总多个字段 Sheet2

	B	C	D	E	F	G	H
2	销售日期	销售季度	销售人员	商品名称	销售数量	销售单价	销售金额
3				家用电烤箱 汇总			¥81,400
4				双开门冰箱 汇总			¥247,500
5				小型吸尘器 汇总			¥324,800
6			陈家雨 汇总				¥653,700
7				电磁炉 汇总			¥300,700
8				家用电烤箱 汇总			¥355,200
9				双开门冰箱 汇总			¥467,500
10				小型吸尘器 汇总			¥116,000
11				智能电饭煲 汇总			¥191,100
12				智能油烟机 汇总			¥1,179,000
13			李成 汇总				¥2,609,500
14				电磁炉 汇总			¥151,900
15				双开门冰箱 汇总			¥583,000
16				小型吸尘器 汇总			¥98,600
17				智能电饭煲 汇总			¥170,100

同时汇总多个字段 Sheet2

04 合并数据超简单

使用合并计算可以将不同工作表中指定区域的数据进行合并计算。这里说的数据可以是同一工作簿不同工作表的、同一工作表的也可以是不同工作簿的表格数据。下面小德子就以同一个工作簿不同工作表来介绍合并计算的操作。

Step 01 打开原始文件。选择“合并计算”工作表，将光标定位在C4单元格，在“数据”选项卡的“数据工具”选项组中，单击“合并计算”按钮，打开相应的对话框，如图❶所示。

Step 02 单击“引用位置”右侧选取按钮，选择“2016年”工作表中的C4:C8单元格区域，然后单击“添加”按钮，再次单击“引用位置”选取按钮，选择“2017年”工作表中的C4:C8单元格区域。再次单击“添加”按钮，如图❷所示。

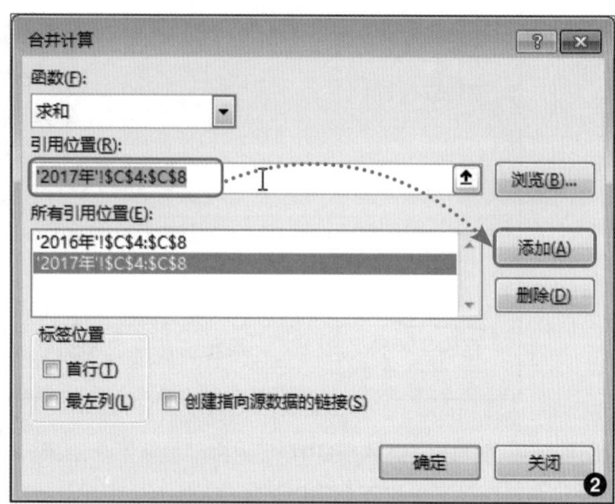

Step 03 单击“确定”按钮，此时在“合并计算”工作表中的相关单元格中就会显示其合并计算结果，如图❸所示。

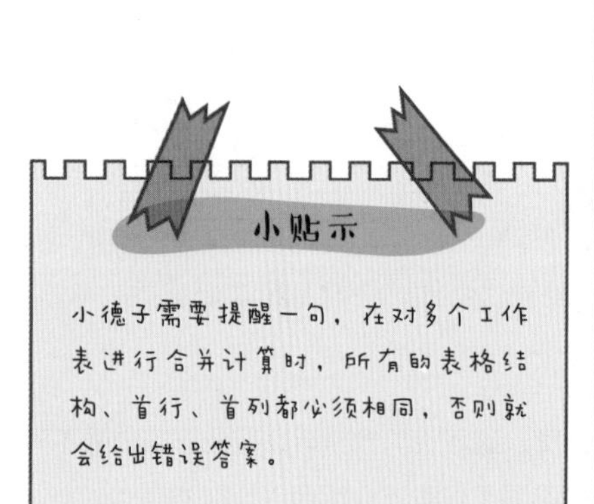

	A	B	C	D
1				
2		合并计算		
3		商品名称	销售额	
4		沐浴露	¥1,104,200.00	
5		洗面奶	¥447,480.00	
6		香皂	¥1,004,070.00	
7		洗发水	¥1,007,610.00	
8		护发素	¥711,510.00	
9				
10				

2016年 | 2017年 | 合并计算 ❸

一眼看穿数据表

数据透视表真是个好东西，它能够快速的汇总大量数据并多角度的对数据进行深入的分析。它有着孙悟空的七十二变功能，想变什么就变什么；它有着孙悟空的一双火眼金睛，所有数据都逃不出它的法眼，下面小德子就带大家领略一下数据透视表的魅力吧！

01 创建数据透视表

在学会使用数据透视表分析数据前，先要学会创建数据透视表。说起数据透视表的创建，小德子又想起自己刚入职的时候，当时什么都不知道，不管数据源格式对不对，拿到后就开始创建。结果尴尬了！各种无法创建的提示框满天飞。后来才知道在创建数据透视表前，一定要保证数据源的格式正确，否则就会为后期数据处理带来大麻烦！

下面小德子就和大家说说什么样的数据表格才算合格。

- Excel工作簿名称不能包含非法字符；
- 数据源不能包含多层表头，有且仅有一行标题行；
- 数据源中不能包含空白的数据行和数据列；
- 数据源中不能包含对数据汇总的小计行；
- 数据源中不能包含合并单元格；
- 数据源列字段中不能包含由已有字段计算出的字段；
- 数据源列字段名称不能重复；
- 数据源中数据格式必须统一；
- 一个工作表中的数据源不能拆分到多个工作表中。

乖乖！能列出这么多条条杠杠，小德子自已也被吓到了。只要不符合其中一条，创建出的数据透视表在进行分析的时候都有可能产生错误，甚至无法创建出数据透视表。由此能看出数据透视表是多么严谨！

满足以上条件后，我们就可以根据需求创建出数据透视表了。接下来小德子就和大家说说如何创建数据透视表。

Step 01 打开原始文件。选中数据源中任意单元格，在“插入”选项卡中，单击“数据透视表”按钮，如图❶所示。在“创建数据透视表”对话框中，保持默认设置，如图❷所示，单击“确定”按钮。

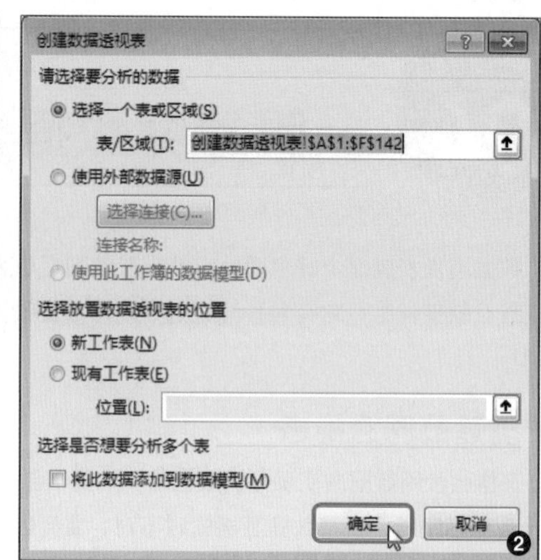

Step 02 系统会新建一个工作表，并在其中创建了一张空白数据透视表。同时在右侧会打开“数据透视表字段”窗格，如图❸所示。

Step 03 在右侧的窗格中，将“海鲜商品”字段以及“供应商”字段一起拖入“行”列表中，然后将“入库金额”字段拖入到“值”列表中。同时相应的字段即会被添加到空白的透视表中，如图❹所示。

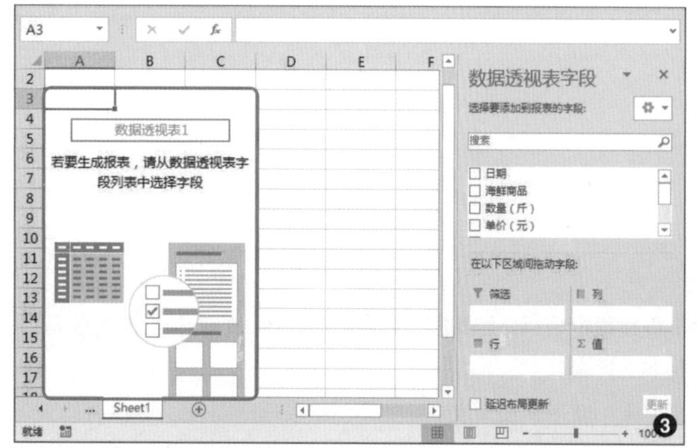

这样也就完成了数据透视表的创建。从该透视表中就能快速比较出各类海鲜的货源价格。如果想知道每个供货商提供的单价情况，只需要在“数据透视表字段”窗格中，将“单价（元）”字段拖入“值”列表中就可以了。我们还可以在“数据透视表字段”

窗格中，调整每个字段的先后顺序，数据透视表也会随之发生相应的变化。是不是很神奇！大家可以自己动手试一试。

知识加油站：了解数据透视表结构

数据透视表是由几大区域组成，分别为：筛选器区域、行区域、值区域以及列区域。其中筛选器区域在表格顶端。单击该区域的筛选器按钮，可快速筛选字段；在窗格布局为“字段节和区域节层叠”的情况下，行区域（行标签）在表格的最左侧一列。默认情况下，所有文本字段都会添加至此；值区域则位于行区域右方，默认情况下所有数值字段都添加至此；而列区域（列标签）位于值区域上方。

02 在数据透视表中添加计算项

数据透视表创建好后，我们是没有办法对里面的数据项进行更改的，那如果需要对某字段进行计算该怎么办？使用“计算项”功能就可以轻松解决。下面小德子就以添加“增长率”字段为例，来向大家介绍具体的操作方法。

Step 01 打开原始文件。选中G2单元格，在“数据透视表工具—分析”选项卡的“计算”选项组中，单击“字段、项目和集”下拉按钮，从中选择“计算项”选项。

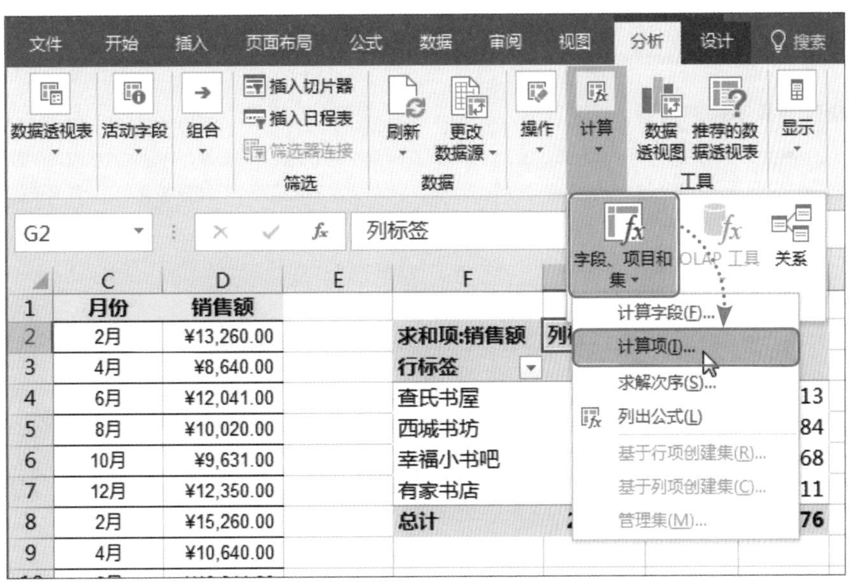

Step 02 打开“在‘日期’中插入计算字段”对话框，将“名称”重命名为“增长率”。在“公式”文本框中，输入“=(‘2017'-'2016')/'2016'”公式。

Step 03 单击“确定”按钮，此时在当前的数据透视表中，就会添加了“增长率”计算项。选中I4:I8单元格区域，将它的“数字格式”设为“百分比”，好了，完成操作。

知识加油站：计算项和计算字段的区别

数据透视表中的计算可分为两种类型，分别为计算项和计算字段。计算项是在已有的字段中插入的新项，并通过该字段现有的其他项进行计算所得到的；而计算字段是对现有的字段进行计算所得到的新字段。它们的应用范围也不一样。计算项应用于行或列字段；而计算字段则应用与值区域。

03 数据透视表也能实现排序

想要在数据透视表中对某一字段的数据进行排序，其方法与Excel相似。它同样可实现简单排序，多条件排序等。下面小德子就举例来向大家介绍其具体的操作步骤。

本例小德子想先将每天的销售金额按照降序进行排序，然后再将每天各卖场的销售金额按照升序排序。

Step 01 打开原始文件。选中H2单元格左侧折叠按钮，右击选择“展开/折叠”选项，在其级联菜单中，选择“折叠整个字段”选项，展开所有日期字段，如图❶所示。

Step 02 单击行标签筛选按钮，选择“其他排序选项”，在打开的对话框中，单击“降序排序（Z到A）依据”单选按钮，并选择“求和项：销售金额”选项，如图❷所示。

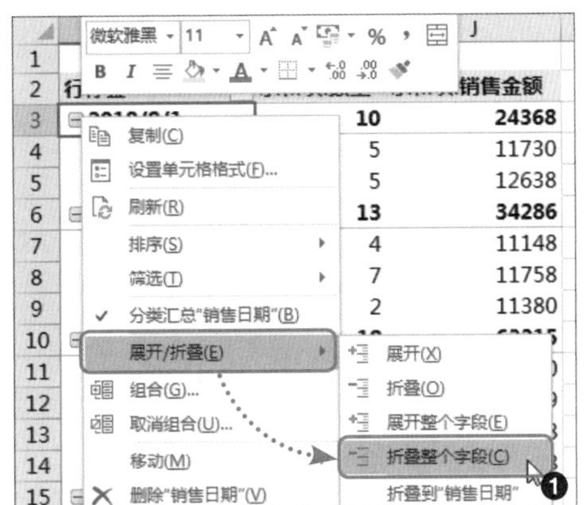

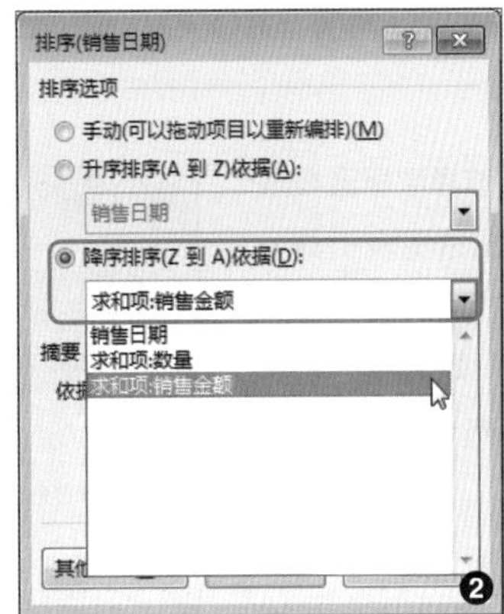

Step 03 单击“确定”按钮，完成每天“销售金额”的降序操作。右击日期折叠按钮，展开所有字段项。选中J4单元格，右击选择“排序”选项，并在其级联菜单中，选择“升序”选项，如图❸所示。

Step 04 选择完成后，就会发现各卖场每一天的“销售金额”是以升序进行排序的，如图❹所示。

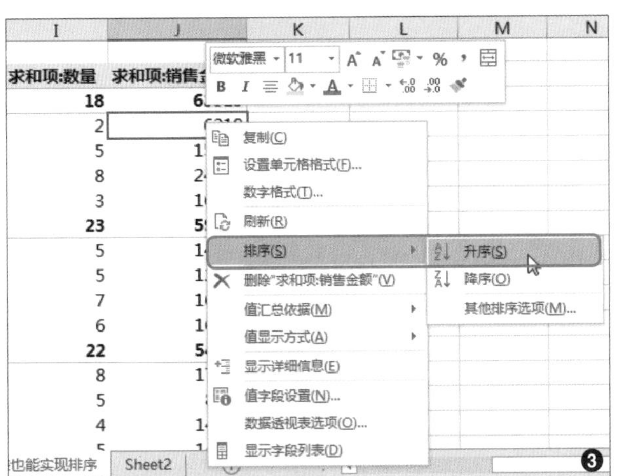

行标签	求和项:数量	求和项:销售金额
2018/8/3	18	63315
百利家居城	2	6210
吉乐嘉大卖场	5	15989
上杉百货	3	16838
金地百货	8	24278
2018/8/10	23	59926
吉乐嘉大卖场	5	12638
百利家居城	5	14180
金地百货	7	16308
希城家具城	6	16800
2018/8/7	22	54967
吉乐嘉大卖场	5	8809
上杉百货	4	14180
希城家具城	5	14180

04 数据筛选神器——切片器

切片器是什么鬼？厨房用具？还是医学用具？哈哈……你想多了，这里所说的切片器是Excel中用来快速筛选数据的筛选器。这个切片器工具只有在数据透视表中使用。使用它可以很直观地查看被筛选字段的所有数据信息。方便我们从多个角度来分析数据。下面小德子就以上一个案例为例，来向大家介绍这个工具的使用方法。这次小德子想迅速筛选出2018/8/6各卖场异形茶几的销售情况。

Step 01 打开原始文件。选择数据透视表中任意单元格。在“数据透视表工具—分析”选项卡中，单击“插入切片器”按钮。打开“插入切片”对话框。勾选“销售日期、商品名称”两个复选框，如图❶所示。

Step 02 单击“确定”按钮，在“销售日期”切片器中，选择“2018/8/6”字段；在“商品名称”切片器中，选择“异形茶几”字段，如图❷所示。

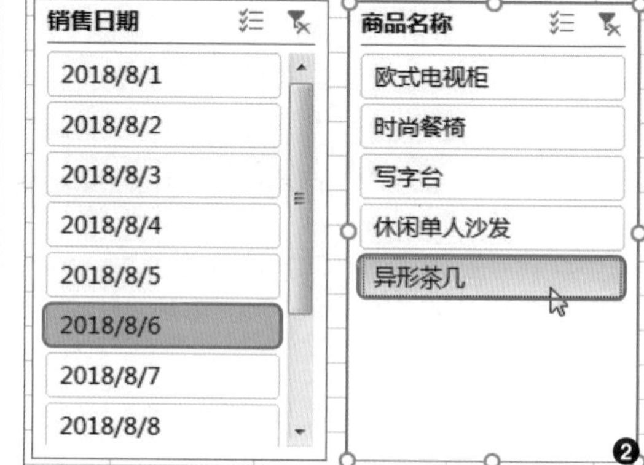

Step 03 选择完成后，数据透视表已显示出筛选结果，如图❸所示。

❸

	H	I	J	K
1				
2	行标签	求和项:数量	求和项:单价	求和项:销售金额
3	⊟2018/8/6	4	7797	10396
4	⊟百利家居城	2	2599	2599
5	异形茶几	2	2599	2599
6	⊟上杉百货	1	2599	5198
7	异形茶几	1	2599	5198
8	⊟希城家具城	1	2599	2599
9	异形茶几	1	2599	2599
10	总计	4	7797	10396

知识加油站：数据透视表的其他功能

以上小德子向大家介绍了几个比较典型的透视表功能，除此之外，还有其他的一些功能没有说到，例如对数据分组、数据源的应用、数据透视图的应用等等。由于版面的限制，小德子在这就不一一介绍了。感兴趣的朋友可以参考本系列《玩转Excel表格》一书，在那本书中小德子有详细的说明。

QUESTION

学习心得

这一课我们学习了Excel数据分析的基本操作，其中包括数据排序、数据筛选、数据的分类汇总以及数据透视表应用。通过这一课的学习，大家可以思考一下，如何将数据透视表中的行与列进行互换呢？大家可以到“德胜书坊”微信公众号以及相关QQ群中进行交流。让我们在轻松快乐的学习氛围中玩转Office吧！

学好Excel数据分析，能炼就一双火眼金睛，让所有数据都逃不过你的法眼！

函数必不可少

平庸的人关心怎样耗费时间，
有才能的人竭力利用时间

公式=数学运算式?

提到公式，小德子脑子里就会闪过N道从小学就开始学的公式，例如面积公式、体积公式、勾股定理……，悄悄的告诉你，小德子小时候就是妈妈们口中常提到的别人家的孩子呐！话扯远了，回归正题！很多朋友说他们一旦涉及到Excel公式计算，脑子就炸。其实Excel公式没有他们想象的恐怖，说白了它就是数学运算式。只不过数学运算式的“=（等号）”在公式的后面，而Excel公式的等号在公式的前面。

B32　20*（150-60）=

20*（150-60）=　数学运算式

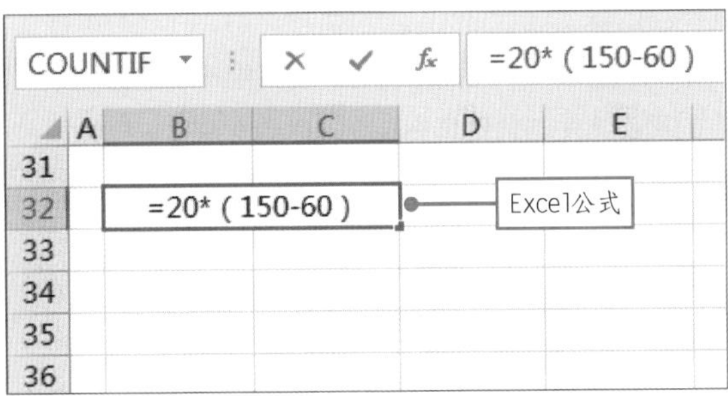

01 公式输入法则

虽说Excel公式与数学运算式能划等号，但在Excel中输入公式时，可不能像上右图一样！上面两张图小德子是用来对比数学运算式和Excel公式的，只是个例子。在日常工作中，绝对不能在Excel中输入类似于这样的公式！否则它与计算器有何区别?！

那Excel公式到底长成什么样？怎样输入才正确呢？下面小德子就来和大家说道说道。

我们在输入Excel公式时，需要引用相关数据的单元格，而不是直接输入数据。例如在输入“=”后，直接选中所需数据的单元格，此时系统会将该单元格名称显示在公式中，然后手动添加运算符号，按Enter键就可以显示计算结果。

G3　=F3*G3

编号	资产名称	型号	规格	数量	单价	总价	使
903000	长凳	木质	1050*120*470	23	40	=F3*G3	
902000	讲台	木质	1100*1100*500	1	150		

大家记好，这样的Excel公式才是正确的！我们除了在单元格中输入公式外，还可以在公式编辑栏中输入公式，其方法是：先选中结果单元格，然后将光标定位在公式编辑栏中，按照以上输入公式的方法，输入相关公式，按Enter键或者单击编辑栏中的“√”按钮，完成计算。

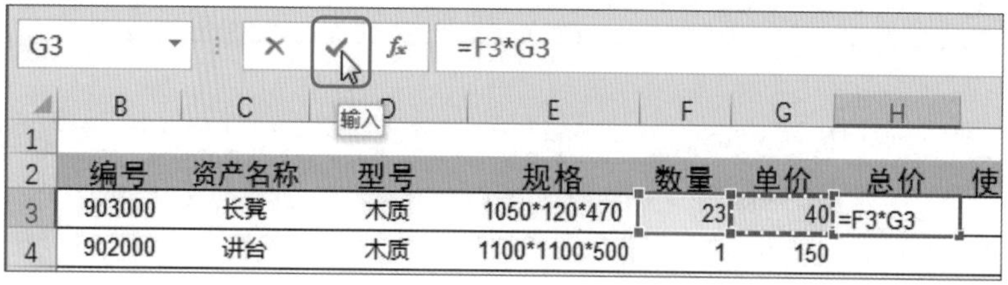

02 一键填充公式

在同一单元格区域中，使用公式计算出其中一个数据结果，我们就可以使用填充公式的方法，将该公式应用到整个被选单元格区域中，它的操作方法与自动填充有序数据的方法是一样的。

就以上一个案例来说，使用公式计算出H3单元格的数据，然后选中H3:H16单元格区域，按Ctrl+D组合键即可得出所有结果。

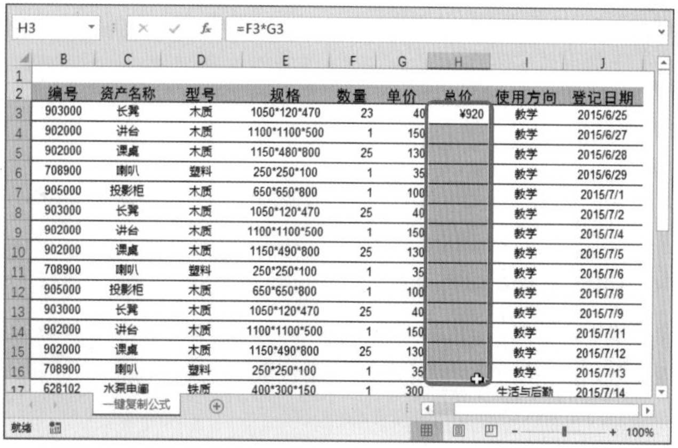

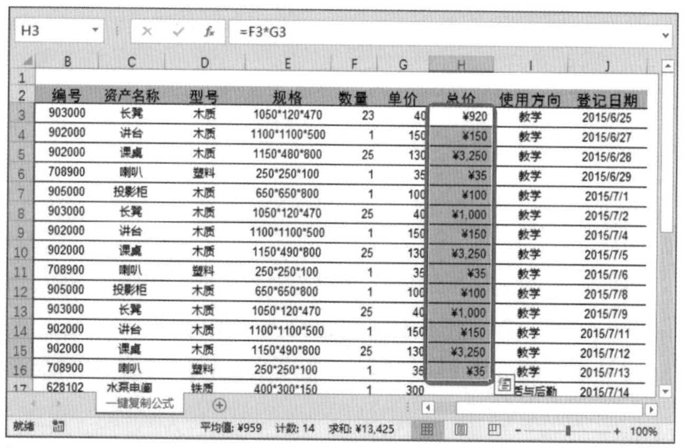

编号	资产名称	型号	规格	数量	单价	总价	使用方向	登记日期
903000	长凳	木质	1050*120*470	23	40	¥920	教学	2015/6/25
902000	讲台	木质	1100*1100*500	1	150	¥150	教学	2015/6/27
902000	课桌	木质	1150*480*800	25	130	¥3,250	教学	2015/6/28
708900	喇叭	塑料	250*250*100	1	35	¥35	教学	2015/6/29
905000	投影柜	木质	650*650*800	1	100	¥100	教学	2015/7/1
903000	长凳	木质	1050*120*470	25	40	¥1,000	教学	2015/7/2
902000	讲台	木质	1100*1100*500	1	150	¥150	教学	2015/7/4
902000	课桌	木质	1150*490*800	25	130	¥3,250	教学	2015/7/5
708900	喇叭	塑料	250*250*100	1	35	¥35	教学	2015/7/6
905000	投影柜	木质	650*650*800	1	100	¥100	教学	2015/7/8
903000	长凳	木质	1050*120*470	25	40	¥1,000	教学	2015/7/9
902000	讲台	木质	1100*1100*500	1	150	¥150	教学	2015/7/11
902000	课桌	木质	1150*490*800	25	130	¥3,250	教学	2015/7/12
708900	喇叭	塑料	250*250*100	1	35	¥35	教学	2015/7/13
628102	水泵电闸	铁质	400*300*150	1	300		活与后勤	2015/7/14

当选择其中一个结果单元格时，会发现填充的公式会根据单元格的不同自动调整其公式所引用的单元格。例如选择H10单元格后，在公式编辑栏中，原先的“=F3*G3”就自动变成了“=F10*G10”。

03 单元格引用方法

说到Excel公式，就不得不提到单元格的引用。Excel中引用单元格可分为三大类，分别为：相对引用、绝对引用和混合引用。下面小德子就和大家说一说单元格的引用。

1. 相对引用

什么是相对引用？这么解释吧，上面介绍的Excel公式就是利用单元格的相对引用来操作的。大家都知道所谓的F3单元格就是F列与第3行相交的单元格名称。我们还拿上一个案例来说，如果在H3单元格中输入“=F3”后按Enter键，会有什么样的结果？大家试试看。

COUNTIF　=F3

	B	C	D	E	F	G	H	I
1								
2	编号	资产名称	型号	规格	数量	单价	总价	使用方向
3	903000	长凳	木质	1050*120*470	23	40	=F3	教学
4	902000	讲台	木质	1100*1100*500	1	150		教学
5	902000	课桌	木质	1150*480*800	25	130		教学

H3　=F3

	B	C	D	E	F	G	H	I
1								
2	编号	资产名称	型号	规格	数量	单价	总价	使用方向
3	903000	长凳	木质	1050*120*470	23	40	23	教学
4	902000	讲台	木质	1100*1100*500	1	150		教学
5	902000	课桌	木质	1150*480*800	25	130		教学

结果返回的是F3单元格中的数值“23”。举一反三，那么在H4单元格中输入“=G3”后按Enter键，则会返回G3单元格中的数值“40”。由此可见，公式“=F3*G3”就相当于“=23*40”，该公式就是利用单元格的相对引用来计算的。

这么说大家理解了没有？相对引用拥有相对的自由，根据表格数据灵活的引用单元格。所引用的单元格行号和列标前是不添加任何符号的。

2. 绝对引用

下面小德子就来解释一下绝对引用。绝对引用的表现形式为“=$A$1”。绝对引用时，无论公式所在单元格的位置发生什么样的改变，绝对引用的单元格始终保持不变。

C26　=B26*$D$26

	A	B	C	D	E
25					
26		2	20	10	
27		3			
28		4			
29		5			
30					

C27　=B27*$D$26

	A	B	C	D	E
25					
26		2	20	10	
27		3	30		
28		4	40		
29		5	50		
30					

以上2张图大家能看出什么规律了吗？无论将公式填充到哪里，单元格D26的引用都不会发生变化。由此可见，绝对引用是将引用的单元格锁定住，不可随意改变，其行号和列标前均添加“$”符号。

3. 混合引用

混合引用表现形式为“=$A1”和“=A$1”。它是既包含绝对引用又包含相对引用的单元格引用方式。“$A1”列标前添加了“$”符号，说明列被锁定，处于绝对引用状态，而行则处于相对引用状态。这时无论公式填充到哪里，对列的引用都不会变化，而对行的引用却会随着单元格的变化而变化。“A$1”被锁定的则是行，将公式复制到其他单元格后行会随着单元格变化，列一直保持不变。

C26　=$B26+$B26*D$26

	A	B	C	D	E
25					
26		2	22	10	
27		3	33		
28		4	44		
29		5	55		
30					

C27　=$B27+$B27*D$26

	A	B	C	D	E
25					
26		2	22	10	
27		3	33		
28		4	44		
29		5	55		
30					

由此可见，混合引用时，绝对引用的部分不会随着单元格位置的移动而变化，只有相对引用的部分随着单元格的移动发生变化。

知识加油站：快速输入“$”符号的方法

如何输入绝对引用、混合引用中的“$”符号呢？小德子在这教你们一招。就以B2为例，输入“B2”后，按1次F4键就会显示“$B$2”，按2次F4键就会显示“B$2”，按3次F4键就会显示“$B2”；按4次F4键则会恢复“B2”。

04 数组公式巧应用

数组公式是用一个公式来统一计算并返回多个结果。使用数组公式时，必须要按Ctrl+Shift+Enter组合键结束计算。当选中其中一个数组公式单元格时，在编辑栏中我们会发现系统将在公式中自动添加“{}”符号。下面小德子将举例来向大家介绍数组公式的操作。

Step 01 打开原始文件，选中I3:I19单元格区域。在编辑栏中输入“=G3:G19-H3:H19”。

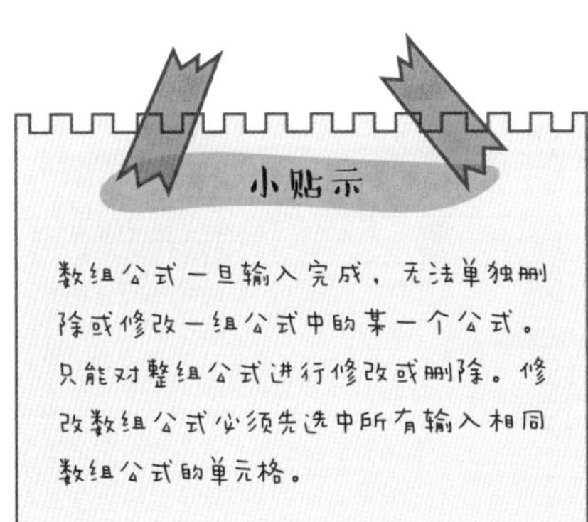

小贴示
数组公式一旦输入完成，无法单独删除或修改一组公式中的某一个公式。只能对整组公式进行修改或删除。修改数组公式必须先选中所有输入相同数组公式的单元格。

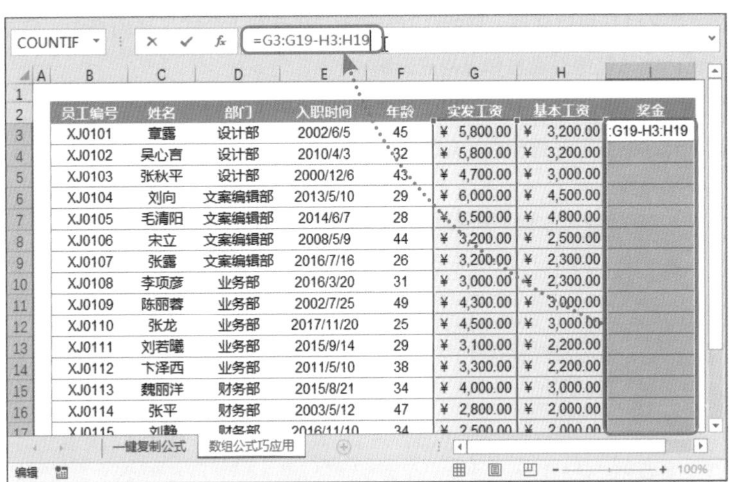

COUNTIF　=G3:G19-H3:H19

	B	C	D	E	F	G	H	I
1								
2	员工编号	姓名	部门	入职时间	年龄	实发工资	基本工资	奖金
3	XJ0101	章露	设计部	2002/6/5	45	¥ 5,800.00	¥ 3,200.00	:G19-H3:H19
4	XJ0102	吴心言	设计部	2010/4/3	32	¥ 5,800.00	¥ 3,200.00	
5	XJ0103	张秋平	设计部	2000/12/6	43	¥ 4,700.00	¥ 3,000.00	
6	XJ0104	刘向	文案编辑部	2013/5/10	29	¥ 6,000.00	¥ 4,500.00	
7	XJ0105	毛清阳	文案编辑部	2014/6/7	28	¥ 6,500.00	¥ 4,800.00	
8	XJ0106	宋立	文案编辑部	2008/5/9	44	¥ 3,200.00	¥ 2,500.00	
9	XJ0107	张露	文案编辑部	2016/7/16	26	¥ 3,200.00	¥ 2,300.00	
10	XJ0108	李项彦	业务部	2016/3/20	31	¥ 3,000.00	¥ 2,300.00	
11	XJ0109	陈丽蓉	业务部	2002/7/25	49	¥ 4,300.00	¥ 3,000.00	
12	XJ0110	张龙	业务部	2017/11/20	25	¥ 4,500.00	¥ 3,000.00	
13	XJ0111	刘若曦	业务部	2015/9/14	29	¥ 3,100.00	¥ 2,200.00	
14	XJ0112	卞泽西	业务部	2011/5/10	38	¥ 3,300.00	¥ 2,200.00	
15	XJ0113	魏丽洋	财务部	2015/8/21	34	¥ 4,000.00	¥ 3,000.00	
16	XJ0114	张平	财务部	2003/5/12	47	¥ 2,800.00	¥ 2,000.00	
17	XJ0115	刘静	财务部	2016/11/10	34	¥ 2,500.00	¥ 2,000.00	

一键复制公式　数组公式巧应用

编辑

Step 02 输入完成后，按Ctrl+Shift+Enter组合键。此时我们会发现输入的公式中，系统自动在公式中添加了“{}”，并完成了计算。

I3　{=G3:G19-H3:H19}

	B	C	D	E	F	G	H	I
1								
2	员工编号	姓名	部门	入职时间	年龄	实发工资	基本工资	奖金
3	XJ0101	章露	设计部	2002/6/5	45	¥ 5,800.00	¥ 3,200.00	¥ 2,600.00
4	XJ0102	吴心言	设计部	2010/4/3	32	¥ 5,800.00	¥ 3,200.00	¥ 2,600.00
5	XJ0103	张秋平	设计部	2000/12/6	43	¥ 4,700.00	¥ 3,000.00	¥ 1,700.00
6	XJ0104	刘向	文案编辑部	2013/5/10	29	¥ 6,000.00	¥ 4,500.00	¥ 1,500.00
7	XJ0105	毛清阳	文案编辑部	2014/6/7	28	¥ 6,500.00	¥ 4,800.00	¥ 1,700.00
8	XJ0106	宋立	文案编辑部	2008/5/9	44	¥ 3,200.00	¥ 2,500.00	¥ 700.00
9	XJ0107	张露	文案编辑部	2016/7/16	26	¥ 3,200.00	¥ 2,300.00	¥ 900.00
10	XJ0108	李项彦	业务部	2016/3/20	31	¥ 3,000.00	¥ 2,300.00	¥ 700.00
11	XJ0109	陈丽蓉	业务部	2002/7/25	49	¥ 4,300.00	¥ 3,000.00	¥ 1,300.00
12	XJ0110	张龙	业务部	2017/11/20	25	¥ 4,500.00	¥ 3,000.00	¥ 1,500.00
13	XJ0111	刘若曦	业务部	2015/9/14	29	¥ 3,100.00	¥ 2,200.00	¥ 900.00
14	XJ0112	卞泽西	业务部	2011/5/10	38	¥ 3,300.00	¥ 2,200.00	¥ 1,100.00
15	XJ0113	魏丽洋	财务部	2015/8/21	34	¥ 4,000.00	¥ 3,000.00	¥ 1,000.00
16	XJ0114	张平	财务部	2003/5/12	47	¥ 2,800.00	¥ 2,000.00	¥ 800.00
17	XJ0115	刘静	财务部	2016/11/10	34	¥ 2,500.00	¥ 2,000.00	¥ 500.00

一键复制公式　数组公式巧应用

就绪　平均值: ¥1,288.24　计数: 17　求和: ¥21,900.00　100%

05 公式审核很方便

公式审核在Excel中是一个很好用的工具。它能够对公式的引用、单元格的从属关系进行追踪，并能够检查出一些错误的公式。如果遇到计算有误，使用该工具就可以快速的锁定错误点，并帮助我们更正错误。

下面小德子就举例来向大家说明具体的使用方法。

Step 01 打开原始文件。选中G3单元格，然后在“公式”选项卡中，单击“追踪引用单元格”按钮，此时在表格中就会以箭头的形式标明该数值受哪些单元格的影响。

Step 02 在该选项卡中，单击“移去箭头”按钮，可删除箭头。选中E5单元格，单击“追踪从属单元格”按钮，此时箭头会指示该单元格的数值从属于哪个单元格。

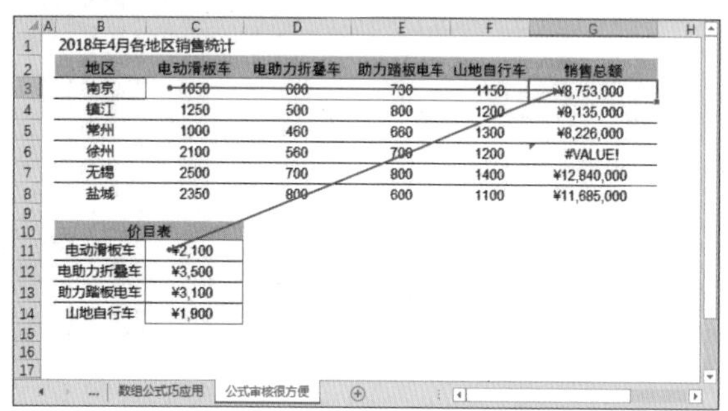

2018年4月各地区销售统计

地区	电动滑板车	电助力折叠车	助力踏板电车	山地自行车	销售总额
南京	1050	600	730	1150	¥8,753,000
镇江	1250	500	800	1200	¥9,135,000
常州	1000	460	660	1300	¥8,226,000
徐州	2100	560	700	1200	#VALUE!
无锡	2500	700	800	1400	¥12,840,000
盐城	2350	800	600	1100	¥11,685,000

价目表	
电动滑板车	¥2,100
电助力折叠车	¥3,500
助力踏板电车	¥3,100
山地自行车	¥1,900

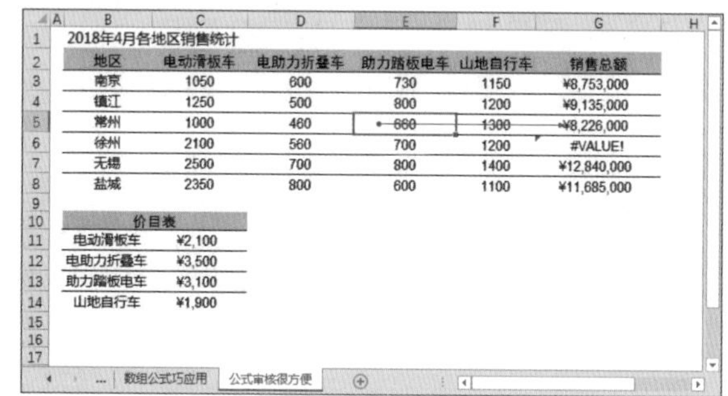

2018年4月各地区销售统计

地区	电动滑板车	电助力折叠车	助力踏板电车	山地自行车	销售总额
南京	1050	600	730	1150	¥8,753,000
镇江	1250	500	800	1200	¥9,135,000
常州	1000	460	660	1300	¥8,226,000
徐州	2100	560	700	1200	#VALUE!
无锡	2500	700	800	1400	¥12,840,000
盐城	2350	800	600	1100	¥11,685,000

价目表	
电动滑板车	¥2,100
电助力折叠车	¥3,500
助力踏板电车	¥3,100
山地自行车	¥1,900

在该表格中我们发现G6单元格中显示了错误值。这时在“公式审核”选项组中，单击“错误检查”下拉按钮，选择“错误检查”选项，打开相应的对话框。在该对话框中，系统会显示出错的公式。确认后，单击“在编辑栏中编辑”按钮，然后在表格公式编辑栏中，修改公式就可以了。如果公式没有错，只需单击“忽略错误”按钮，直接忽略掉就行。

经典函数再现江湖

很多职场小白一提到Excel函数就打怵，总觉得函数高深莫测，不敢触及。一串数字符号，哪怕错一个符号都无法算出结果。其实是你们把函数想复杂了。无论多么复杂的函数，只要了解了其结构，解决它可是分分钟的事。小德子在前辈那听过一句话，到现在都还记忆犹新：“函数公式越长，就说明你做的表格越差！”什么意思，大家自己去悟吧！

01 函数的种类

函数其实就是一种被预先定义的公式，它们将数值按照特定的顺序或结构进行计算。Excel函数包含了12种，分别为：日期与时间函数、数学与三角函数函数、统计函数、查找与引用函数、数据库函数、文本函数、逻辑函数、信息函数、工程函数、多维数据集函数、兼容函数以及Web函数。大家可以在“公式”选项卡的函数库组中察看所有函数类型，还有一些被隐藏的函数类型可以单击“其他函数”按钮，在其下拉列表中进行察看。

Excel函数是由“等号、函数名称、括号、半角逗号、函数参数”这5大类组成。其中函数的参数，可以由数字、文本、日期组成，也可以由常量、数组、单元格引用或者其他函数组成。当一个函数作为另一个函数的参数使用时，我们就称之为函数的嵌套。

D16 =DSUM(A2:D10,C2,A11:D12)

	A	B	C	D	E
1	电容采购表				

02 你知道几种函数输入方法?

在Excel中函数输入方法有2种，分别是手动输入和使用“插入函数”对话框输入。一些简单的基本的函数，我们只需要手动输入就可以了，例如求和、求平均值、求最大最小值等。选中结果单元格，在单元格内或在公式编辑栏中输入“=SU”后，系统会在光标下方显示该函数的提示信息，双击它就可以直接将该函数填充到单元格中。然后根据参数提示信息，输入正确的参数就好了。

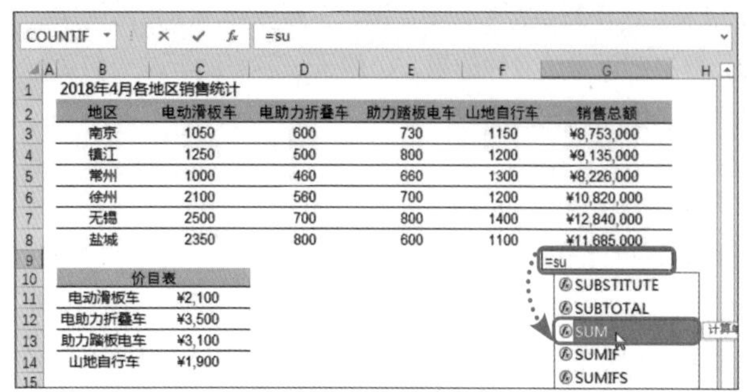

COUNTIF =su

2018年4月各地区销售统计

地区	电动滑板车	电助力折叠车	助力踏板电车	山地自行车	销售总额
南京	1050	600	730	1150	¥8,753,000
镇江	1250	500	800	1200	¥9,135,000
常州	1000	460	660	1300	¥8,226,000
徐州	2100	560	700	1200	¥10,820,000
无锡	2500	700	800	1400	¥12,840,000
盐城	2350	800	600	1100	¥11,685,000

价目表	
电动滑板车	¥2,100
电助力折叠车	¥3,500
助力踏板电车	¥3,100
山地自行车	¥1,900

2018年4月各地区销售统计

地区	电动滑板车	电助力折叠车	助力踏板电车	山地自行车	销售总额
南京	1050	600	730	1150	¥8,753,000
镇江	1250	500	800	1200	¥9,135,000
常州	1000	460	660	1300	¥8,226,000
徐州	2100	560	700	1200	¥10,820,000
无锡	2500	700	800	1400	¥12,840,000
盐城	2350	800	600	1100	¥11,685,000

价目表	
电动滑板车	¥2,100
电助力折叠车	¥3,500
助力踏板电车	¥3,100
山地自行车	¥1,900

一些复杂的函数，我们记不清它是怎么拼写的，可以使用“插入函数”对话框来操作。

例如想插入“查找”函数，可在“公式”选项卡中，单击“插入函数”按钮，打开相应的对话框。单击“或选择类别”下拉按钮，从中选择“查找与引用”函数，在“选择函数”列表中，选择“Vlookup”函数，单击“确定”按钮。然后在“函数参数”对话框中，根据提示设置其参数，单击“确定”按钮，搞定!

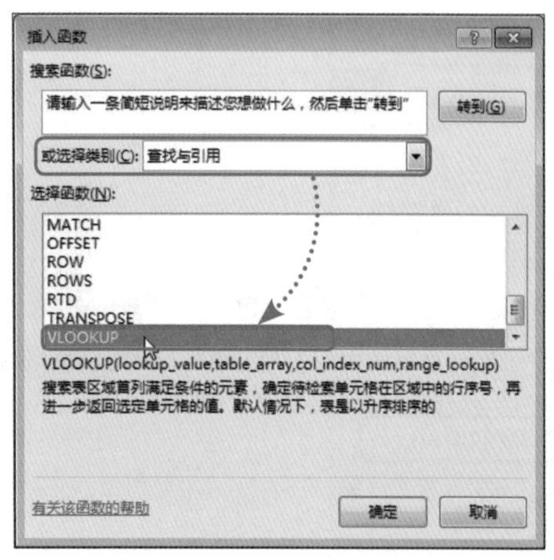

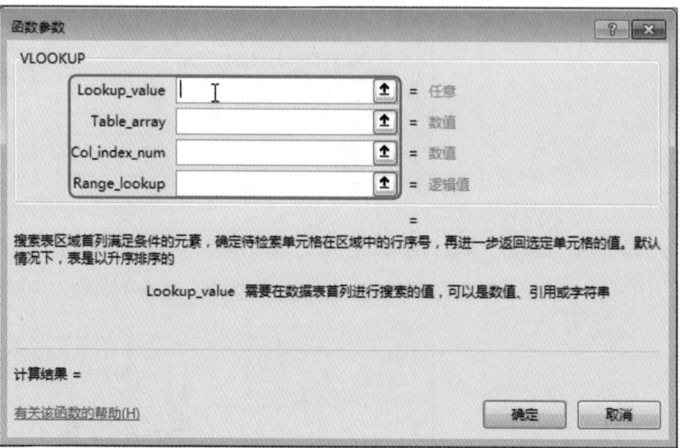

当然我们还可以在“公式”选项卡的“函数库”选项组中，选择所需的函数类型。

选择好后，会打开“函数参数”对话框，在此设定好参数值，同样也可完成函数的输入操作。

以上这几种方法都可以，大家在实际操作时，使用自己顺手的方法就好。

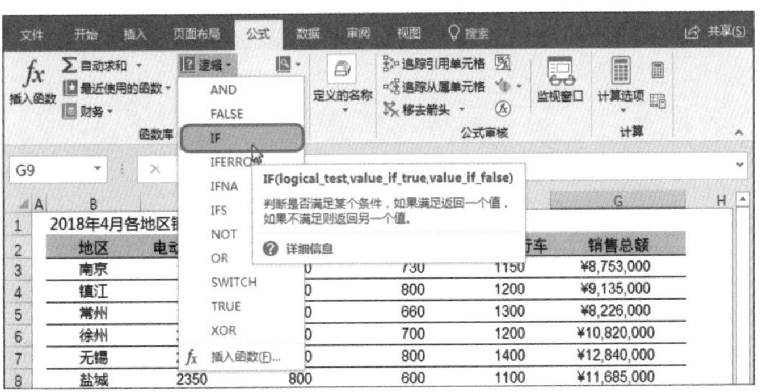

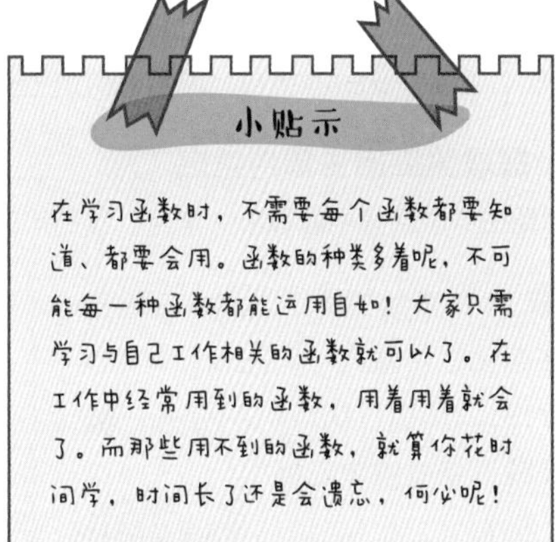

小贴示
在学习函数时，不需要每个函数都要知道、都要会用。函数的种类多着呢，不可能每一种函数都能运用自如！大家只需学习与自己工作相关的函数就可以了。在工作中经常用到的函数，用着用着就会了。而那些用不到的函数，就算你花时间学，时间长了还是会遗忘，何必呢！

03 RANK函数

RANK函数可以计算指定数值在一列数值中相对于其他数值的大小排名。RANK函数的结构为：rank(number,ref,[order])。其中“number”为需要求排名的那个数值或单元格名称；“ref”为排名的参照数值区域；“order”的为0和1，可以按默认值，不用输入。需要注意一点：公式中所有括号、逗号均为英文半角。下面小德子就给员工计件数量进行排名。

Step 01 打开原始文件。选择G3单元格，在公式编辑栏中输入“= RANK(F3,$F$3:$F$12,0)”公式。输入完成后，按Enter键完成计算。

Step 02 选择G3:G12单元格区域。按Ctrl+D组合键完成所有排名操作。

G3 =RANK(F3,$F$3:$F$12,0)

日期	车间	姓名	工序编码	计件数量	排名
2月1日	一车间	方 程	4002	350	5
2月1日	一车间	刘星然	4004	365	
2月1日	一车间	赵超杰	4005	420	
2月1日	一车间	叶子煜	4005	436	
2月1日	一车间	付 伟	4002	300	
2月1日	二车间	陈立函	4001	296	
2月1日	二车间	王红颜	4004	220	
2月1日	二车间	李大成	4003	410	
2月1日	二车间	卢浩然	4003	310	
2月1日	二车间	张 玲	4001	267	

G3 =RANK(F3,$F$3:$F$12,0)

日期	车间	姓名	工序编码	计件数量	排名
2月1日	一车间	方 程	4002	350	5
2月1日	一车间	刘星然	4004	365	4
2月1日	一车间	赵超杰	4005	420	2
2月1日	一车间	叶子煜	4005	436	1
2月1日	一车间	付 伟	4002	300	7
2月1日	二车间	陈立函	4001	296	8
2月1日	二车间	王红颜	4004	220	10
2月1日	二车间	李大成	4003	410	3
2月1日	二车间	卢浩然	4003	310	6
2月1日	二车间	张 玲	4001	267	9

04 提取身份证中有效信息

一般情况下在制作员工信息表时，一旦知道了员工的身份证号，其他的一些像性别、年龄、出生年月以及籍贯这类的信息内容，只需使用相关的函数就能自动提取。看这效率，比你手工输入要快N倍噢！下面小德子就以提取身份证中的相关信息为例，来介绍TEXT函数、YEAR函数、IF函数和VLOOKUP函数的应用。

1. 提取员工出生年月信息

想要在身份证号中提取出生年月，我们可使用TEXT函数进行操作。

Step 01 打开原始文件。选中F3单元格，在编辑栏中输入“=TEXT (MID(G3,7,8),"0000-00-00")公式。按Enter键，完成该单元格的计算操作。

扫描延伸阅读

F3 =TEXT(MID(G3,7,8),"0000-00-00")

序号	姓名	性别	年龄	出生年月	身份证号码
150101	秦玲			1984-07-25	320304198407251280
150102	张正阳				370101198603261831
150103	蒋倩				340100198205213242
150104	李妍				340100198401023826
150105	李建成				320103197510292893

Step 02 选择F3:F22单元格区域。按Ctrl+D组合键一键填充所有结果单元格。

F3 =TEXT(MID(G3,7,8),"0000-00-00")

序号	姓名	性别	年龄	出生年月	身份证号码
150101	秦玲			1984-07-25	320304198407251280
150102	张正阳			1986-03-26	370101198603261831
150103	蒋倩			1982-05-21	340100198205213242
150104	李妍			1984-01-02	340100198401023826
150105	李建成			1975-10-29	320103197510292893
150106	张妙			1988-07-05	320304198807051961
150107	董晶			1984-06-02	320304198406021982
150108	梁正才			1980-08-21	340100198008212891
150109	祝言畅			1989-06-22	340100198906223953
150110	朱令			1978-10-03	340100197810034831
150111	薛贵贵			1971-02-01	320103197102013293
150112	常静			1989-08-07	370101198908072322
150113	邢艺菲			1977-04-15	320304197704153844
150114	刘小晶			1980-02-11	320304198002112022
150115	单炎方			1981-05-10	320304198105103295
150116	闫菊			1984-08-09	320103198408093280

RANK函数
提取员工出生年月
日期函数（...

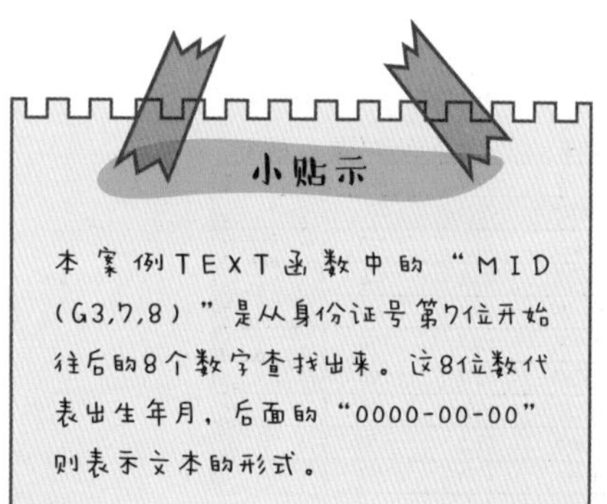

小贴示
本案例TEXT函数中的“MID(G3,7,8)”是从身份证号第7位开始往后的8个数字查找出来。这8位数代表出生年月，后面的“0000-00-00”则表示文本的形式。

2. 提取员工年龄信息

下面小德子就以DATEDIF函数从计算出来的“出生年月”内容中提取员工年龄。

知识加油站：记住更改数字格式

本例“年龄”这一列的数字格式为“文本”格式，所以在计算“年龄”之前，需要先将“年龄”这列的数字格式更改为“常规”，否则你在公式编辑栏中输入相关公式后，在单元格中只显示公式内容，而不会进行计算。想要在年龄数值后面添加一个“岁”字，可在公式后面添加&"岁"，也就变成了“=DATEDIF(F3,TODAY(),"Y")&"岁"”按Enter键就可以了。

Step 01 打开原始文件。选中E3:E22单元格区域，将其数字格式更改为“常规”。

Step 02 选中E3单元格，在公式编辑栏中，输入公式“=DATEDIF(F3,TODAY(),"Y")”。按Enter键，完成该单元格的计算。同样选中E3:E22单元格区域，按Ctrl+D组合键将该公式复制到其他单元格中并计算。

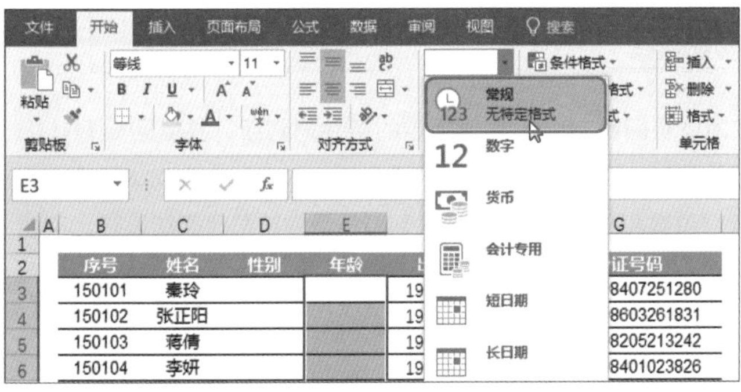

E4 =DATEDIF(F4,TODAY(),"Y")

序号	姓名	性别	年龄	出生年月	身份证号码
150101	秦玲		33	1984-07-25	320304198407251280
150102	张正阳		32	1986-03-26	370101198603261831
150103	蒋倩		35	1982-05-21	340100198205213242
150104	李妍		34	1984-01-02	340100198401023826
150105	李建成		42	1975-10-29	320103197510292893
150106	张妙		29	1988-07-05	320304198807051961
150107	董晶		33	1984-06-02	320304198406021982
150108	梁正才		37	1980-08-21	340100198008212891
150109	祝言畅		28	1989-06-22	340100198906223953
150110	朱令		39	1978-10-03	340100197810034831
150111	薛贵贵		47	1971-02-01	320103197102013293
150112	常静		28	1989-08-07	370101198908072322
150113	邢艺菲		41	1977-04-15	320304197704153844
150114	刘小晶		38	1980-02-11	320304198002112022
150115	单炎方		37	1981-05-10	320304198105103295
150116	闫菊		33	1984-08-09	320103198408093280

3. 提取员工性别信息

如果要在身份证号提取性别信息，可使用IF函数并嵌套MOD函数来进行计算。

Step 01 打开原始文件。将光标定位在D3单元格中，然后在公式编辑栏中，输入以下公式“=IF(MOD(MID(G3,17,1),2),"男","女")”。

Step 02 按Enter键完成该单元格的计算。使用Ctrl+D组合键计算出其他单元格的数值。

D3 =IF(MOD(MID(G3,17,1),2),"男","女")

序号	姓名	性别	年龄	出生年月	身份证号码
150101	秦玲	女	33	1984-07-25	320304198407251280
150102	张正阳	男	32	1986-03-26	370101198603261831
150103	蒋倩	女	35	1982-05-21	340100198205213242
150104	李妍	女	34	1984-01-02	340100198401023826
150105	李建成	男	42	1975-10-29	320103197510292893
150106	张妙	女	29	1988-07-05	320304198807051961
150107	董晶	女	33	1984-06-02	320304198406021982
150108	梁正才	男	37	1980-08-21	340100198008212891
150109	祝言畅	男	28	1989-06-22	340100198906223953
150110	朱令	男	39	1978-10-03	340100197810034831
150111	薛贵贵	男	47	1971-02-01	320103197102013293
150112	常静	女	28	1989-08-07	370101198908072322
150113	邢艺菲	女	41	1977-04-15	320304197704153844
150114	刘小晶	女	38	1980-02-11	320304198002112022
150115	单炎方	男	37	1981-05-10	320304198105103295
150116	闫菊	女	33	1984-08-09	320103198408093280

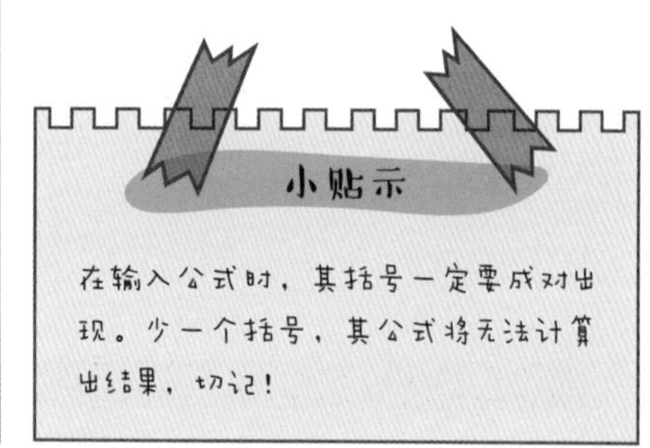

小贴示
在输入公式时，其括号一定要成对出现。少一个括号，其公式将无法计算出结果，切记！

本例中使用了两种函数。分别为IF函数和MOD函数。IF函数为逻辑函数，它是根据指定的条件来判断，并返回“TRUE（真）”和“FALSE（假）”两种结果。而我们身份证号的第17位数是代表性别，偶数为女，奇数为男。MID函数为文本函数，公式中“MID(G3,17,1)”是查找出身份证第17位数，MOD函数将第17位数和2相除，用IF函数判断相除的结果是否能整除，不能整除则返回“男”，能整除则返回“女”。

4. 提取员工籍贯信息

下面小德子就用VLOOKUP函数来根据身份证信息，计算出员工的籍贯。

打开原始文件。将光标定位在H3单元格。在编辑栏中输入公式“=VLOOKUP(VALUE(LEFT(G3,4)),$J$2:$K$6,2)”。按Enter键，得出结果，然后使用Ctrl+D组合键计算出其他结果。

扫描延伸阅读

本例中所使用的VLOOKUP函数为查询函数，其语法为：VLOOKUP(lookup_value, table_array, col_index_num, [range_lookup])。其中Lookup_value：表示要查找的值，它必须位于自定义查找区域的最左列；table_array：要查找的区域；col_index_num：返回数据在查找区域的第几列数；[range_lookup]：模糊匹配/精确匹配。说白了，这个公式的意思就是“找什么？、去哪里找？、找到以后粘贴什么？”这三个问题。这也是公式前三个参数的意思。

H3　=VLOOKUP(VALUE(LEFT(G3,4)),$J$2:$K$6,2)

	D	E	F	G	H	I	J	K
1								
2	性别	年龄	出生年月	身份证号码	籍贯		代码	籍贯
3	女	33	1984-07-25	320304198407251280	江苏省		3203	江苏省
4	男	32	1986-03-26	370101198603261831	山东省		3201	江苏省
5	女	35	1982-05-21	340100198205213242	江苏省		3701	山东省
6	女	34	1984-01-02	340100198401023826	江苏省		3401	安徽省
7	男	42	1975-10-29	320103197510292893	江苏省			
8	女	29	1988-07-05	320304198807051961	江苏省			
9	女	33	1984-06-02	320304198406021982	江苏省			
10	男	37	1980-08-21	340100198008212891	江苏省			
11	男	28	1989-06-22	340100198906223953	江苏省			
12	男	39	1978-10-03	340100197810034831	江苏省			
13	男	47	1971-02-01	320103197102013293	江苏省			
14	女	28	1989-08-07	370101198908072322	山东省			
15	女	41	1977-04-15	320304197704153844	江苏省			
16	女	38	1980-02-11	320304198002112022	江苏省			
17	男	37	1981-05-10	320304198105103295	江苏省			
18	女	33	1984-08-09	320103198408093280	江苏省			

本案例中同样使用了3个函数，分别为VLOOKUP函数、VALUE函数以及LEFT函数。其中VLOOKUP函数为查找函数；VALUE函数和LEFT函数都是文本函数的一种。

身份证号前4位代表籍贯身份，所以公式中“LEFT(G3,4)”是为了提取出身份证号码的前4位数，VALUE函数将提出来的代表数值的文本转换成真正的数值，而VLOOKUP函数在“$J$2:$K$6”单元格区域搜索与身份证号码的前4位数相匹配的数据，并返回匹配到的数据；最后“2”就表示在第2列内容中进行搜索返回匹配值。

知识加油站：了解Excel中的错误提示

我们使用Excel经常会出现好几种错误提示，例如“####”、“#VALUE!”、“#N/A”、“#NAME”等等，这些提示到底是什么含义呢？下面小德子就来解释一下这些常见错误提示的含义吧！

- ####：单元格长度不够长；
- #VALUE!：值计算错误，用非数值参与计算；
- #N/A：当前数值对函数或公式不可用；
- #NAME：未识别公式中的文本；
- #REF!：单元格引用无效；
- #NULL!：指定了不相交的两个区域的交点；
- #NUM!：公式或函数中使用无效数值。

QUESTION

学习心得

这一课我们学习了Excel公式和函数的基本操作，其中包括单元格的引用方法、数组公式的应用、经典函数的应用等内容。通过对这一课的学习，大家可以思考一下，还有哪些函数是在工作中经常运用到的呢？大家不妨到“德胜书坊”微信公众号以及相关QQ群中进行交流。

让我们在轻松快乐的学习氛围中一起玩转Office吧！

别把Excel函数想象的有多恐怖！只要你理解了函数的结构，再复杂的函数相信你都能够驾驭的很好！

效率证明能力

学习知识要善于思考，思考，再思考

让你的文字与众不同

文字和图片是PPT的精华所在。没有合适的图片不要紧，只要文字设计的巧妙，同样也会很出彩。下面小德子给大家介绍一些字体设计方面的小技巧。希望能够给正苦恼于字体排版的朋友们提供一点设计思路吧！

01 制作文字透视效果

在PPT中如何让文字有透视的效果呢？也许会有朋友说：“在PS里调整好后，以图片的方式插入进去。”对，这是一个办法。但这个办法比较麻烦，因为一旦要对文字的内容或效果稍作修改，是不是还得返回到PS里去做啊？所以小德子在这不建议大家这么做。那到底怎么做呢？

Step 01 打开原始文档。在“插入”选项卡中，单击“文本框”下拉按钮，选择“横排文本框”选项，插入文本框，并输入文字内容。设置文字的字体格式。这里小德子将字体设为“华文琥珀”，字号为“80”，颜色为红色。

Step 02 右击该文本框，在快捷菜单中选择“设置形状格式”选项，打开相应的窗格。单击“效果”选项按钮，在其选项组中，选择“三维旋转”选项。单击“预设”右侧下拉按钮，从中选择“透视：适度宽松”选项。此时文字已经有了变化。

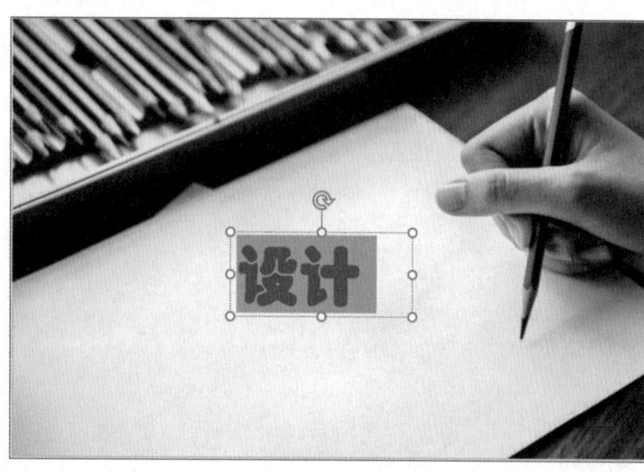

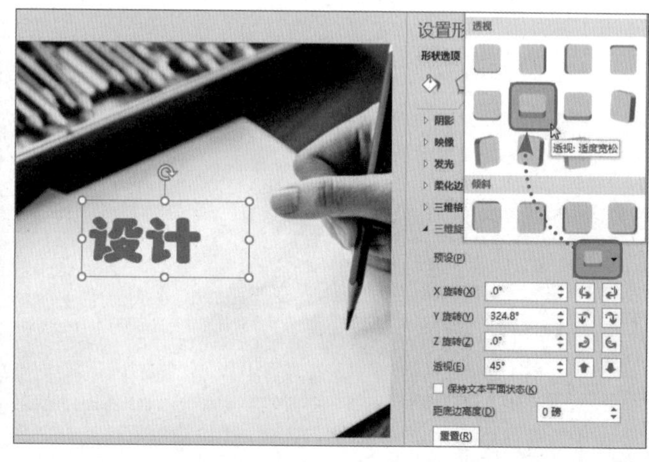

Step 03 变化不是太明显。我们可以调整“X旋转”、“Y旋转”、“Z旋转”以及“透视”这几个参数值，直到满意为止。

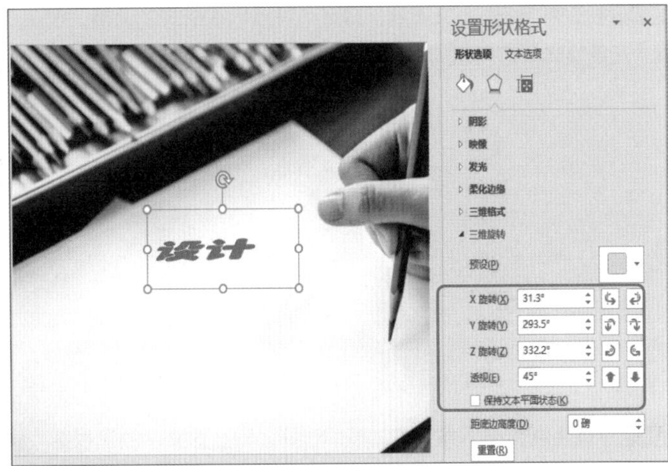

Step 04 调整后关闭该窗格。这下文字已经有了明显的透视感。复制文本框到合适的位置，并修改里面的文字内容。

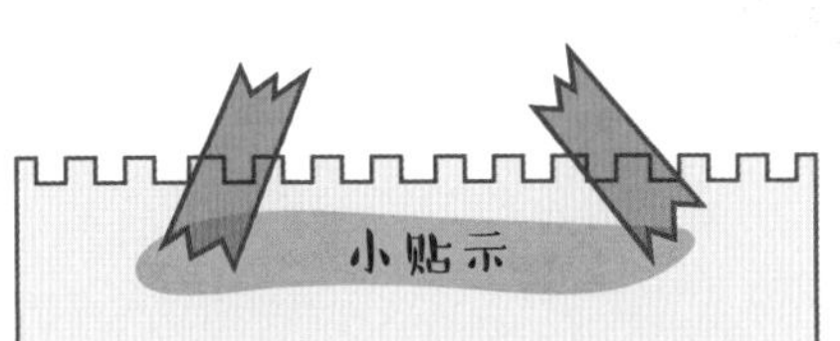

小贴示
在对“X旋转”、“Y旋转”、“Z旋转”的数值进行调整时，建议大家使用数值框右侧上下三角按钮进行微调，这样可以保证不错过最佳效果。

Step 05 选中“咋办”文本框。打开“设置形状格式”窗格，设置“三维旋转”选项组的各角度参数，直到满意为止。

Step 06 适当调整一下每个文本框的位置。现在这文字的透视感是不是很明显了呢?

小贴示

这些操作其实没什么难度，无非就是调整参数值，使其达到最佳效果。最主要的还是创意，创意好坏直接影响到最终效果。

利用文本框的“三维旋转”功能，我们举一反三可以做出很多透视类标题文字。例如右图中的“START”文字效果，完全可以利用这种方法来制作。有兴趣的朋友可以动手试一试噢!

02 制作超酷的标题文字

不要以为制作海报类文字就是PS的专利，在PPT中可以轻松实现各种艺术字体的效果哦！下面小德子就举例介绍如何实现文字填充的效果。

Step 01 打开原始文件。利用文本框添加一个“霾”标题文字。设置它的字体为“华为行楷”，字号为“290”，然后加粗显示。

Step 02 选择该文本框，在“格式”选项卡中的“艺术字样式”选项组中，单击“文本填充”下拉按钮，从中选择“图片”选项。

知识加油站：实现其他文字效果的方法

本案例是使用图片填充的方法来美化文字的。除了这种方法外，我们还可以使用“渐变”和“纹理”的方法来美化。在“文本填充”列表中，选择相应的选项即可。

Step 03 在打开的“插入图片”对话框中，选择要填充的图片，这里选择“底纹图片”。单击“插入”按钮，这时，被选中的文字已经发生了变化。

知识加油站：文本框和形状的区别

文本框和形状其实是一类，只不过它们的属性不同罢了。无论选择文本框还是形状，它们都会打开“设置形状格式”窗格，其中的设置选项也几乎一样。设置文本外面的框时，就选“形状选项”，要设置框里的文本时，就选“文本选项”。它们唯一不同点在于“文本选项”组中的一项参数。选择文本框时，系统默认的是“不自动调整”选项，而形状则是“根据文字调整形状大小。这一点就能解释为什么无法拉伸文本框的高度，以及在形状里输入文字后，形状变形的原因了。

为了能够让“霾”字更加醒目。我们可以为它添加阴影及边框。

选中文本框，在“开始”选项卡中，单击“文字阴影”按钮，就可以为它添加阴影。在“格式”选项卡的“艺术字样式”选项组中，单击“文本框轮廓”下拉按钮，从中设置其轮廓颜色及粗细。

为了能够使它的页面版式看上去更加饱满，我们需要对它添加一些文字内容，以及装饰边框线等。

Step 01 使用竖排文本框，输入副标题内容。把它的字体同样设为“华为行楷”，字号为32，加粗并添加文字阴影。然后再给它添加白色边框线，线的“粗细”为默认值。

知识加油站：衬线字体和无衬线字体是啥意思？

PPT中的字体可分为两大类，一种是衬线字体，另一种是无衬线字体。

衬线字体（Serif）笔画粗细不一。最有代表性的字体为“宋体”。该字体容易识别，易读性很高。一般用于正文字体。但是它有个致命性的缺点，就是在远处观看时，由于字体结构有粗细变化，所以容易看不清，并且字体选择相对少。

无衬线字体（Sans serif）笔画粗细几乎相同。最有代表性的字体为“黑体”。该字体常被用于PPT封面页的标题，比较醒目，赋有冲击力。随着流行趋势的变化，大家会越来越喜欢使用该类字体，因为它们显得更简洁大方。

Step 02 在“插入”选项卡中，单击“形状”下拉按钮，选择“线”形状，绘制边框线。选中框线，在“格式”选项中，单击“形状轮廓”下拉按钮，从中我们可以设置它的颜色及粗细。这里是将线形的颜色设为灰色，“粗细”设为1.5磅。

Step 03 按住Ctrl键选中4条框线，单击鼠标右键，在快捷菜单中选择“组合”选项，将这4条框线组合。

好了，大功告成！大家可以看一下，最终制作出来的效果不比PS差吧！

03 不让字体丢失

大家有没有遇到过这么一种情况：将PPT文档放到其他人的电脑中放映时，文档中某些文字的字体会发生改变？这就说明在制作PPT时所用到的字体不是电脑自带的字体，而是从网上下载的字体。在放映过程中，由于别人的电脑中没有这种字体，所以系统只能以默认的字体或随机字体显示了。大家明白了没有？当我们遇到这种情况时，就可以使用嵌入字体功能。

PPT文稿制作完成后，单击“文件”选项卡，在“信息”界面中，选择“选项”选项，然后在打开的对话框的左侧列表中，选择“保存”选项，并在右侧选项列表中，勾选“将字体嵌入文件”复选框，单击“确定”按钮就可以了。

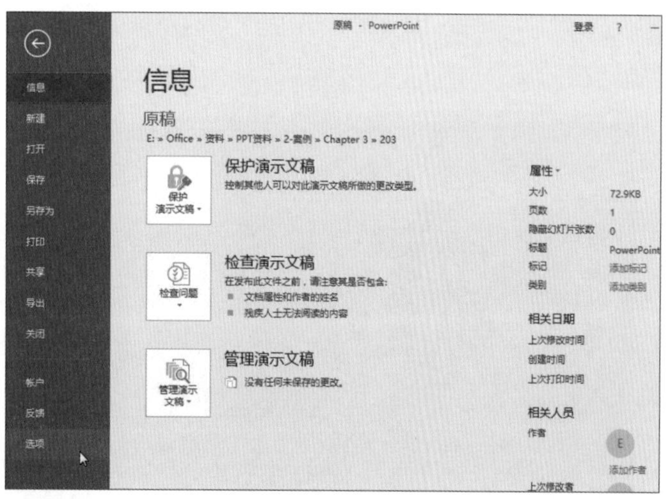

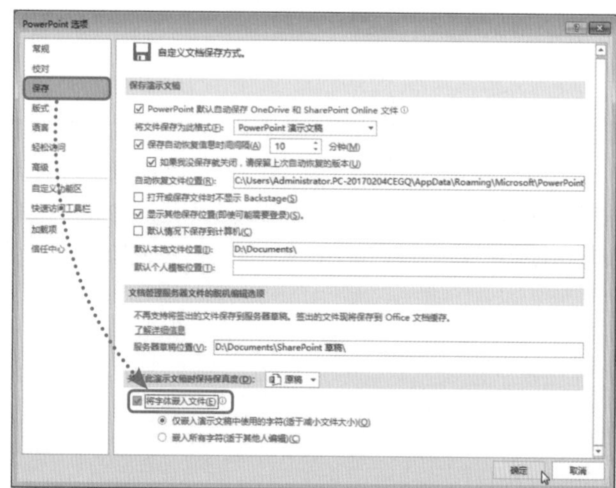

在嵌入字体选项组下，我们可以选择两种嵌入模式，一种是仅嵌入当前PPT中的字符；而另一种就是嵌入所有字符。建议大家选第一种模式。这种嵌入模式优点是文件小，不影响文件的传输；但其缺点就是它只嵌入当前这些字符，所以不能对它进行修改。一旦修改，很可能会出现变换字体的情况。而第二种模式其优点是可以完全避免字体变换的情况发生，无论在哪个电脑中都可以正常播放；但它的缺点就是文件太大，你可以想象要在一个PPT中嵌入字体库中所有的字体（超3000个字符），这文件该有多大啊！

完成字体嵌入后，在进行文件保存时，很有可能出现字体无法保存的情况。这是因为所嵌入的字体有版权保护。

知识加油站：安装新字体

字体的安装方法有好几种，小德子就介绍一种常用的方法给大家吧！那就是使用复制和粘贴功能安装字体。在准备安装前，需要先下载字体安装包。全选需要安装的字体，按Ctrl+C组合键进行复制操作，然后根据路径（C：\Windows\）找到“Fonts”文件夹，打开该文件夹，按Ctrl+V组合键，将复制的字体进行粘贴即可。

出现这种情况时，就需要考虑是否继续使用该字体样式了。如果涉及到商业用途的话，需要付版权费。而如果是个人私下交流使用的话，那就好办。利用复制粘贴功能，将文字以图片的方式来显示就OK了。

选中字体文本框，按Ctrl+C组合键进行复制，然后在该页面任意位置右击鼠标，在快捷菜单中选择“粘贴选项”下的“图片”选项即可。

这里小德子需要提醒一句：一旦文字变为图片后，该文字就无法进行修改了！

多用图像、影像有好处

在组织PPT内容时，一张页面上就寥寥几个字，整个版面就会很空。这时就需要大量的图片或影像来凑数。俗话说，好的图片或影片胜过千言万语。对于观众来说，图片、影像给他们的视觉冲击力是最大的。下面小德子就给大家说说PPT中图片、形状、表格以及影像的那些事吧！

01 当图片遇上形状

一张图片和一个形状图形会产生什么样的化学反应？呵呵。大家可以看看下面两张页面效果，你会喜欢哪一张呢？

相比之下，小德子比较喜欢右边这一张。右边这张从版式来说要比左边来的灵活，而左边的会显得平庸一些。其实说白了，右边只是在左边的基础上添加了矩形而已，但效果就会不一样。下面小德子就来介绍右边页面版式的制作方法。

Step 01 打开原始文件。单击“插入”选项卡，在“形状”列表中，选择矩形形状，并在页面中，绘制矩形。在“格式”选项卡中，单击“形状填充”下拉按钮，选择满意的颜色，这里选择灰色。

Step 02 将矩形设为“无轮廓”选项。然后右击矩形，在快捷菜单中选择“置于底层”选项。此时矩形已经摆放在页面最底层。选中图片，在“格式”选项卡的“图片样式”列表中，选择一款合适的图片样式。

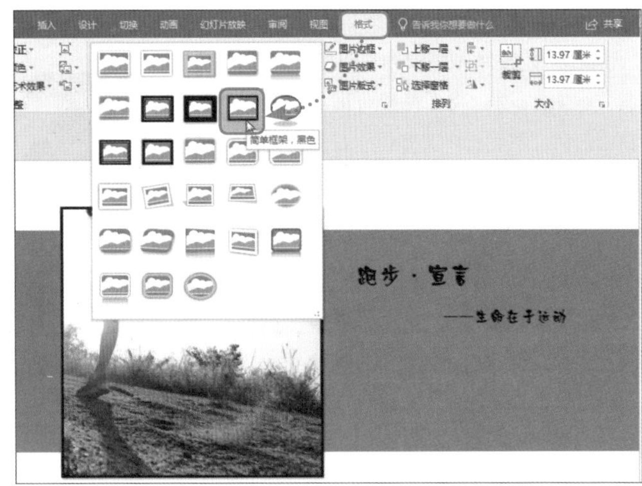

知识加油站：多图组合排版的技巧

对多张图进行排版时，可遵循3个排版原则。分别为：平均分布、左右版式以及居中版式。1.平均分布。如果图存在并列关系，可使用平均分布版式进行排版，该版式使页面整体效果整齐归一、整洁和美观；2.左右版式。如果PPT中的图片存在主次差别，可使用左右或右左版式。该版式是将主图放大，其他图则放在主图的左边或右边。整体结构主次清晰，层次分明；3.居中版式。居中版式是左右版式的一种表现形式，只不过左右版式是将主图放在页面左侧或右侧，而居中版式则是将主图放在页面中心，其他图则分别放置在左侧和右侧，使得整个页面具有平衡美。

Step 03 选中图片，在“格式”选项卡中，单击“图片边框”下拉按钮，选择一款满意的边框色，这里设为白色。适当调整一下图片的位置。

PPT页面设计其难易程度一点都不亚于平面设计。它们都需要把握整体的页面构图、页面颜色等。别把PPT想简单了，千万不要认为只要把内容统统装上去就行了。否则你会毁掉你的PPT的。

Step 04 再次绘制一个矩形，将其设为“无填充”；轮廓颜色设为“白色”，“粗细”设为1.5磅。将“跑步 · 宣言”颜色设为白色。然后选中文本框，在“格式”选项卡中单击“形状填充”下拉按钮，从中选择和底色一样的灰色，并将它置于顶层。

Step 05 重复上一步操作，对“生命在于运动”文本进行相同的设置。然后把它放在方框右下角合适的位置处。注意：在“宣言”方框中还有个文本框！选中该文本框，将它的字体颜色设为白色，然后放在方框合适位置。

02 不得不提的图文混排

无论是Word还是PPT，图文混排的重要性相信大家应该有所了解了。有图有真相，既要有图片，也要有文字，这两者缺一不可。图片有了，文字有了，那怎样才能合理搭配呢？这就要看大家审美眼光怎么样了。下面这一张PPT是网友发给小德子的，让

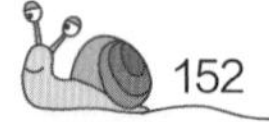

帮忙做做修改。大家也可以开开脑洞，看看怎么样排版会更好？

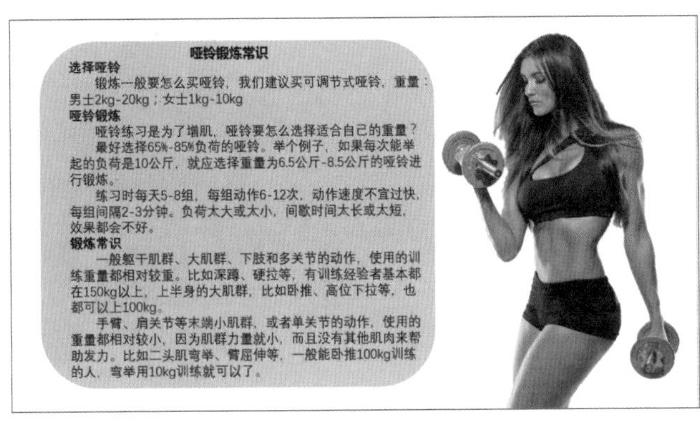

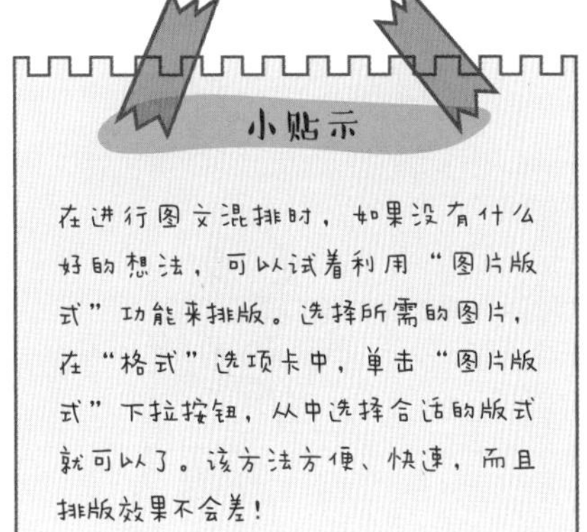

下面小德子就在他的基础上进行调整。

Step 01 打开原始文件。先对文本内容进行删减。删除灰色底纹背景。选择标题内容，在“开始”选项卡中，单击“项目符号”下拉按钮，从中选择一款项目符号。

Step 02 此时被选中的标题前已添加了相应的符号。适当调整行间距，并调整文字的字体、颜色及字号。

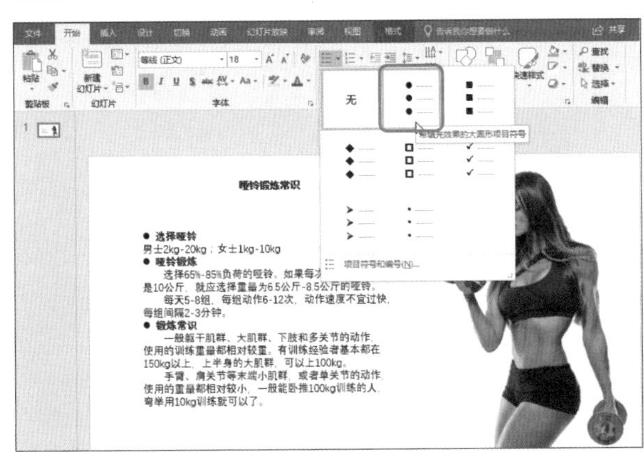

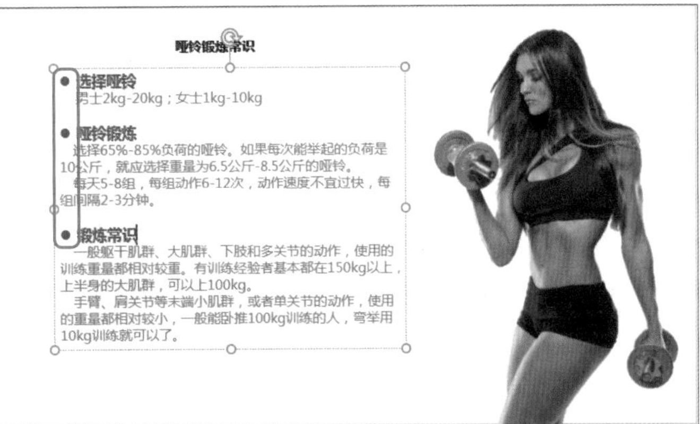

Step 03 选择所需的段落，为它添加编号。然后选中该文本框，在“格式”选项卡中，单击“编辑形状”下拉按钮，从中选择“更改形状”选项，并在其级联菜单中，选择圆角矩形。

Step 04 在“格式”选项卡中单击“形状轮廓”下拉按钮，选择一款轮廓颜色，并将“粗细”设为2.25磅。

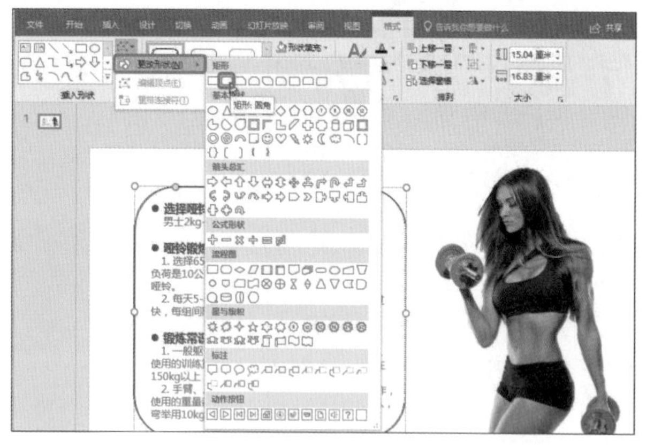

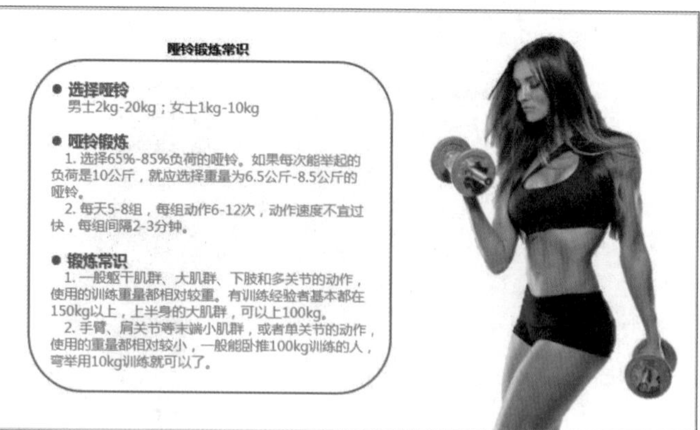

Step 05 将标题文本边框设为“圆顶角矩形”形状，然后将它填充为深灰色，无边框，并添加阴影效果。最后将标题文字颜色设为白色，放在矩形左上角处。适当调整一下矩形的大小。

Step 06 在“设计”选项卡中，单击“设置背景格式”按钮，在打开的窗格中，单击“图片或纹理填充”单选按钮，然后在展开的列表中，单击“文件”按钮。

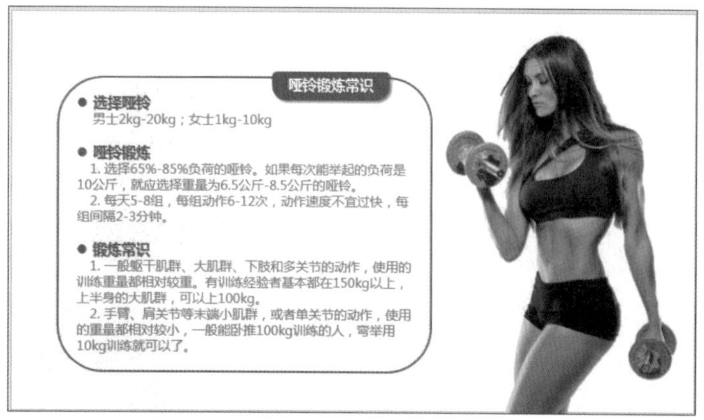

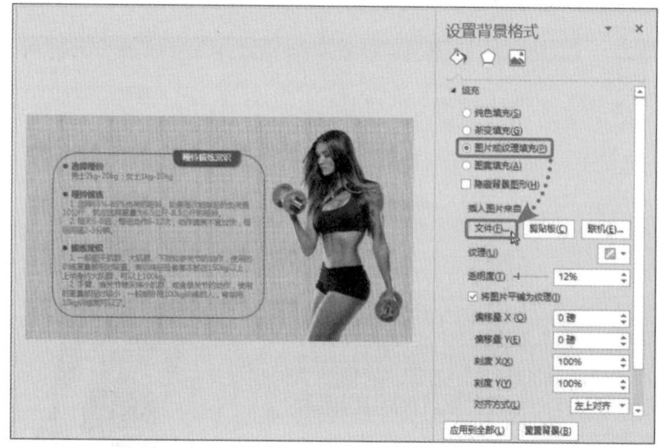

Step 07 在打开的“插入图片”对话框中，选中背景图片，并插入。然后在“设置背景格式”窗格中，将“透明度”设为70%，弱化背景。

Step 08 在圆角矩形文本框中，我们可以将重点或关键文字以不同颜色突显出来。好了，操作完毕，收工！

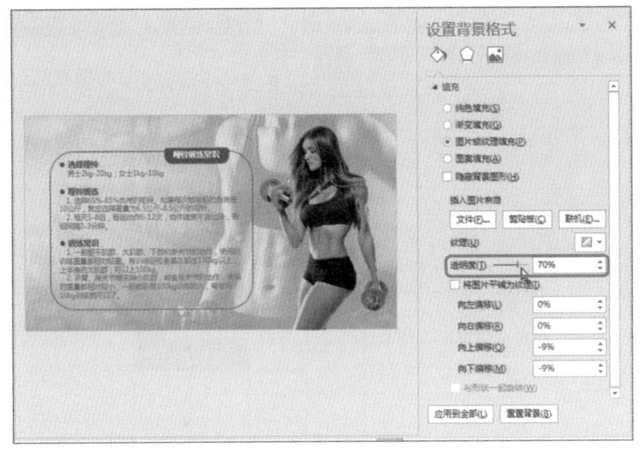

03 表格也可以高大上

在Word部分已经介绍过表格的一些应用技巧，其实这些技巧在PPT中也可以应用到的，甚至效果更好。下面小德子就以制作封面页为例，来介绍表格在PPT中的另类用法。

Step 01 新建一个空白幻灯片。在“插入”选项卡中，单击“表格”按钮，插入一个7行8列的表格。选中表格，在“设计”选项卡中的“表格样式”列表中，选择“无样式，网格型”。

Step 02 选中整个表格在“布局”选项卡的“表格尺寸”选项组中，将表格的高度设为10，宽度设为26.6，重新调整表格的大小。

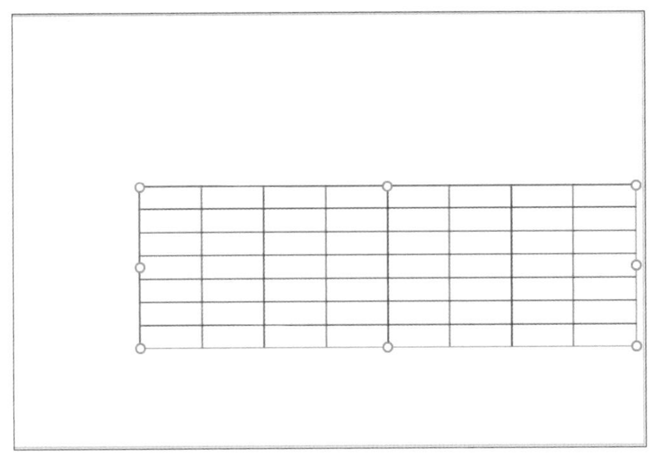

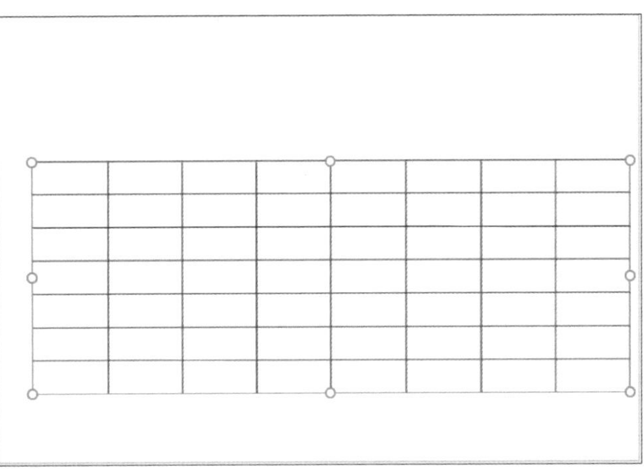

Step 03 在表格中，选择任意单元格，在“设计”选项卡中单击“底纹”下拉按钮，从中选择底纹颜色，就可以为选中的单元格添加底色。

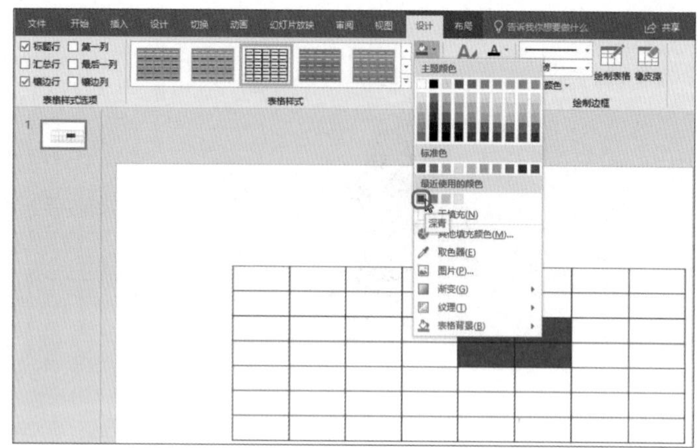

Step 04 按照同样的操作方法，在表格中，选取部分单元格，并为它添加相同色系的底色。

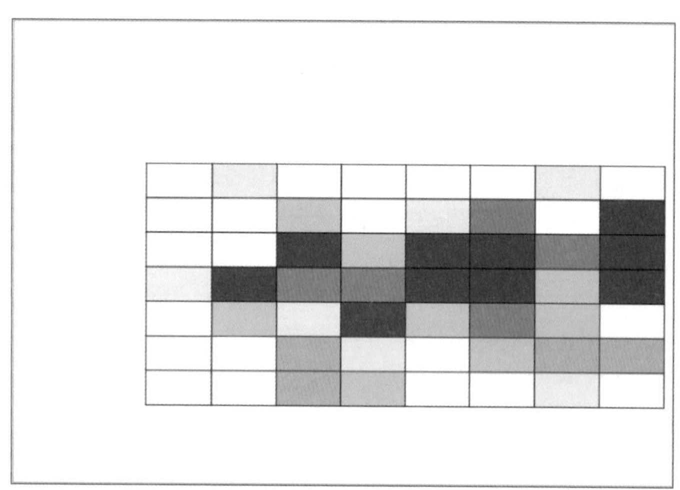

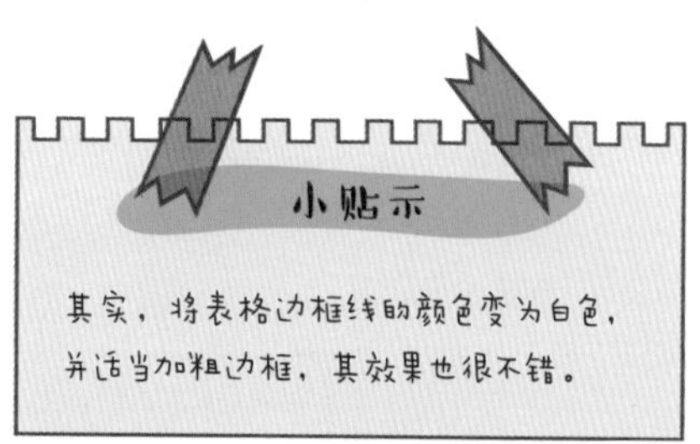

小贴示
其实，将表格边框线的颜色变为白色，并适当加粗边框，其效果也很不错。

Step 05 选中表格，在“设计”选项卡中单击“边框”右侧下拉按钮，在其下拉列表中选择“无框线”选项，将边框线隐藏。插入一个文本框，并输入标题内容，然后对文本的字体、字号、颜色以及效果项进行设置。将它放在表格合适的位置处。好了，封面制作完毕！

知识加油站：使用取色器选取颜色

如果想要将一些漂亮的配色准确的应用到自己的页面中，可以利用“取色器”这项功能来获取颜色。首先需要将获取的色块或图片复制到当前页面中，通常在设置颜色的列表中都会有一项“取色器”选项，选择该选项后，光标就会变成吸管图标，单击要获取的颜色，此时就会在“最近使用的颜色”下看到所获取的颜色，选中它就可以了。

04 插入合适的音/视频

在PPT中我们可以插入相关的音频或视频来烘托主题气氛。在选择这类文件时，一定要选择与PPT主题相关的文件，否则就会起到反效果。

1. 插入音频文件

通常我们会将音频文件作为背景音乐来使用。当然也有例外。设置背景音乐时，小德子建议大家选择一些舒缓柔和的音乐。

单击“插入”选项卡，在“媒体”选项组中，单击“音频”下拉按钮，从中选择“PC上的音频”选项，然后在打开的“插入音频”对话框中，选择要插入的音频文件，单击“插入”按钮就可以了。

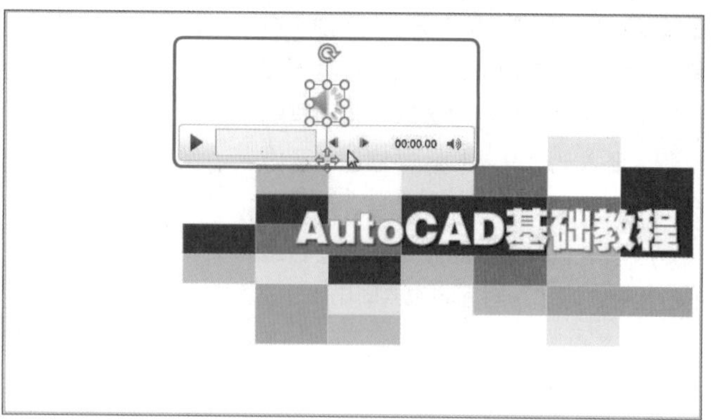

音频文件插入后，页面中会添加一个音频播放器，我们可以移动它到页面任意位置。单击“播放”按钮，可以试听。选中该播放器，可以在“音频工具—格式”选项卡中，对播放器的图标进行美化设置，在“播放”选项卡中，可对播放的参数进行设置，例如剪辑音频，编辑音频以及音频的播放选项等。

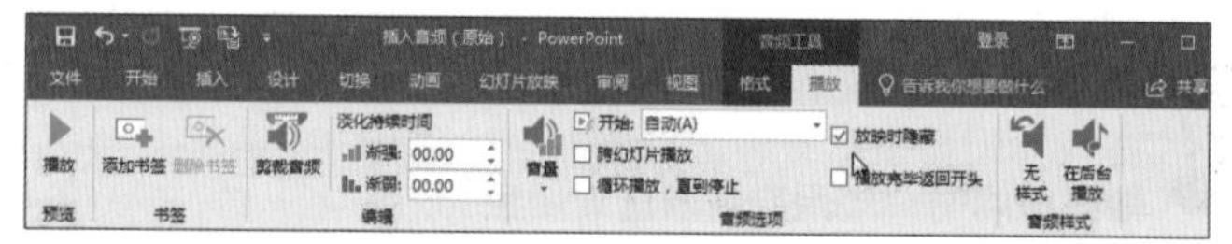

2. 插入视频文件

视频插入的方法与音频很相似。只需在“媒体”选项组中，单击“视频”下拉按钮，从中选择“PC上的视频”选项，在打开的对话框中选择所需的视频选项，单击“插入”按钮就好了。

视频插入后，可以根据需要对视频外观样式进行调整，也可以对视频播放的参数进行设置，具体的设置方法小德子就不介绍了。如果有朋友感兴趣，可以查看本系列《PPT达人速成记+呆萌简笔画》一书中的相关内容。

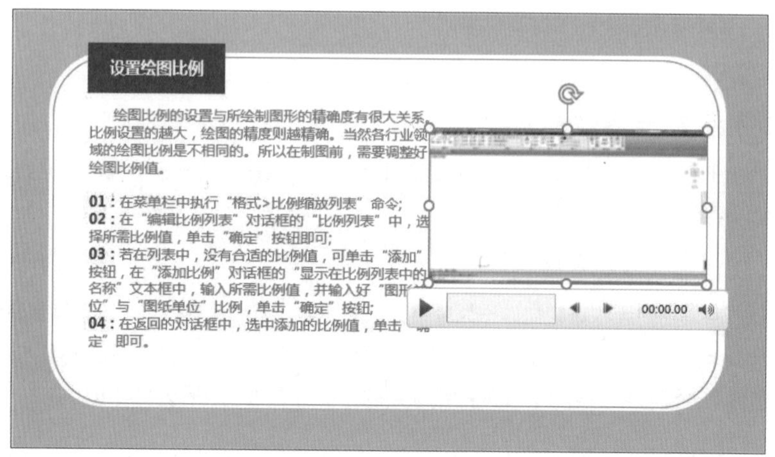

PPT母版功能你会用吗？

为什么我不能对PPT模板进行修改呢？经常会有人问小德子这类问题。其实这个问题的答案很简单，因为你下载的模板是用母版制作的。说起来好像绕口令！

大多数人都认为模板就是母版，非也！模板是模板，母版是母版，模板包含母版。母版则是对各个幻灯片页面所设定的一个基本框架，所有的内容都在这个框架上进行制作。而模板就是在这个母版的基础上利用各种元素，例如文字、图片、动画、声音等组合而成的一个样板。我们可以直接套用，也可以自己进行DIY设计。

下面小德子就向大家介绍一下母版的操作吧！

Step 01 打开原始文件。当前这款PPT模板，除了文本框能选中之外，其他元素都无法选中。这时就应该知道这是用母版制作的。单击“视图”选项卡，在“母版视图”项组中单击“幻灯片母版”按钮，打开母版界面。

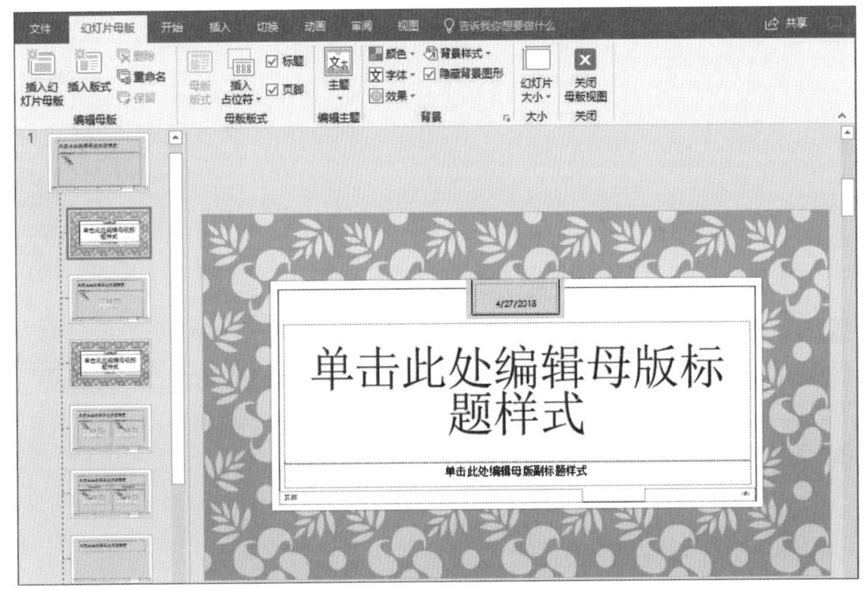

Step 02 进入母版界面后，就可以选择任何元素。选中第1张幻灯片（母版页），删除底色图片以及所有页眉页脚文本框。

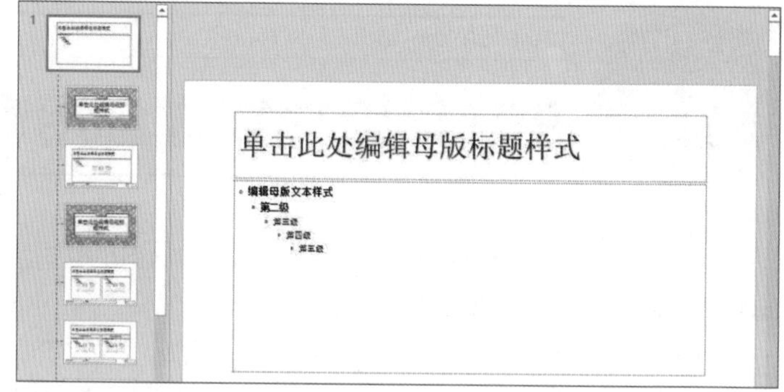

Step 03 这时，母版页以下，除标题幻灯片外，所有的页面都发生了变化。选择第2张幻灯片（版式页），将该幻灯片中的背景花纹图片，复制到母版页中，然后调整一下它的颜色。

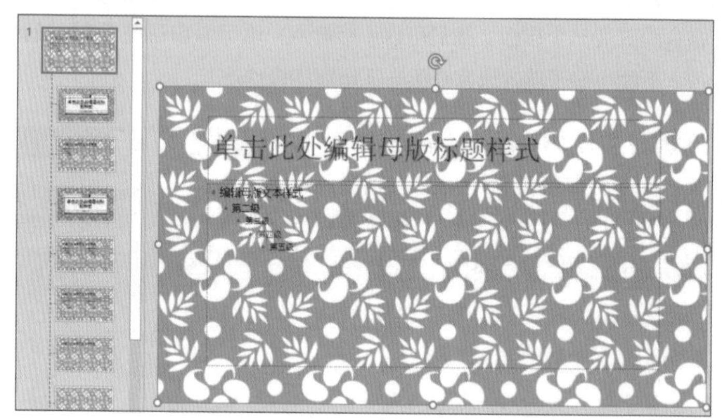

Step 04 选中背景图片，单击"裁剪"按钮，将图片进行裁剪。创建矩形，并将它填充成白色，无边框，然后添加阴影效果。然后再次绘制一个矩形，将边框色设置成底纹色，无填充并调整好它的大小和位置。

Step 05 将底色置于底层，将无框矩形下移一层。然后选中文本占位符，将它置于顶层。调整占位符的大小和位置，并设置好里面字体的格式。

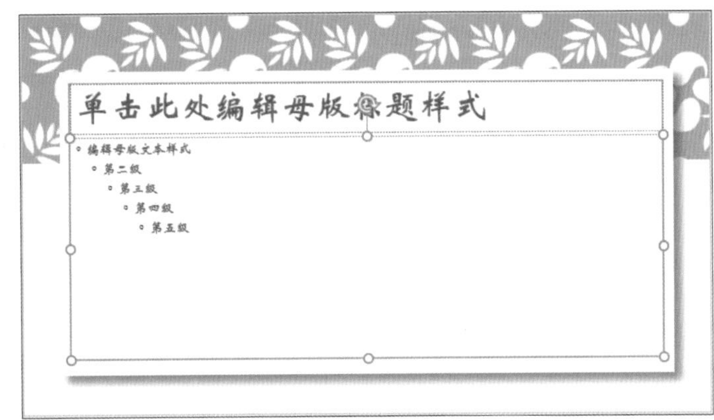

好了，母版页的风格框架已制作好了。这时除了个别特殊的版式页外，其他版式页都应用了相同的框架模式。下面小德子就来利用母版制作封面标题幻灯片的模式。

Step 01 在母版视图界面中，选中第2张标题版式页。删除该页面中多余的元素。然后再次调整一下背景花纹的色调，将它与母版页的花纹色相同。

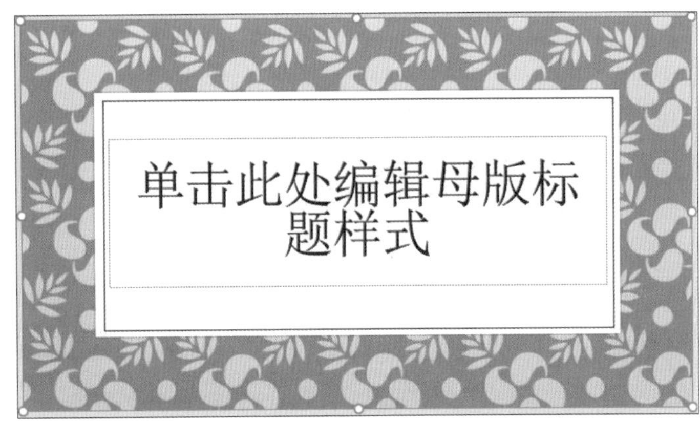

知识加油站：什么叫占位符

在PPT中经常看到“单击此处添加标题”或者“单击此处添加副标题”等这类文本框，单击该文本框中的文字时，源文字没有了。这就叫做文本占位符。占位符的类型有很多，例如内容占位符、图片占位符、图表占位符等等。这些占位符只能在母版视图中才可以添加编辑。

Step 02 在“幻灯片母版”视图界面中，单击“背景样式”下拉按钮，选择白色背景，就可以去掉底色了。

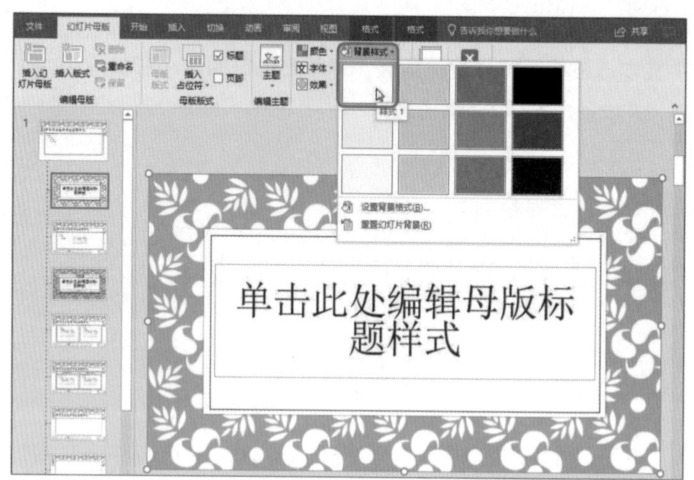

Step 03 选中带有边框的矩形，将其边框颜色设置与花纹蓝色相同。然后将边框“粗细”设为2.25磅。设置标题占位符的文本格式，然后将它右对齐。在“幻灯片母版”视图中，单击“关闭母版视图”按钮。好了，标题幻灯片制作完成。

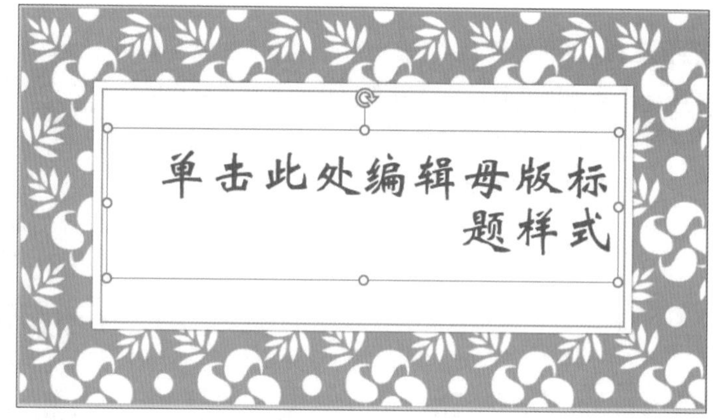

返回到普通视图界面后，可以看到刚设计的封面幻灯片效果。如果想要添加内容幻灯片，可在“开始”选项卡中，单击“新建幻灯片”下拉按钮，从中选择所需的版式就可以了。

QUESTION

学习心得

这一课我们学习了PPT的基本操作技巧，其中包括PPT文字的设计、图片与形状的设计、表格的设计、音视频的插入等。大家在学习的过程中，如果遇到什么疑难问题，可以到“德胜书坊”微信公众号以及相关QQ群中进行交流。让我们在轻松快乐的学习氛围中玩转Office吧！

多看、多想、多练，不知不觉就变成PPT高手了！

Chapter

09

让幻灯片动起来

平凡的人听从命运，

只有强者才是自己的主宰。

灵动的PPT让你记忆犹新

使用PPT中的动画功能，可以将静态的演示文稿转换为动态。让观众对你的报告或策划记忆犹新。下面小德子就和大家一起聊聊PPT动画的那些事吧！

01 创建文本动画

想要对文本添加动画，小德子建议大家使用一些较为舒缓的动画样式，例如“浮入”、“缩放”或“淡出”，想要对文本进行强调，可在基本动画的基础上再添加一些强调动画，例如“脉冲”、“放大”、“变色”等。下面就以创建目录动画为例，来介绍文本动画的创建流程。

Step 01 打开原始文件。我们可以看到目录页的文本内容已准备好。直接添加动画就可以了。选中页面左侧大圆图形，在“动画”选项卡的“动画”列表中，选择“擦除”动画效果。

Step 02 选择后，系统将自动演示“擦除”效果。这时在该形状左上角会显示序号“1”。

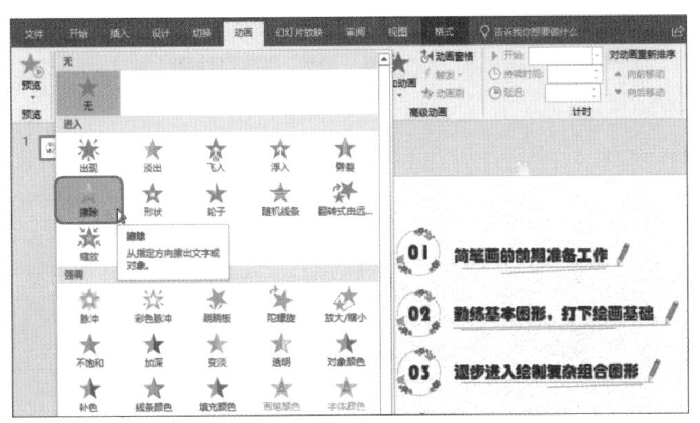

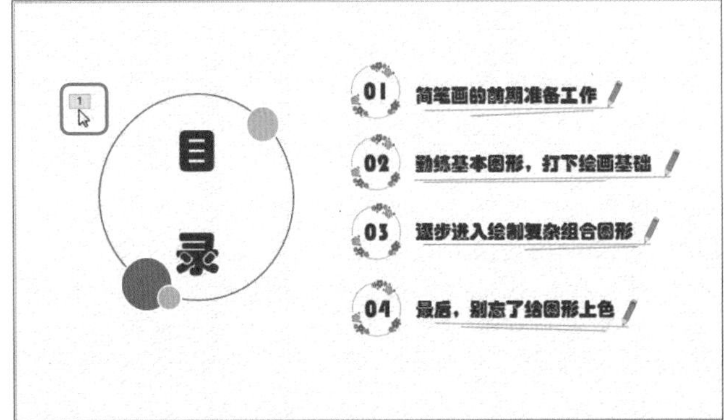

Step 03 选择“目录”文本框。在“动画”列表中，选择“浮入”动画效果。此时在该文本框左上角会显示序号“2”。

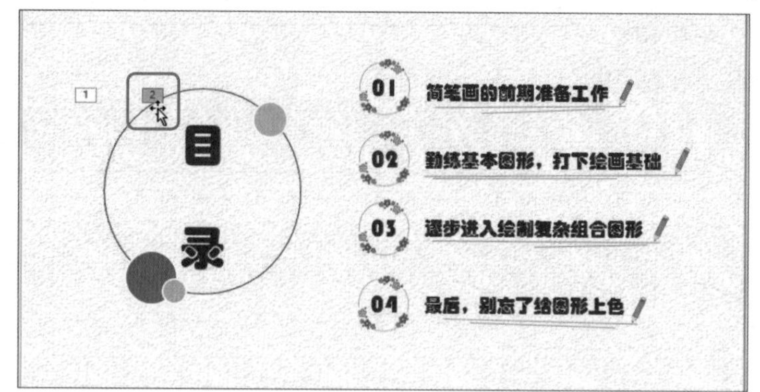

Step 04 选择“01”外侧小圆图形，将它添加“擦除”效果。添加后，在圆圈左上角会显示序号“3”。

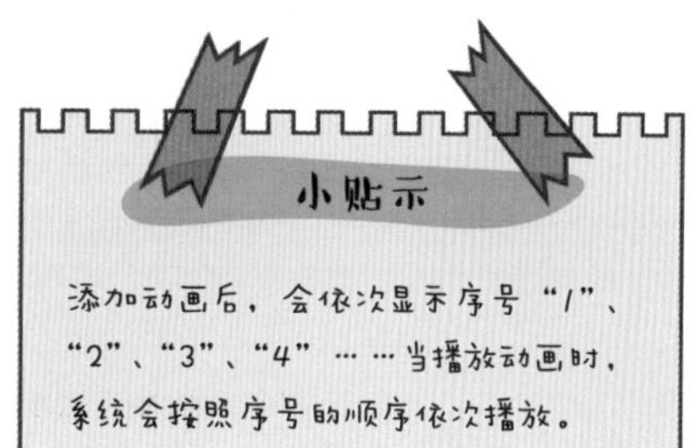

小贴示
添加动画后，会依次显示序号“1”、“2”、“3”、“4”……当播放动画时，系统会按照序号的顺序依次播放。

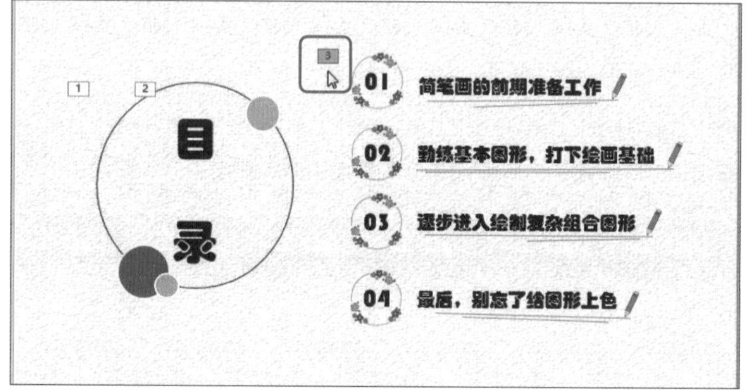

Step 05 将“01”文本框添加“淡出”动画效果。然后将第1条目录内容添加“浮入”动画。

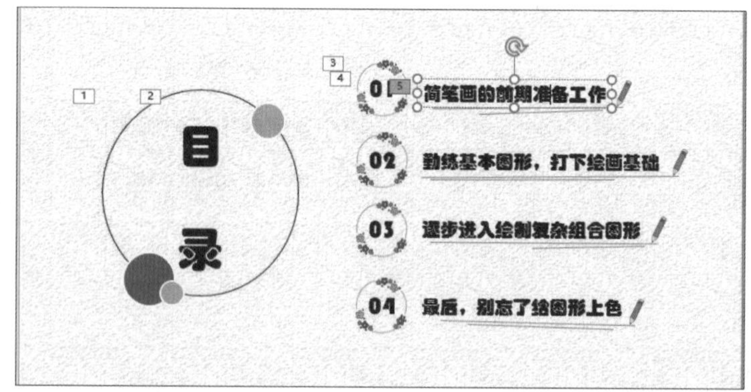

Step 06 选择第1条目录内容文本框，单击“动画”选项组右下角对话框启动按钮，打开“上浮”对话框。将“动画文本”设为“按字母”选项。

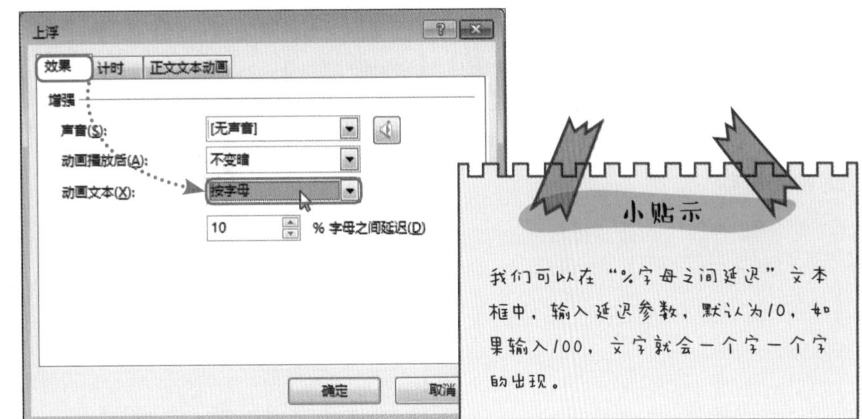

Step 07 单击“确定”按钮，系统会按照10%字母延迟的参数播放动画。

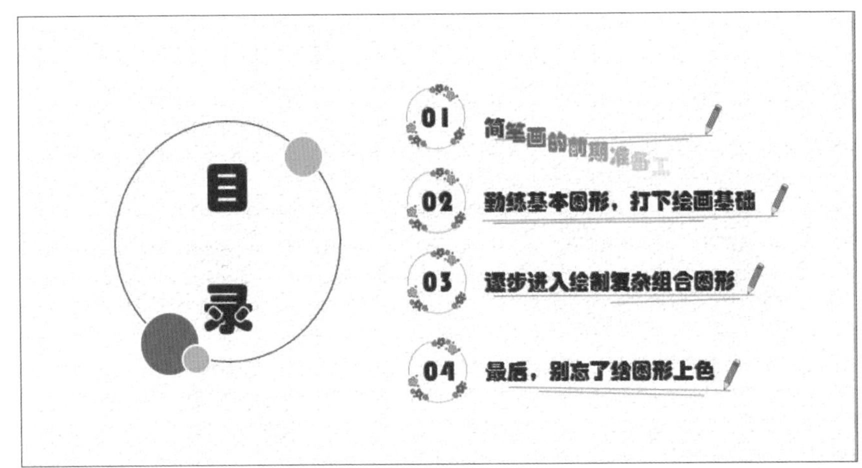

知识加油站：设置动画顺序

在动画添加完成后，如果想要重新调整动画的先后顺序，该怎么办？在“动画”选项卡中，单击“动画窗格”按钮，在相应的窗格中，选择要调整的动画项，单击窗格右上角上三角或下三角按钮即可调整其动画放映顺序。我们也可以在“动画”选项卡的“计时”选项组中，单击“向前移动”或“向后移动”按钮进行调整。

Step 08 将铅笔图形添加“擦除”效果。选择“01”外侧的小圆图形，在“动画”选项卡中，单击“动画刷”按钮，然后选中“02”外侧的小圆圈，完成动画的复制操作。

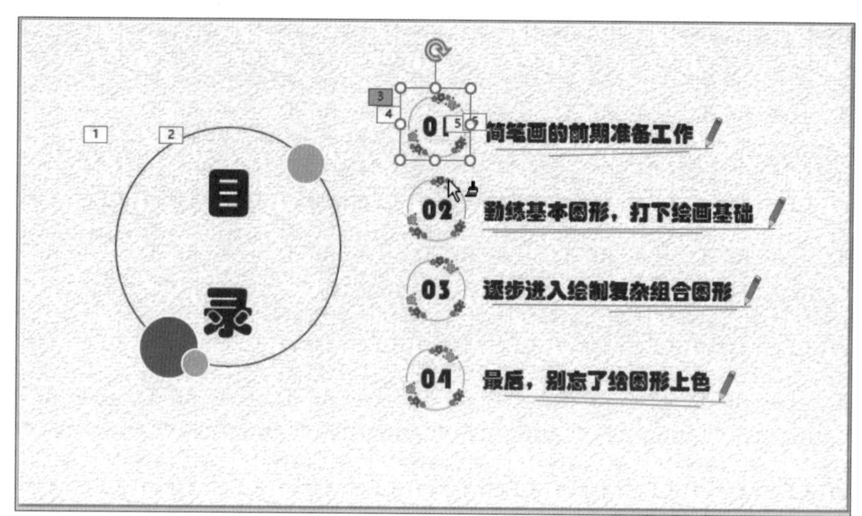

Step 09 按照这样的操作，将“01”目录项的动画，依次复制到“02”、“03”、“04”目录项上，完成所有动画的添加操作。

本书后面特意安排了几章简笔画的相关内容，如果大家感兴趣的话，可以一起跟着画。画好后，我们可以把这些简笔画素材运用到相关PPT主题中。这样一来，制作一份属于自己风格的PPT，便不再是难事！

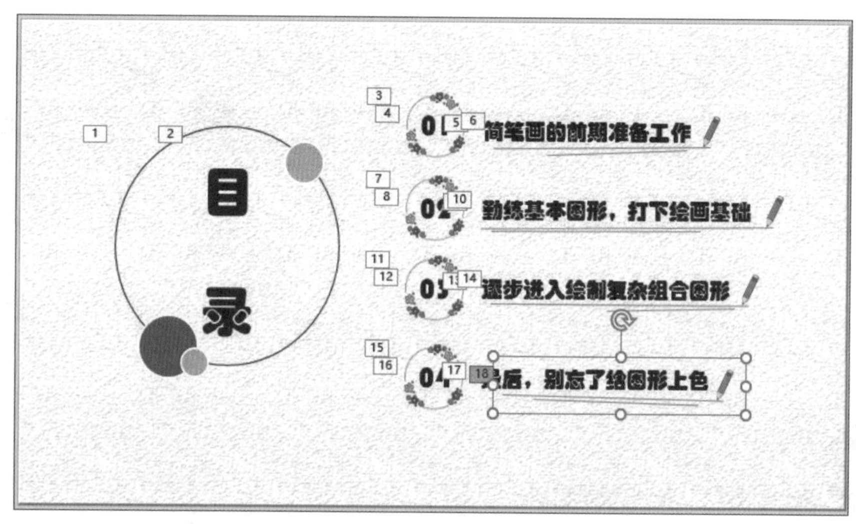

按F5快捷键播放刚添加的动画。此时播放动画，需要通过单击鼠标来完成动画放映操作。也就是说单击一次鼠标，播放第1个动画，然后再单击一次鼠标，播放第2个动画。这样的动画不连贯，那怎样才能让系统自动按照动画顺序自动播放动画呢？小德子会在下一个案例中来讲解。

02 创建流程图动画

在日常工作中，经常会看到一些比较复杂的流程图、关系图，这类图如果在没有人讲解的情况下，观众是很难自己消化的。其实遇到这类问题时，我们完全可以利用动画来解决。在播放动画时，系统会按照你设定的动画顺序，挨个显示其中的关系项。这样，无需别人讲解，观众自己就能看明白。下面小德子就以财务出纳流程图为例，来介绍动画的具体添加操作。

Step 01 打开原始文件。利用“矩形”和“箭头”形状工具先画出具体的流程图。然后适当的对它进行美化。

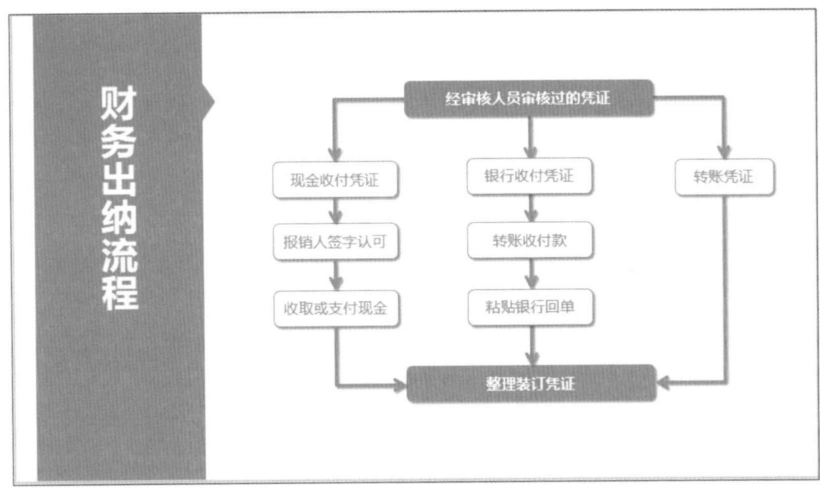

Step 02 选中“经审核人员……”矩形框，在“动画”选项卡的“动画”列表中，选择“劈裂”动画效果，然后单击“效果选项”下拉按钮，从中选择“中央向上下展开”选项。

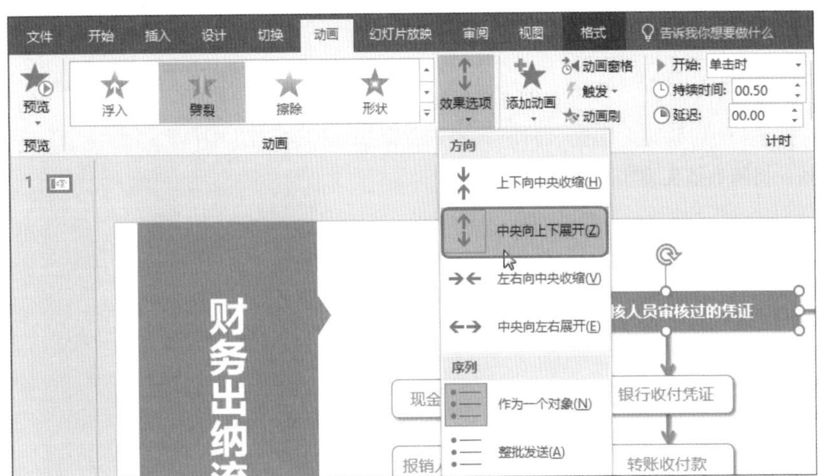

Step 03 选择最左侧的箭头，添加“擦除”动画。然后设置“效果选项”为“自顶部”。

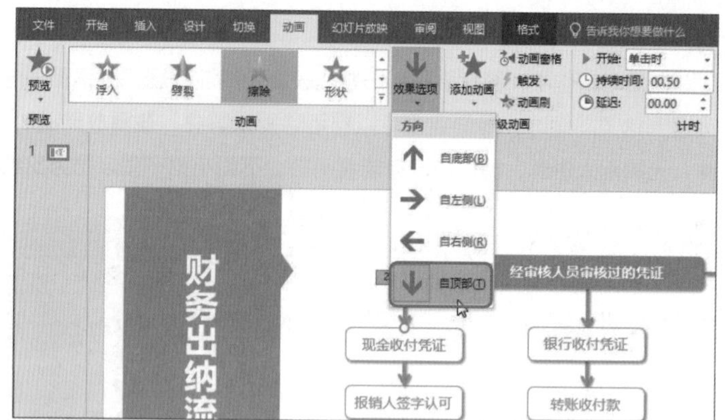

Step 04 选择“现金收付凭证”矩形框，添加“劈裂”动画，其“效果选项”为默认。然后选择下面的箭头图形，添加“擦除”动画，其“效果选项”为“自顶部”。

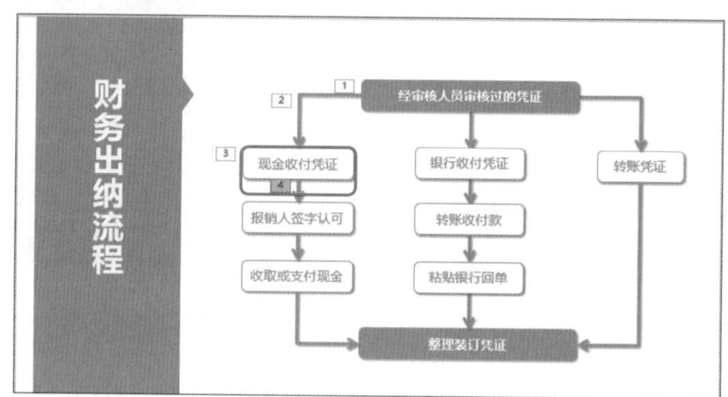

Step 05 使用动画刷功能，将所有矩形框添加“劈裂”动画；将所有箭头添加“擦除”动画。

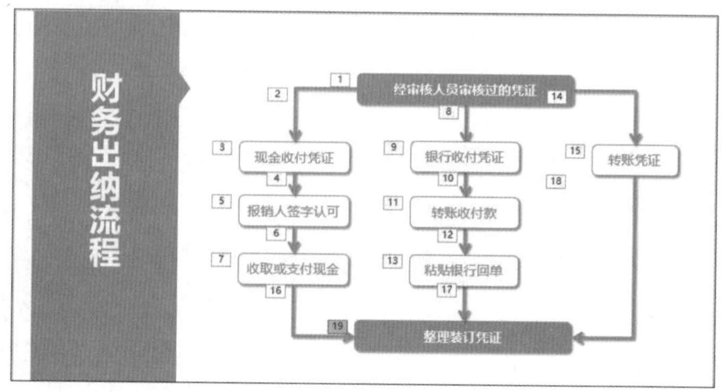

目前，流程图中所有图形的动画都添加完成。下面就对这些动画的参数进行设置，好让动画自己动起来。

Step 01 选择第1个动画矩形，在“动画”选项卡的“计时”选项组中，单击“开始”下拉按钮，从中选择“与上一动画同时”选项。

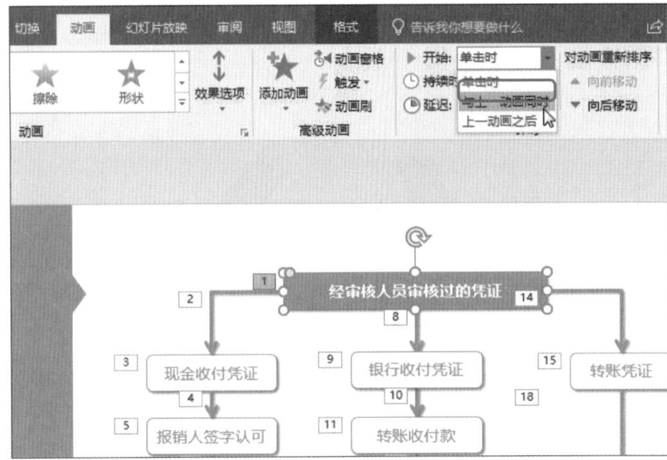

Step 02 选择完成后，原来该动画序号为“1”，设置后，就变成了“0”。而原来动画序号为“2”的，现在变成了“1”。

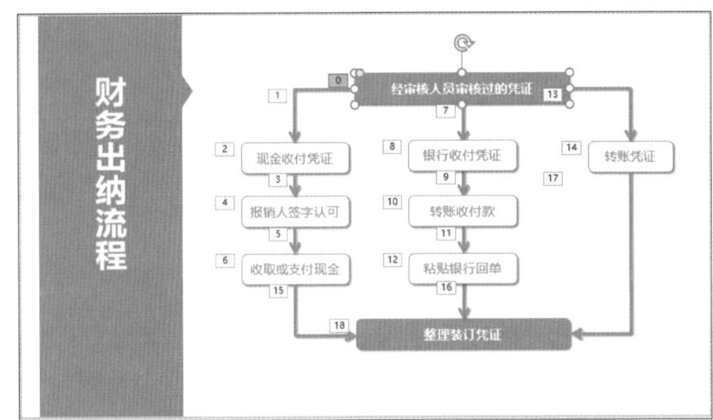

知识加油站：设置动画持续时间

如果想要对动画的播放时间进行设置的话，只需在“计时”选项组中的“持续时间”文本框中，输入所需时间即可。这里小德子需要提醒一句，持续时间越长，PPT文件就越大。在没有特殊要求的情况下，建议默认时间值就好。

Step 03 选中箭头，在“计时”选项组中的“开始”列表中，选择“上一动画之后”。此时动画序号也会变成“0”。

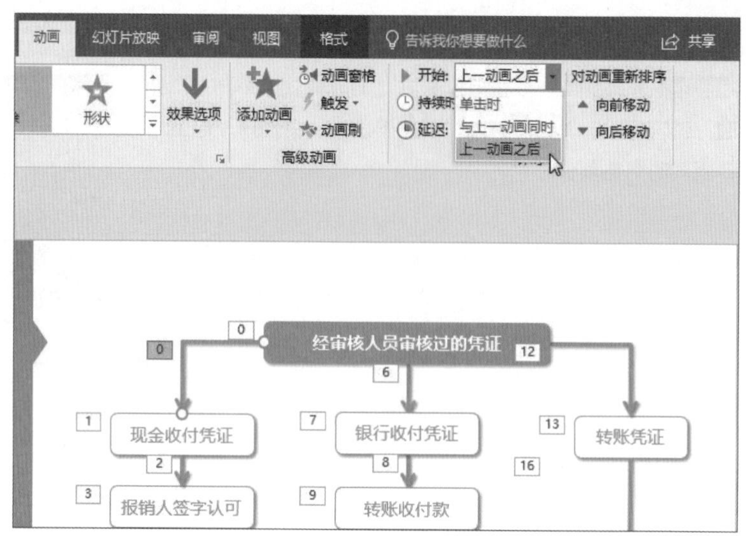

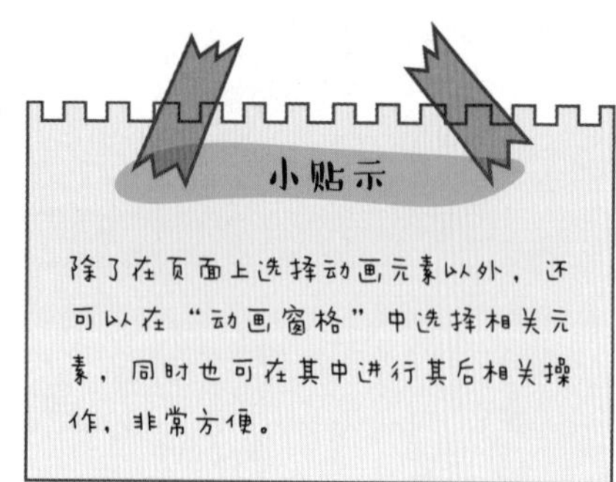

小贴示
除了在页面上选择动画元素以外，还可以在“动画窗格”中选择相关元素，同时也可在其中进行其后相关操作，非常方便。

Step 04 按照原来的动画顺序，将“开始”参数都设为“上一动画之后”。除了最后汇总的两个箭头（中间箭头和右边转折箭头）。

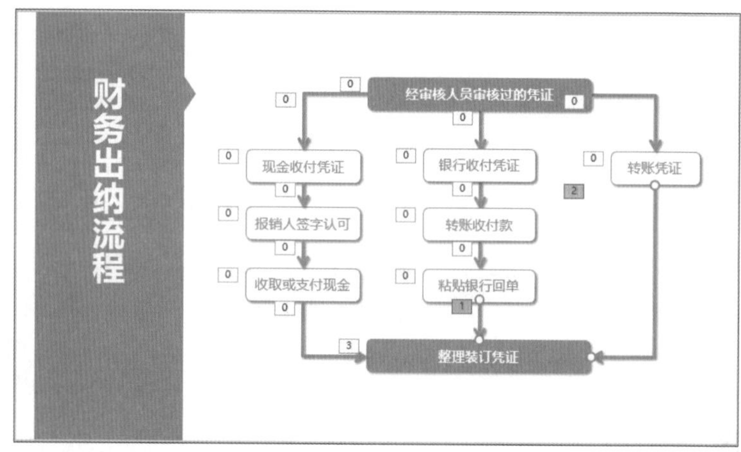

Step 05 将这两个箭头的“开始”参数设置为“与上一动画同时”选项。然后再将“整理装订凭证”矩形动画的“开始”参数设为“上一动画之后”。

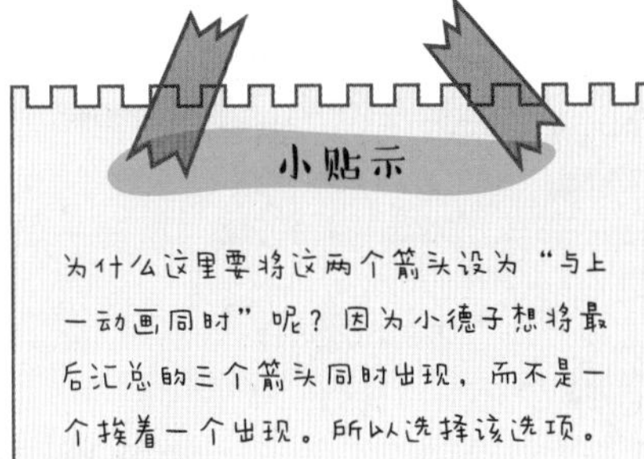

小贴示
为什么这里要将这两个箭头设为“与上一动画同时”呢？因为小德子想将最后汇总的三个箭头同时出现，而不是一个接着一个出现。所以选择该选项。

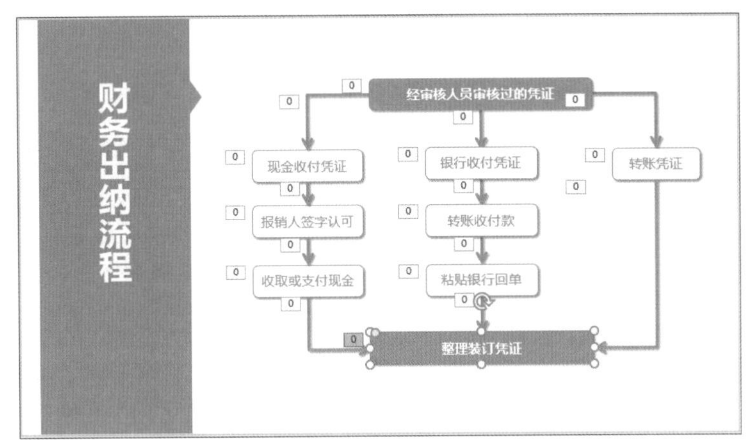

Step 06 至此，所有动画“开始”顺序都设置完成了。按F5键播放幻灯片，这时，系统自动按照刚设定的“开始”顺序自动播发动画。

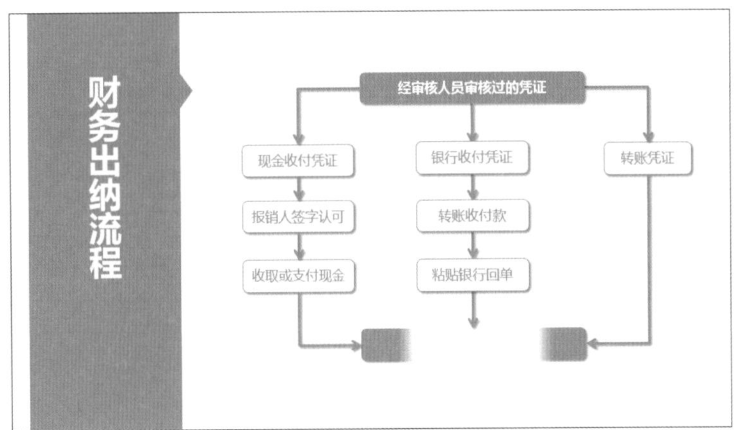

03 创建图片动画

以上介绍了文字动画、流程动画的操作，下面就向大家介绍一下图片动画的添加操作。

Step 01 打开原始文件。选中左边大图，在“动画”列表中，选择“飞入”动画，将“效果选项”设为“自左侧”。

知识加油站：设计灵感功能

说到“设计灵感”功能小德子认为确实是一项很实用的功能。它可以给你提供很多图片版式设计的思路。将多张图片一起添加到幻灯片中，系统会自动在右边打开“设计理念”窗格，在该窗格中有多种图片版式，根据需要选择其中一种版式应用到幻灯片中。但需要强调一点，这项功能只在Office 365版本中有，其他版本的Office好像没有这个功能！如果使用的是家庭版或企业版的话，可以根据需要安装一些PPT的小插件，例如PPT美化大师、Onekey等，据说这些插件很受欢迎，使用率也很高！

Step 02 选中页面右上角的图片，将其动画设为“飞入”，“效果选项”设为“自顶部”。将页面右下角的图片动画设为“飞入”，其“效果选项”设为“自右侧”。

Step 03 再次选中左侧大图，然后在“高级动画”选项组中，单击“添加动画”下拉按钮，从中选择“脉冲”动画。就可以在原来的动画的基础上再添加一个“脉冲”动画效果。

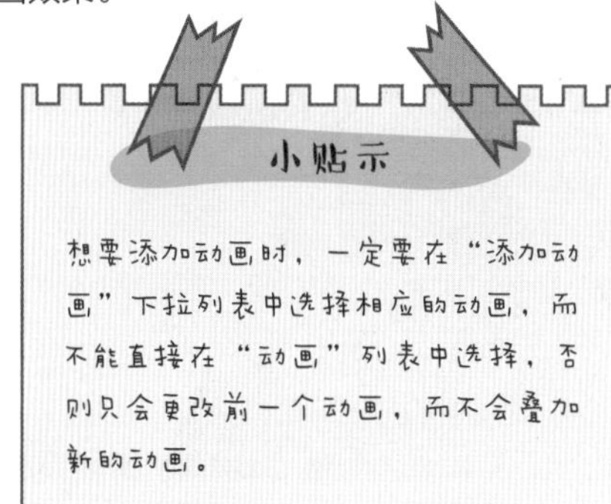

小贴示
想要添加动画时，一定要在“添加动画”下拉列表中选择相应的动画，而不能直接在“动画”列表中选择，否则只会更改前一个动画，而不会叠加新的动画。

Step 04 按照该步骤，将其他两张图片分别添加同样的“脉冲”动画。此时每张图片的左上角都会显示2个序号，这就说明该图片已添加了两个动画。

Step 05 选中右下角的图片，在“添加动画”列表中，选择“淡出”动画。然后将其他两张图片同样添加“淡出”动画。其顺序是先设置右上角的图片，然后再设置左侧大图片。顺序是倒过来的。由此可看见，每张图片的左上角已显示了3个序号。

图片的所有动画已添加完毕，下面就可以设置动画的具体参数了。由于添加的动画类别太多，我们需要在“动画窗格”中设置参数。单击“动画窗格”按钮，就可以打开该窗格。

这里会有三组不同颜色星号标记。其中绿色星号标记为“进入动画”；黄色的为“强调动画”；而红色的就是“退出动画”。

由此可见，在这三张图片中，分别添加了这3类动画。其顺序为先是进入，然后是强调，最后是退出。

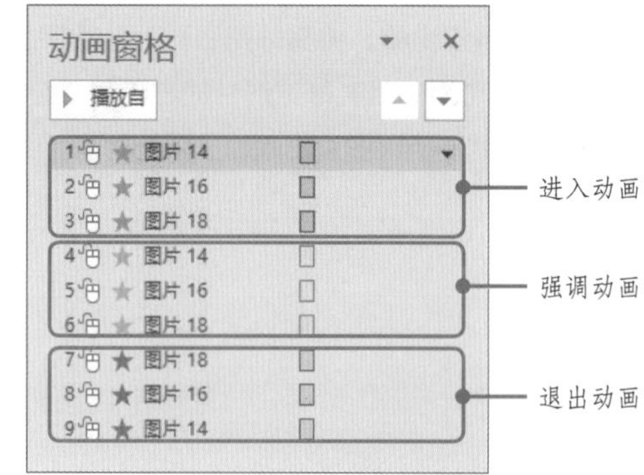

知识加油站：千万不了滥用动画

好多刚入门的新手，一旦他们学会动画后，就喜欢疯狂的在PPT中添加各种动画。特别是遇到把文字添加打字机效果的PPT，那文字一个字一个字的往外蹦。要是只有几个字还好，要是有几千字，这PPT还不得播放一天才结束啊！碰到这类PPT，小德子心碎了一地！在这劝告那些PPT新手，给PPT添加动画是需要分场合的，像那种比较严肃正经场合最好不要添加动画。还有，动画是为内容服务的，只要突显了主题内容，哪怕只有一个动画都是好的。所以动画不在乎数量的多少，而在乎质量上的精益求精！

Step 01 在“动画窗格”中选择进入动画的“图片14”项，在“计时”选项组中，将“开始”设为“与上一动画同时”。

Step 02 将其他进入动画和强调动画的几项“开始”参数都设置为“上一动画之后”。

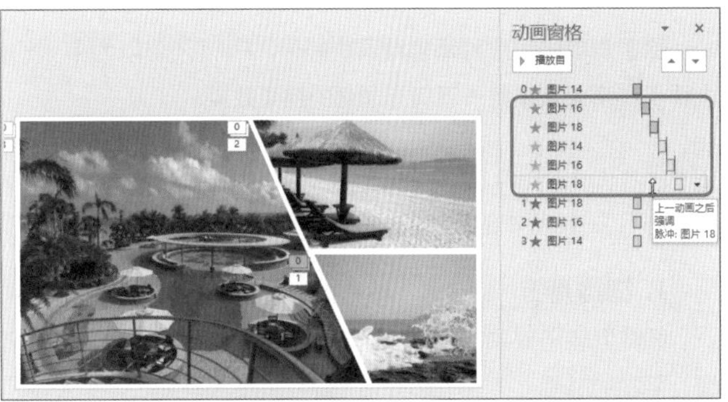

Step 03 将退出动画“图片18”项的“开始”参数保持为默认（单击时），然后将剩余的两项参数都设置为“上一动画之后”。

Step 04 图片动画已经全部设置完成了。按F5键就可以查看设置结果了。

做好转场切换工作

除了对单张幻灯片添加动画功能外，PPT还可以为多张幻灯片之间的转场添加不同的动画。甚至可以实现超链接功能。下面小德子就带大家体验一下转场动画的神奇效果。

01 为PPT设置切换效果

PPT2016版本的切换动画已达到40多种。按照类型划分的话，可分为3大类：细微型、华丽型以及动态内容型。

1. 细微型

细微型转场效果包含了11种基本效果，例如“淡出”、“推进”、“擦除”、“分割”、“显示”等等。这类型的转场效果给人以舒缓、平和的感受。

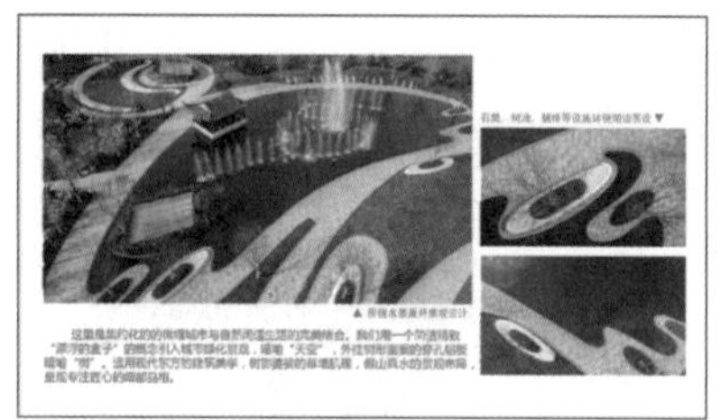

2. 华丽型

华丽型转场动画比较常用。单单它这一种类型就有29种。例如“跌落”、“悬挂”、“溶解”、“蜂巢”、“棋盘”、“翻转”、“门”等。它与细微型相比，其转场动画相对复杂一些，且它的视觉效果更强烈。

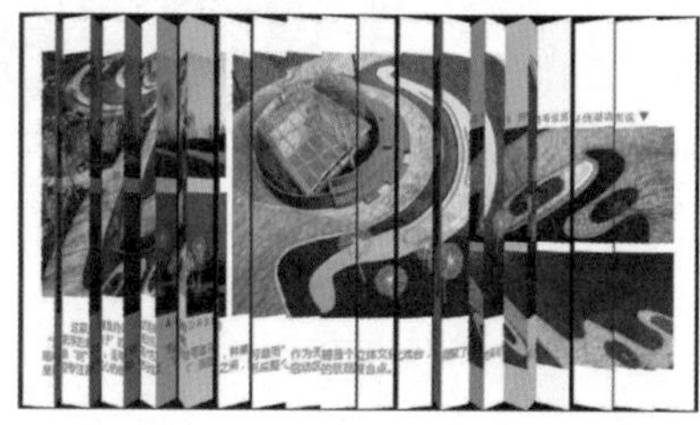

3. 动态内容型

动态内容动画包括“平移”、“摩天轮”、“传送带”、“旋转”、“窗口”、“轨道”和“飞过”这7种转场效果。

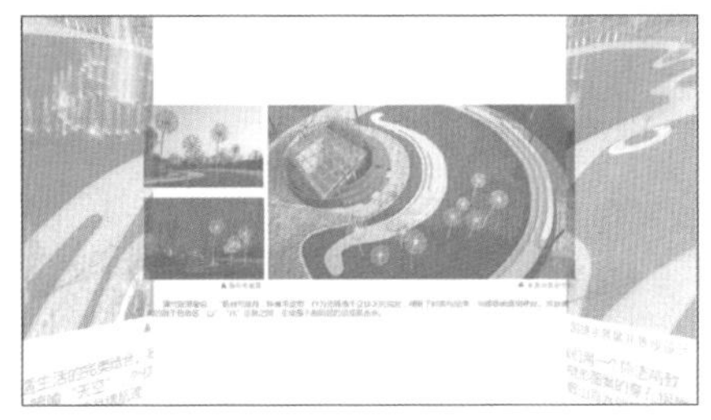

以上介绍的是切换的类型，那如何才能为幻灯片添加这些漂亮的切换效果呢？其实只需要在“切换”选项卡的“切换到此幻灯片”选项组中，单击“其他”下拉按钮，在其下拉列表中选择一款切换效果就可以了。

选择切换效果后，单击“效果选项”下拉按钮，可选择满意的切换效果类型。在“计时”选项组中，我们还可对切换的“声音”、“持续时间”、“换片方式”等参数进行详细设置。

02 链接PPT文档内容

PPT中的动画链接可分为两种，一种是内容链接；另一种是动作链接。内容链接应该不用再解释了；而动作链接就是通过动作按钮将有关联的页面与当前页面进行链接。下面小德子就向大家介绍PPT链接功能的操作。

Step 01 打开原始文件。选中目录页中的“01 健身 · 减肥”文本框。在“插入”选项卡中，单击“链接”下拉按钮，从中选择“插入链接”选项。

Step 02 在“插入超链接”对话框中，选择“本文档中的位置”选项，在“请选择文档中的位置”列表中，选择要链接到的幻灯片。这里选择“幻灯片 2”页面。在右侧窗口中，我们可以确认链接的页面是否正确。

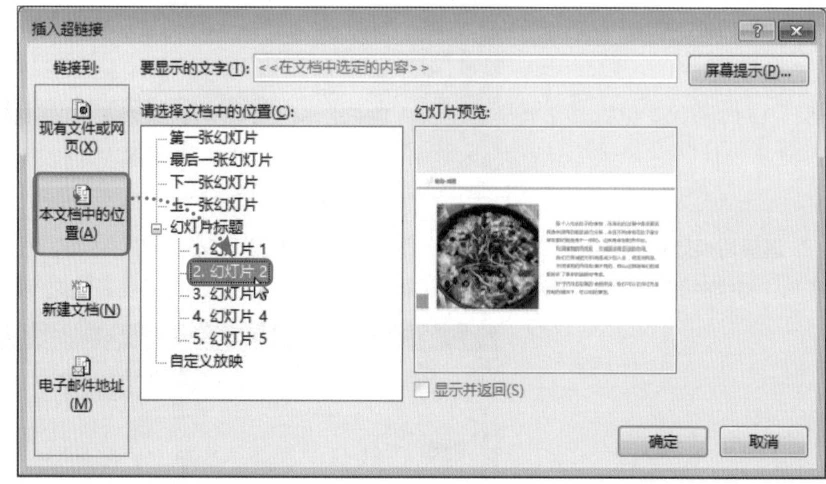

Step 03 单击“确定”按钮，关闭对话框。将光标移动到“健身 · 减肥”文本框上，就会显示链接提示。这就说明已链接成功。按照以上同样的操作，将剩余目录内容链接到相应的内容页上。

到目前为止，PPT内容链接已经制作完成。按F5键开始放映。此时在目录页上，单击任意一条目录内容，就会跳转到相应的内容页。但如果要返回到目录页，该怎么办呢？这时可以加入一个动作链接。

Step 01 在每一张内容页中，添加一个小图标。我们可以使用“形状”工具画一个图标，并设置好它的样式。选中添加的图标，在“插入”选项卡中，单击“链接”下拉按钮，从中选择“动作”选项。

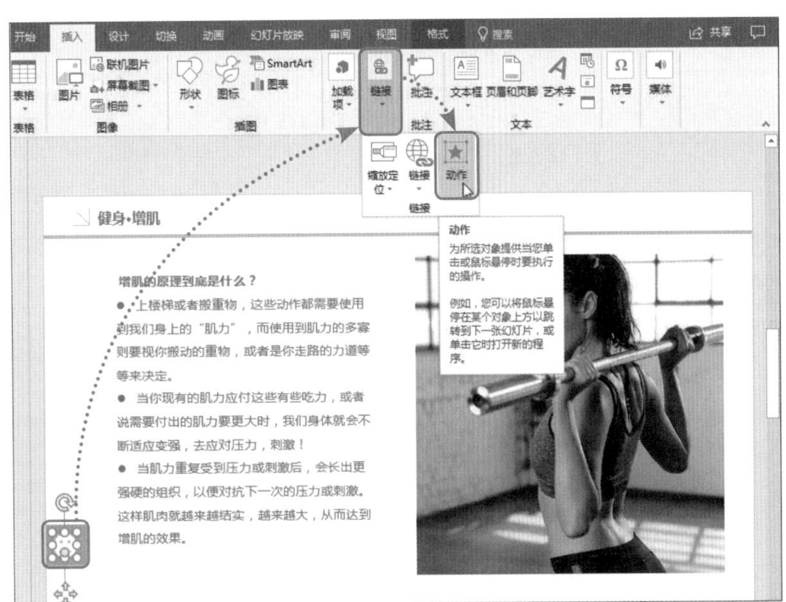

小贴示

本书后半部分为简笔画教程，其主题为工间健身。现在很多人开始注重养生和健身。有了好的身体，才能实现梦想，是不是？！小德子又扯远了，大家可以关注后面的健身简笔画部分，一起跟着动手画画。哪怕是没有绘画基础的朋友都可以，就当作是工作调味剂吧！

Step 02 在打开的“操作设置”对话框中，单击“超链接到”单选按钮，并在其下拉列表中，选择“幻灯片”选项。

Step 03 在“超链接到幻灯片”对话框中，选择目录页幻灯片，然后单击“确定”按钮。

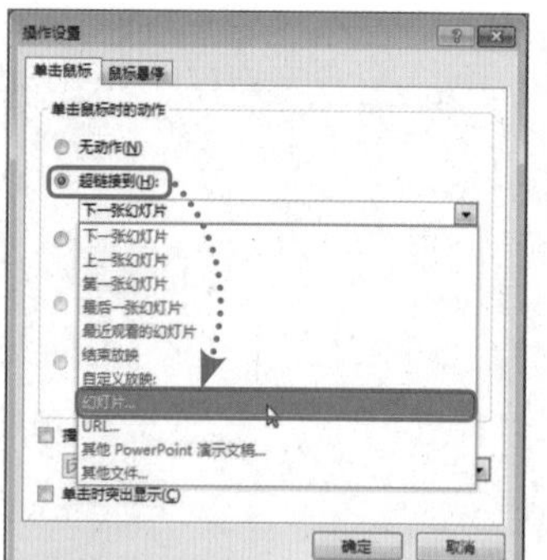

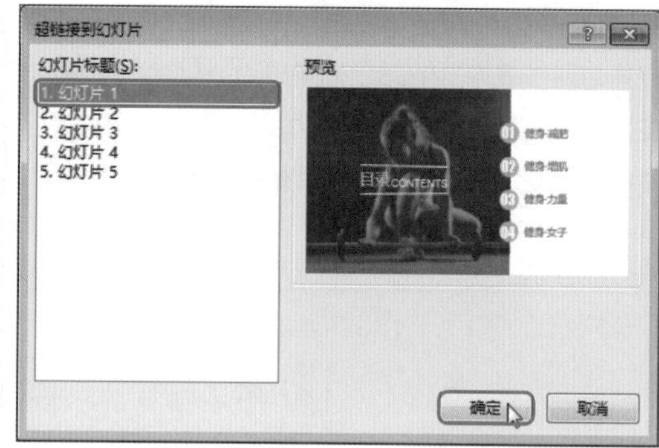

Step 04 将光标移动到链接后的图标上，此时就会显示相关的链接信息。

在“形状”列表中，可以直接选择动作按钮图标。插入该图标后，系统会自动打开“操作设置”对话框，大家可以直接在此对话框中进行相关的链接设置。

Step 05 按照同样的方式，将其他页面中的图标一并添加动作链接。然后按F5键放映，当需要跳转到目录页时，直接单击图标按钮就可以了。

健身·女子

女性的力量肌肉相对来说比男性要弱些。和男生相比，女性可能在学习控制身体上会需要花更多时间，而这也是训练上的一大重点。

学会如何正确的控制身体，保持稳定，将会带来良好的训练成效。有部分的女性学员有运动背景，这会帮助她们缩短学习时间，但并不是每个人都有这样的相关经验，所以我们对于一般女性的训练，建议从最基本，简单的动作去学习。

QUESTION

学习心得

这一课我们学习了PPT动画的基本操作技巧，其中包括动画效果的创建、转场切换效果的创建以及链接PPT内容的操作。通过这一课的学习，大家思考一下，如何创建图表动画呢？大家可以到“德胜书坊”微信公众号以及相关QQ群中进行交流。让我们在轻松快乐的学习氛围中玩转Office吧！

动画虽好，切莫滥用动画！

Chapter 10

大胆的秀出你的方案

学必求其心得，
业必贵其专精

我的方案，我做主

完成PPT文档后，就需要将它放映出来与大家一起交流探讨。如何放映PPT？不要以为只要按F5键就可以放映了。没有那么简单！下面小德子就和大家聊聊PPT放映的那些事吧！

01 了解PPT放映类型

在放映PPT前，我们需要了解一下PPT的放映类型。通常PPT放映类型有4种，分别为“演讲者放映”、“观众自行浏览”、“在展台浏览”以及“联机演示”。

1. 演讲者放映

在做公开演讲、个人报告或讲解某项目方案时，会经常看到演讲者本人对着电脑屏幕，而观众则面对着投影视图，像这种场合使用“演讲者放映”类型是再好不过了。该类型默认是以全屏幕播放的。

你知道吗？其实演讲者本人和观众所看到画面是不一样的。演讲者看到的是PPT显示编辑画面；而观众看到的则是正常放映的画面。这种情况我们称之为双屏显示。

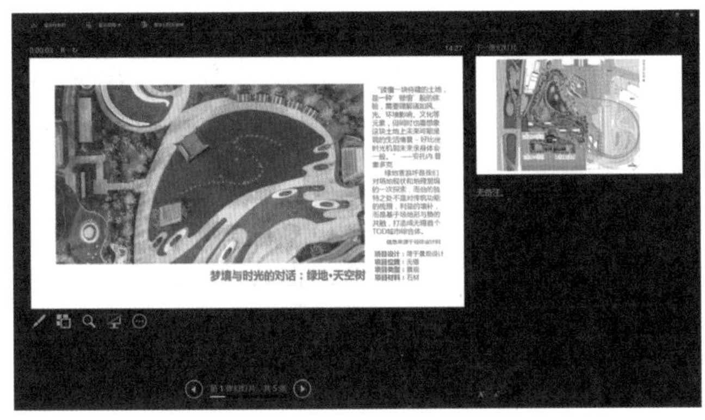

上左图是演讲者本人看到的画面，而上右图就是观众看到的画面。在默认情况下，按F5键可播放幻灯片，不管是演讲者本人还是观众，看到的画面都是PPT放映状态。而为了方便演讲者在放映PPT时调整幻灯片的放映内容和顺序，我们可以将演讲者本人的画面设置成演示者视图。这样一边投影，一边编辑，避免了中断放映的尴尬状态。

那么如何设置双屏放映模式呢？简单，只需要在“幻灯片放映”选项卡中，勾选“使用演示者视图”复选框后就可以了。

小德子需要提醒一句，勾选了“使用演示者视图”复选框后，只有在连接了投影仪，按F5键，才会以双屏模式显示。否则该选项无效。

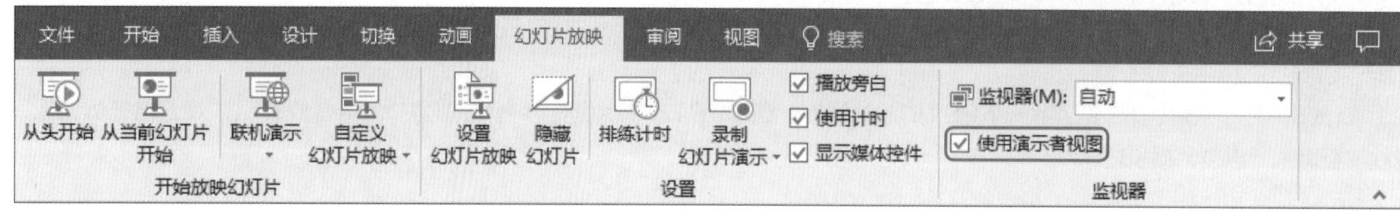

在正常放映模式下，晃动鼠标就会发现在页面左下角会显示6个按钮图标，分别为“前翻页”、“后翻页”、“墨迹书写”、“多页浏览”、“局部放大”以及“其他选项”。单击这些按钮，可对当前幻灯片进行一系列的设置操作。

2. 观众自行浏览

观众自行浏览就是让观众自己操控PPT，想怎么看就怎么看。它与演示者放映模式最大的区别在于幻灯片的交互性。我们经常会看到在一些大型商场、博物馆或图书馆等公共空间显眼位置，会放置一个触摸屏装置。在此可以通过单击页面的动作按钮或超链接，来选择想了解的一些内容。这就属于“观众自行浏览”类型。但需要提醒的是，像这类PPT需要添加大量的动作按钮或超链接，以方便观众自己浏览。

3. 展台浏览

该类型与其他类型最大的区别就是自动放映幻灯片，放映的过程中不用人为控制，按Esc键退出放映。在一些大型的宴会或庆典场合中，该放映类型还是比较常用的。那问题来了，如何才能让幻灯片自己换片呢？答案很简单，只需要为每张幻灯片设置自动换片的时间就可以了。

在“切换”选项卡的“计时”选项组中，去掉勾选“单击鼠标时”复选框，勾选“设置自动换片时间”复选框，然后在后面的文本框中输入时间参数就好了。

单击“应用到全部”按钮，可以统一设置所有幻灯片时间。当然我们也可以挨个设置每张幻灯片的时间。

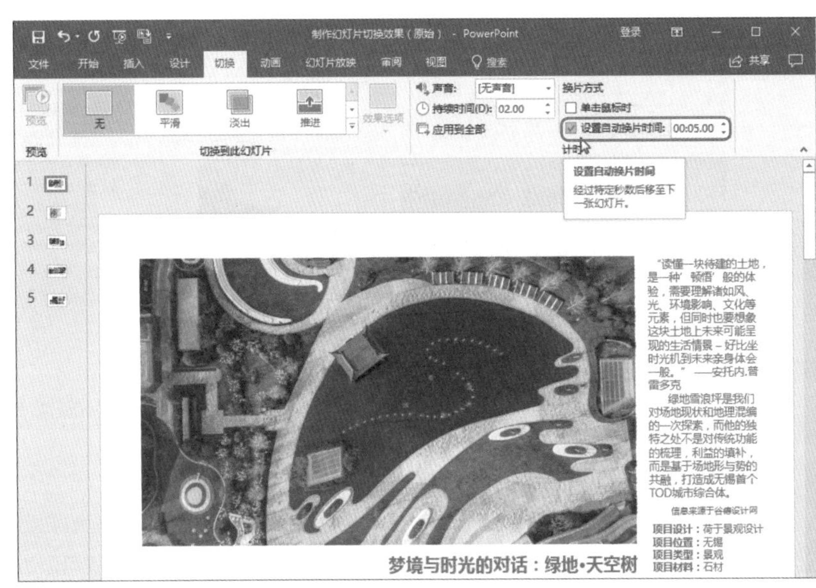

除了使用“设置自动换片时间”的方法外，还可以使用“排练计时”功能让幻灯片自动换片播放。在“幻灯片放映”选项卡中，单击“排练计时”按钮，在打开的“计时”界面中，可以通过“录制”对话框的相关按钮来控制幻灯片换片时间。具体操作小德子就不详细介绍了，大家可以自行去体验一下。

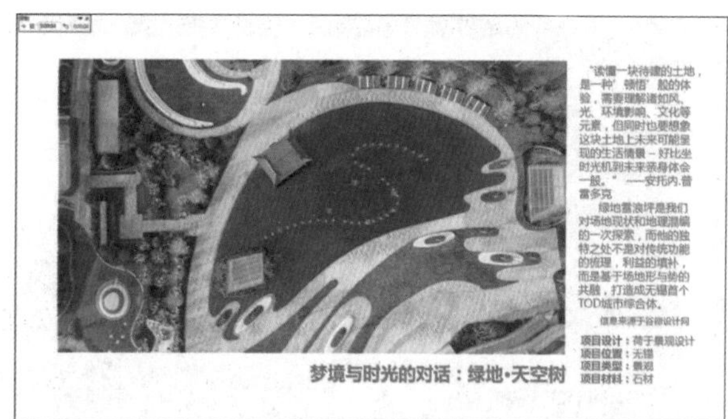

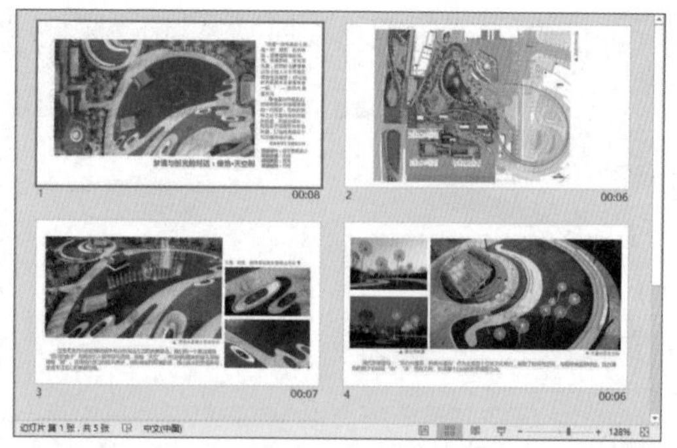

以上3种类型都可以通过“设置放映方式”对话框来设置。在“幻灯片放映”选项卡中，单击“设置幻灯片放映”按钮，在“设置放映方式”对话框的“放映类型”选项组下，根据需要选择相应的放映类型即可。

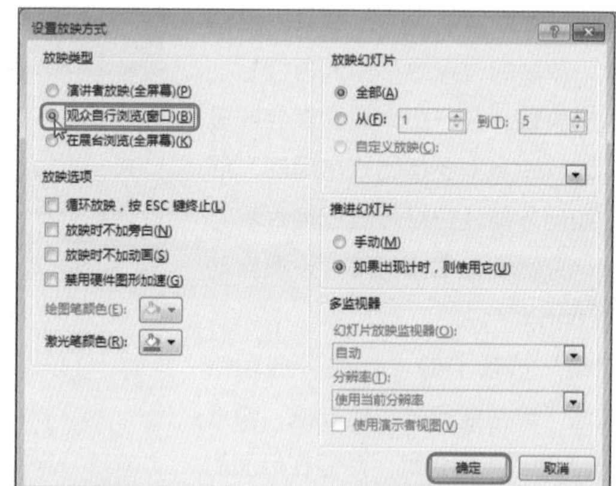

4. 联机演示

联机演示类型是要将PPT通过一个公共链接地址，发送给远程观众。收到链接的观众，无论使用手机、平板还是电脑，只需在其浏览器中粘贴链接地址，既可以观看联机演示了。

在“幻灯片放映”选项卡中，单击“联机演示”按钮，在打开的“联机演示”界面中，单击“连接”按钮，进入联机状态，系统会提供一个链接地址，将链接地址发送给所需的人就可以了。

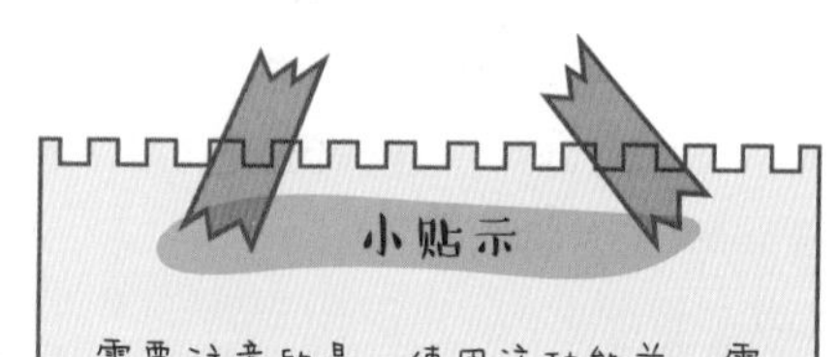

小贴示
需要注意的是，使用该功能前，需要先登录微软账号，才能实现联机操作。否则将无法启动该功能。

02 放映PPT

按F5键是放映PPT最快捷的方法。该方法是从头开始放映PPT，那如果想要从某张幻灯片开始放映的话，可以先按F5键进入放映状态，然后按下页码数字（你要从哪一页开始放映的页码），最后同时按“+”和“Enter”键就可以立即跳转到所需幻灯片开始放映。

在放映过程中，如果想要隐藏一些幻灯片不被放映的话，该如何处置？答案是隐藏幻灯片。

选择所需幻灯片，在“幻灯片放映”选项卡中，单击“隐藏幻灯片”按钮，此时被选中的幻灯片序号上就会显示“\”，说明该幻灯片将不会被放映。再次单击“隐藏幻灯片”按钮，就可以取消隐藏。

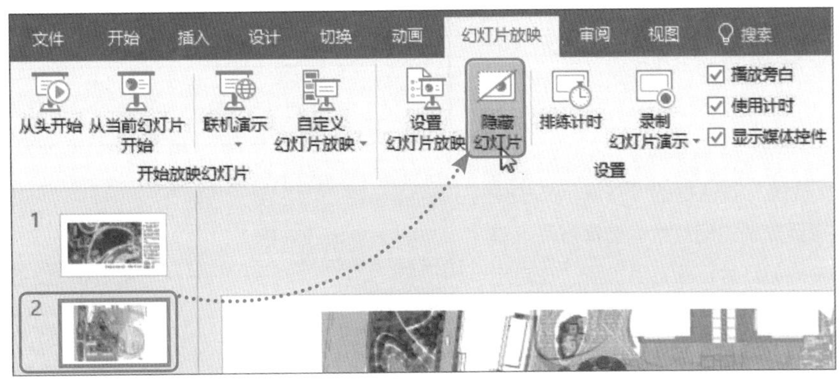

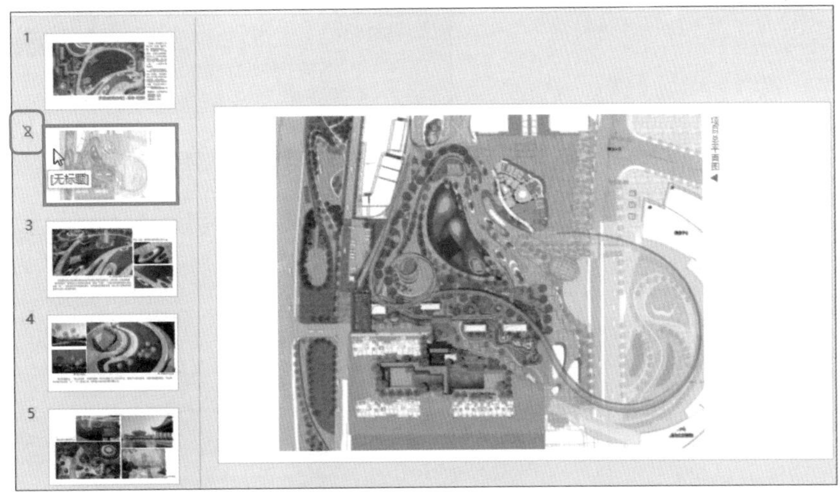

隐藏幻灯片的方法只限于幻灯片数量较少的情况下使用。一旦幻灯片超过10张以上，该方法使用起来就比较麻烦。遇到这种情况的话，我们应该果断采取“自定义幻灯片放映”功能来解决。

Step 01 在“幻灯片放映”选项卡中，单击“自定义幻灯片放映”下拉按钮，选择“自定义放映”选项。在打开的“自定义放映”对话框中，单击“新建”按钮。

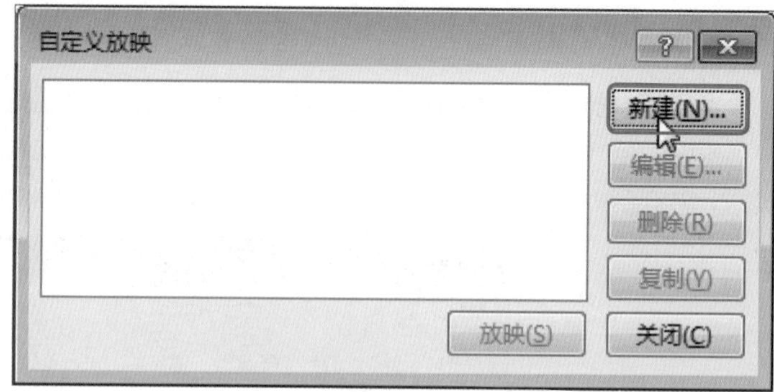

Step 02 在“定义自定义放映”对话框的“在演示文稿中的幻灯片”列表中，选择要放映的幻灯片。选择好后，单击“添加”按钮，被选中的幻灯片已全部添加到“在自定义放映中的幻灯片”列表中。

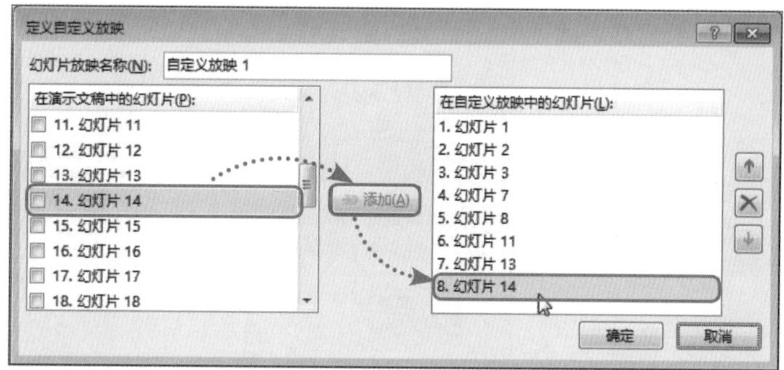

Step 03 单击“确定”按钮，返回到上一层对话框。单击“放映”按钮就可以按照设置的顺序进行放映了。

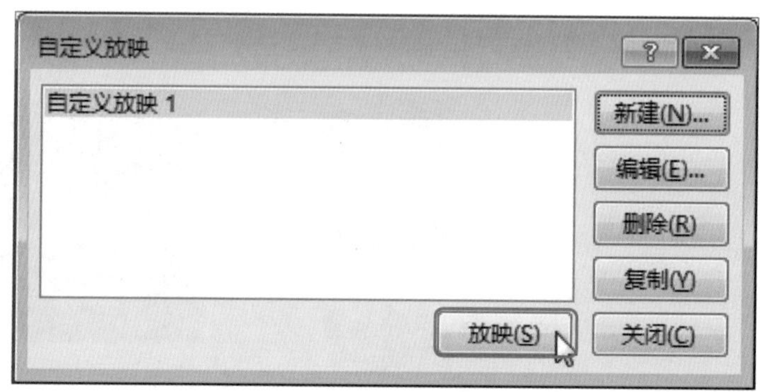

知识加油站：调整幻灯片放映的顺序

在“定义自定义放映”对话框中，还可以根据需要调整幻灯片的放映顺序。在“自定义放映中的幻灯片”列表中，选定幻灯片，通过单击↑或↓来调整该幻灯片的顺序。如果单击✕则为删除操作。

方案展示多元化

PPT文稿可以通过多种形式展现出来，例如图片、视频、放映模式等。下面小德子就向大家介绍几种常见的输出方式。

01 合并多个PPT文档

在Word章节中，小德子曾介绍过如何将多个Word文档合并成一个文档的操作。PPT也不例外，多人协作完成一个项目，难免会出现多个文档合并的问题。那在PPT中遇到这类问题，该怎么做呢？大家接着往下看！

Step 01 打开其中一个PPT文档，将光标定位到要插入其他PPT文档的位置。

Step 02 在“开始”选项卡中，单击“新建幻灯片”下拉按钮，从中选择“重用幻灯片”选项。

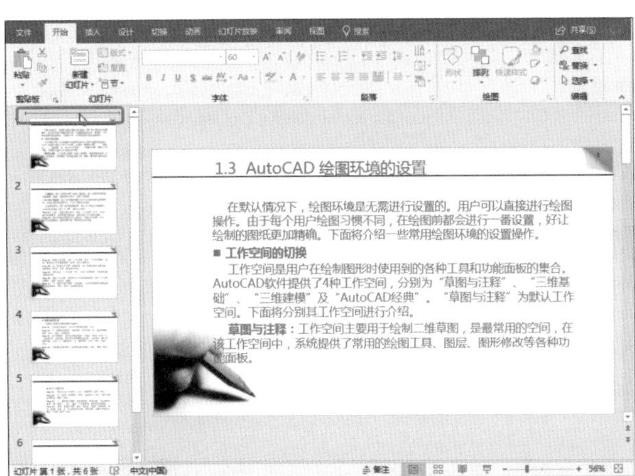

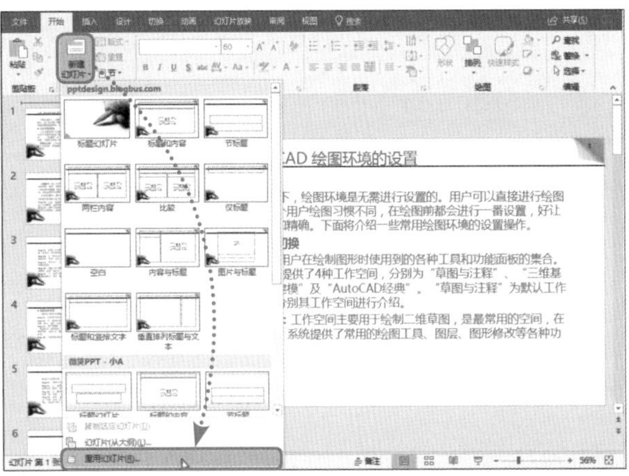

Step 03 在“重用幻灯片”窗格中，单击“浏览”下拉按钮，然后在下拉列表中，选择“浏览文件”选项。

Step 04 在“浏览”对话框中，选择一个要添加的PPT文档。

Step 05 单击“打开”按钮，此时被选中的PPT文档已添加到“重用幻灯片”窗格中。在此勾选“保留源格式”复选框。然后在该窗格中，右击任意一张幻灯片，在快捷菜单中，选择“插入所有幻灯片”选项。

Step 06 选择完成后，“重用幻灯片”窗格中的所有幻灯片已全部插入到当前PPT文档中。

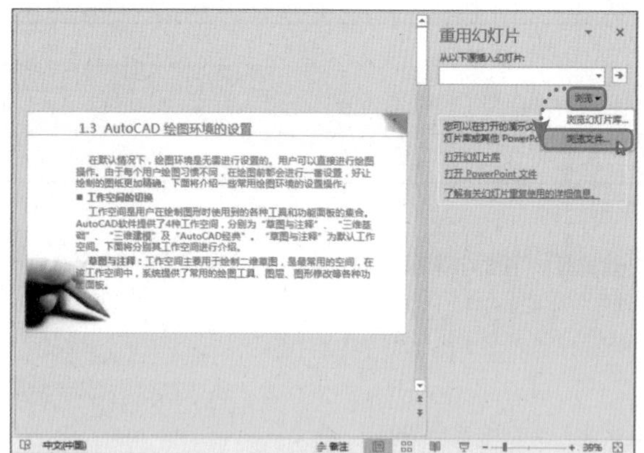

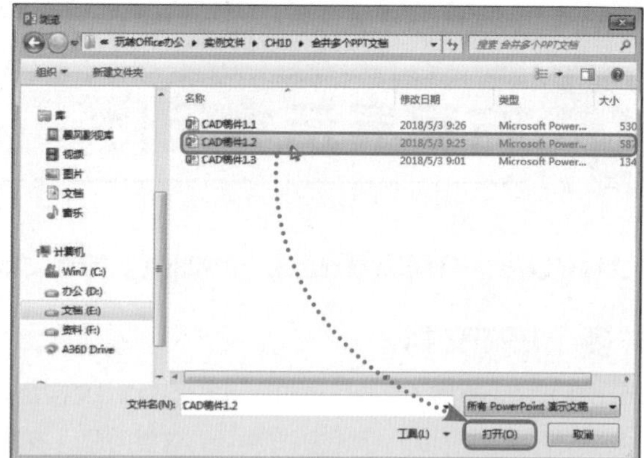

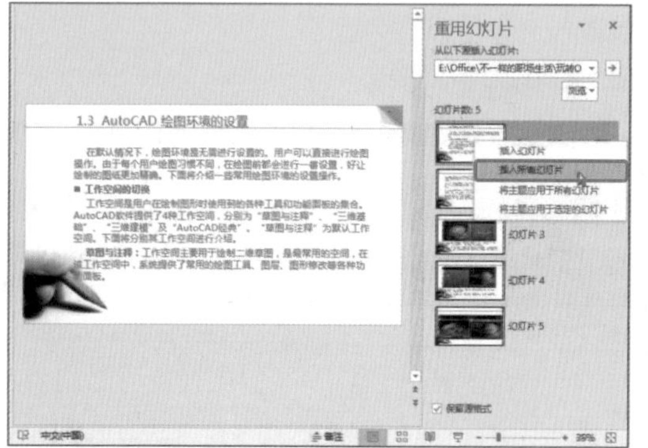

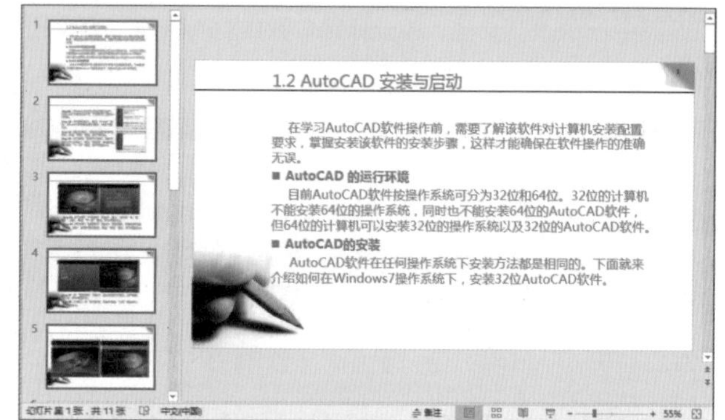

Step 07 按照同样的操作方法，将其他PPT文档都插入到当前PPT中。

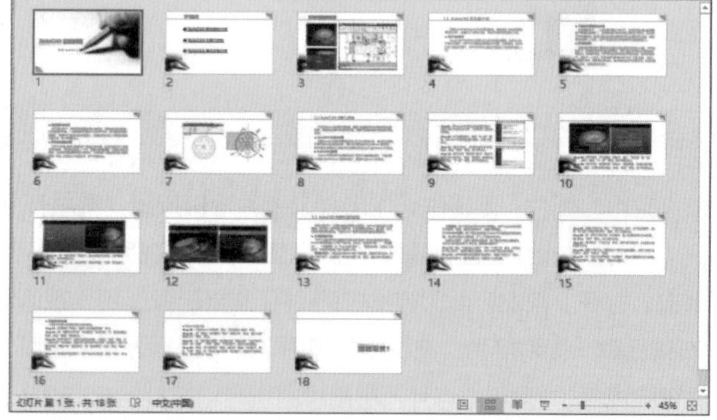

02 让别人无法修改你的方案

PPT做好后，如果不想让别人轻易的改动，常用的做法是给PPT加密。该方法有个缺点，一旦别人知道密码后，想要修改PPT那也是很容易的事。而且自从加密后，每次打开PPT文档都要输入密码才可，自己也不例外。这里，小德子教大家几种方法，让别人只能看，不能改！

1. 将PPT以图片的形式展示

在保存PPT时，可以将PPT以图片的形式保存，这样打开PPT后，所有幻灯片都以图片形式显示，别人只能观看，不能更改其内容。

在“文件”菜单中，选择“另存为”选项，然后再单击“浏览”按钮，在打开的“另存为”对话框的“保存类型”列表中，选择“PowerPoint图片演示文稿”选项，单击“保存”按钮，最后在打开的提示框中单击“确定”按钮即可。

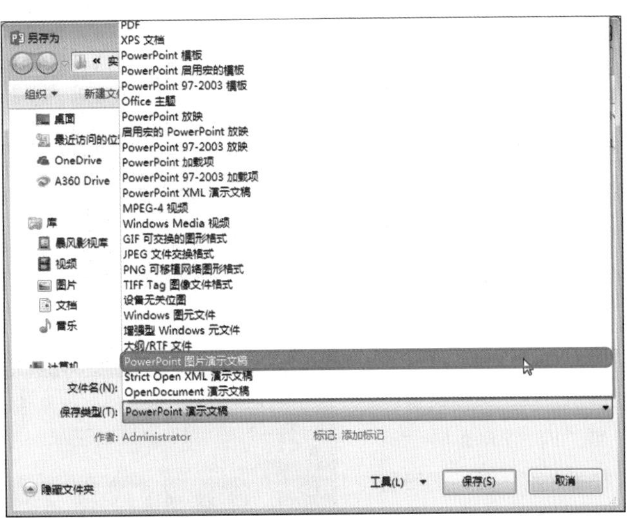

知识加油站：其他图片类型

在“保存类型”中，我们也可以选择其他图片的保存类型，例如“JPEG文件交换格式”、“PNG可移植网络图形格式”等。通过这些类型保存出来的文件，是以单张图片的形式显示。也就是说只能用图片查看器才能查看。而上文所提到的“PowerPoint图片演示文稿”文件类型，还是以PPT默认格式保存，并可以用PPT软件打开。

2. 将PPT以PDF的形式展示

将PPT保存成PDF的操作与保存成图片的操作相似，在“另存为”对话框的“保存类型”列表中，选择“PDF”选项，然后单击“保存”就可以了。此时被保存的PPT文档只能用PDF阅读器才能打开查看。

3. 将PPT以放映模式展示

将PPT保存成放映模式，该方法很少有人用。其具体的操作方法与以上2种方法相似，只需在“保存类型”列表中，选择“PowerPoint放映”选项，单击“保存”按钮即可。此时被保存的PPT再次打开时，就直接以放映模式展示了。别人想更改里面的内容，都无从下手。

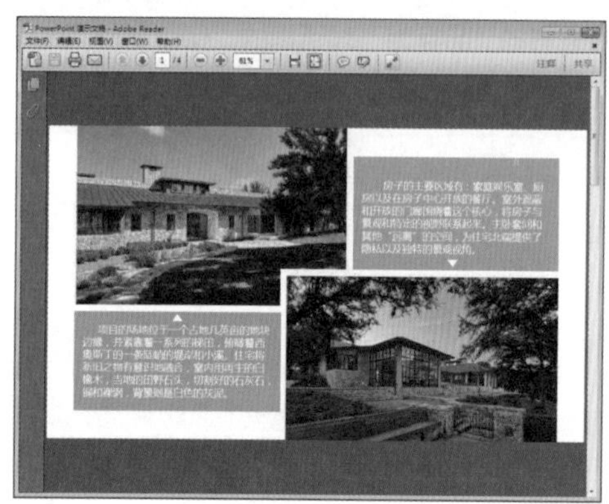

4. 将PPT以视频模式展示

如果想要将PPT以视频的形式展示，在“保存类型”列表框中，选择“MPEG-4视频”或“Windows Media视频”选项，单击“保存”按钮。稍等片刻，当“正在制作视频”的进度条满格后，方可完成保存操作。

03 将PPT整装打包

制作一个PPT难免会使用到很多素材，如果需要别人帮忙修改PPT稿件，那所用到的素材文件都要全部打包给别人。使用普通打包的方法可能会漏掉一两个素材文件，从而会影响到PPT的正常操作。为了保险起见，小德子就教大家一招，保证让你的PPT在任何地方都能够正常运行，哪怕是没有安装Office软件的情况下，也可以查看！

Step 01 打开所需PPT，在“文件”菜单中，选择“导出”选项，在“导出”页面中，选择“将演示文稿打包成CD”选项，并单击“打包成CD”按钮。

Step 02 在“打包成CD”对话框中，重命名文件，然后单击“复制到文件夹”按钮。在打开的“复制到文件夹”对话框中，单击“浏览”按钮。

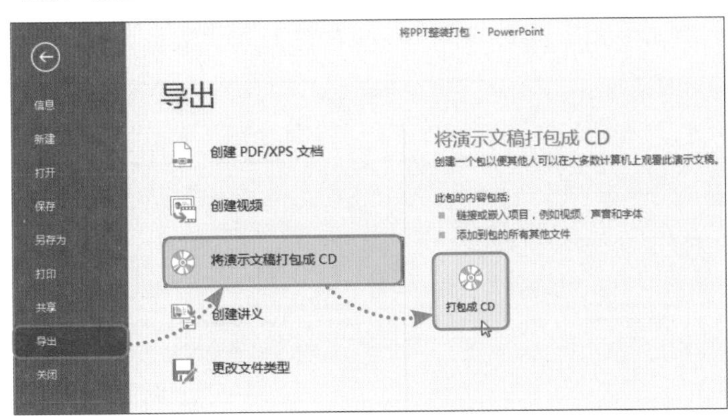

Step 03 在“选择位置”对话框中，设置好保存位置，单击“选择”按钮。返回上一层对话框，依次单击“确定”按钮，完成打包操作。系统会自动打开打包文件夹，这里会显示所有的打包文件。将这个文件夹发送给其他人，就OK了。

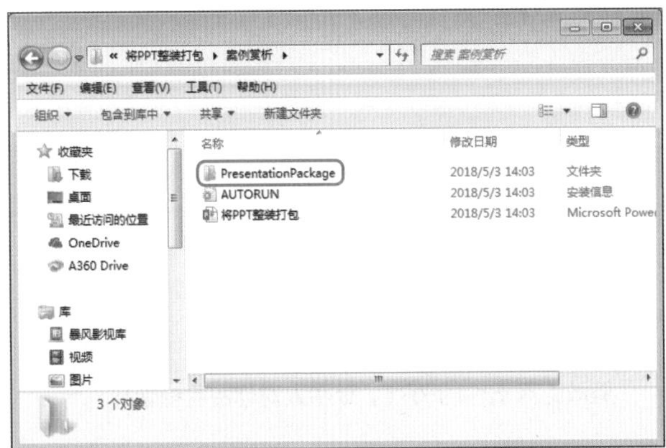

知识加油站：在没有Office的情况下查看PPT

如果电脑中没有安装Office，那么只需要在以上所说的打包文件夹中，双击第1个文件夹，在其中打开网页格式的文件，下载一个专门的查看器就可以查看了。

QUESTION

学习心得

这一课我们学习了PPT输出的基本操作，其中包括PPT的放映和输出内容的操作。通过这一课的学习，大家思考一下，PPT还可以转换成什么格式？大家可以到“德胜书坊”微信公众号以及相关QQ群中进行交流。让我们在轻松快乐的学习氛围中玩转Office吧！

勇敢的秀出你的PPT，让别人对你刮目相看！

SPEED UP

健身工间

OFFICE 达人速成记

不一样的职场生活

德胜书坊 著

中国青年出版社

图书在版编目（CIP）数据

Office达人速成记＋工间健身 / 德胜书坊著. — 北京：中国青年出版社，2019.1
（不一样的职场生活）
ISBN 978-7-5153-5336-4
I.①O… II.①德… III. ①办公自动化－应用软件
IV. ①TP317.1
中国版本图书馆CIP数据核字（2018）第228599号

不一样的职场生活——
Office达人速成记＋工间健身
德胜书坊 著

出版发行：中国青年出版社
地　　址：北京市东四十二条21号
邮政编码：100708
电　　话：（010）50856188／50856199
传　　真：（010）50856111
企　　划：北京中青雄狮数码传媒科技有限公司
策划编辑：张　鹏
责任编辑：张　军
封面设计：张旭兴
印　　刷：北京凯德印刷有限责任公司
开　　本：889 x 1194 1/24
印　　张：10
版　　次：2019年3月北京第1版
印　　次：2019年3月第1次印刷
书　　号：ISBN 978-7-5153-5336-4
定　　价：59.90 元
（附赠独家秘料，获取方法详见封二）

本书如有印装质量等问题，请与本社联系
电话：（010）50856188 / 50856199
读者来信：reader@cypmedia.com
投稿邮箱：author@cypmedia.com
如有其他问题请访问我们的网站：http://www.cypmedia.com

工间健身

OFFICE达人速成记

序言 Preface

为你的职场生活添上色彩！

本系列图书所涉及内容

职场办公干货知识+简笔画/手帐/手绘/健身，

带你体验不一样的职场生活！

《不一样的职场生活——Office达人速成记+工间健身》

《不一样的职场生活——PPT达人速成记+呆萌简笔画》

《不一样的职场生活——Excel达人速成记+旅行手帐》

《不一样的职场生活——Photoshop达人速成记+可爱手绘》

本系列图书特色

市面上办公类图书都会有以下通病：

理论多，举例少——讲不透！

解析步骤复杂、冗长——看不明白！

本系列书与众不同的地方：

多图，少文字——版式轻松，文字接地气！

从实际应用出发，深度解析——超级实用！

微信+腾讯QQ——多平台互动！

干货+手绘/简笔画——颠覆传统！

更适合谁看？

想快速融入职场生活的职场小白，**速抢购！**

想进一步提高，但又不愿报高价培训班的办公老手，**速抢购！**

想要大幅提高办公效率的加班狂人，**速抢购！**

想用小绘画丰富职场生活但完全零基础的手残党，**速抢购！**

附赠资源有什么？

你是不是还在犹豫，这本书到底买的**值不值？**

非常肯定地告诉你：六个字，**值！超值！非常值！**

简笔画/手帐/手绘内容将以图片的形式赠送，以实现“个性化”定制；

Word/Excel/PPT专题视频讲解，以实现“神助攻”充电；

更多的实用办公模板供读者下载，以提高工作效率；

更好的学习平台（微信公众号ID：DSSF007）进行实时分享！

更好的交流圈（QQ群：498113797）进行有效交流！

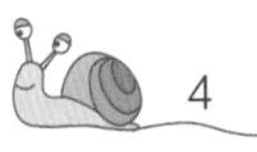

系列书使用攻略

德胜书坊
在看什么，笑得这么开心？
不一样的职场生活
这本书很有趣！讲解了更多的办公干货，还附赠了简笔画教程。
职场办公干货知识
Excel PS PPT Word
+
简笔画
呆萌人物、Q版表情、手帐元素
=
不一样的职场生活
办公知识超实用，办公效率大大提高！
简笔画呆萌可爱，可以放松心情~
不一样的职场生活系列丛书共有四本
Office办公达人速成记 + 工间健身
PT达人速成记 + 萌简笔画
oshop达人速成记 + 可爱手绘
Excel数据分析达人速成记 + 旅行手帐
真是给我这种职场小白指明了方向！

目录 CONTENTS

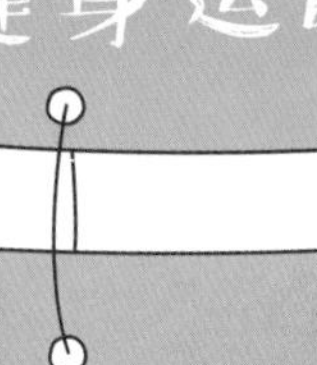

健身运动友情提醒小广播

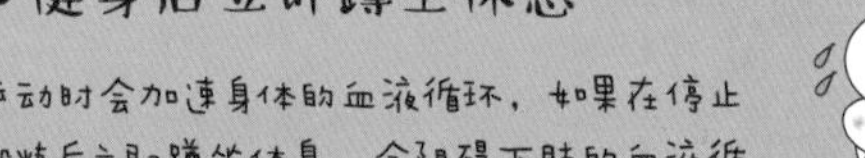

• 健身后立即蹲坐休息

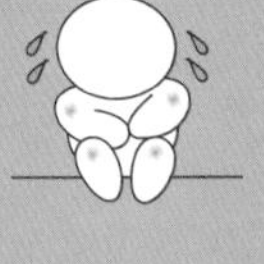

运动时会加速身体的血液循环，如果在停止锻炼后立即蹲坐休息，会阻碍下肢的血液循环，不仅让肌肉得不到休息和恢复，还会使肌肉更加疲劳。

• 健身后大量饮水

运动往往会使人大汗淋漓，随着大量水分的消耗，运动后总会有口干舌燥、急需喝水的感觉，此时若大量饮水会使身体排汗增加导致体内盐份的流失，严重的话有可能会导致肌肉痉挛。

• 健身后吹空调／洗冷水澡

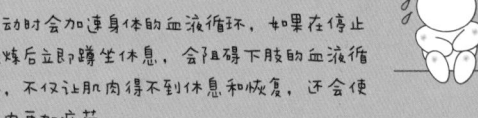

健身后应该等体表温度恢复正常，再吹冷风或冲凉，否则会使免疫功能下降、腹泻、哮喘等病症。

• 健身后抽烟

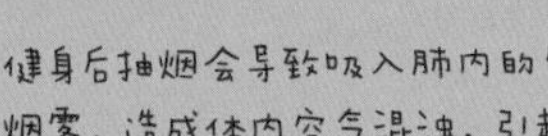

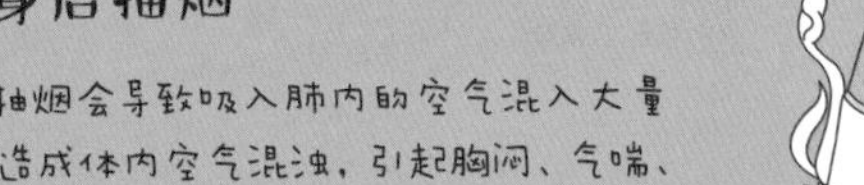

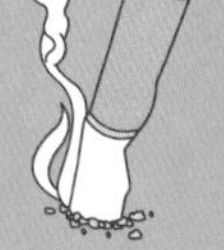

健身后抽烟会导致吸入肺内的空气混入大量烟雾，造成体内空气混浊，引起胸闷、气喘、呼吸困难、头晕乏力等。

• 健身后立即吃饭

运动后消化器官与胃肠道的蠕动减弱，各种消化腺的分泌大大减少，如果急忙吃饭，会增加消化器官的负担，引起胃肠功能紊乱。

• 健身后喝酒

运动后喝酒会使酒精更快的进入血液，对肝、胃等内脏器官的危害比平时更严重，长期下去可能会诱发脂肪肝、肝硬化等疾病。

第1课

哪种健身方式适合我？

几天前朋友的一句话刺激到了我："上学那会你才100斤，现在的你有150斤了吧，都胖变形了，怎么回事啊！"想想也是，每天就过着两点一线的生活，公司→家，家→公司，办公室一坐就是一天。时间一长，身体不是这疼就是那不舒服。为了让朋友对我刮目相看，我决定开始健身！可健身的方式有很多，那到底哪种方式适合我呢？听朋友建议先做个小调查再决定！

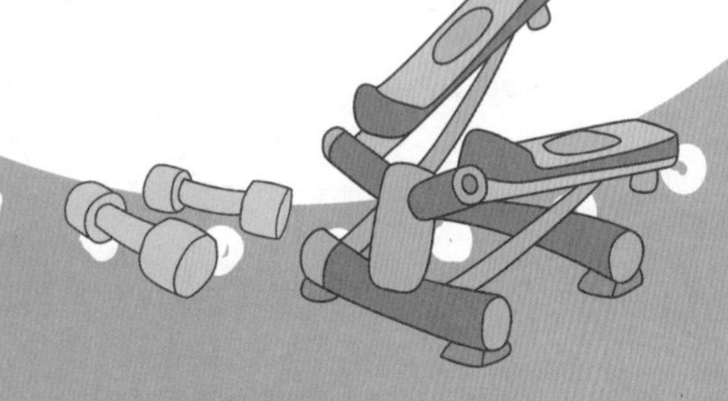

Part 1 器械性健身

器械01 跑步机

绘制跑步机控制器。

开始绘制扶手。

绘制扶手手柄。

绘制一侧支架。

绘制跑带。

绘制另一侧支架。

绘制折叠脚架。

绘制下方支架。

绘制多功能横杆。

绘制显示屏。

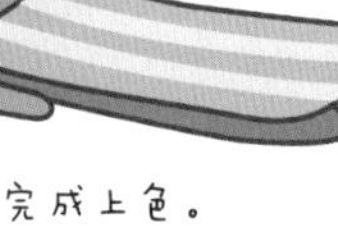

完成上色。

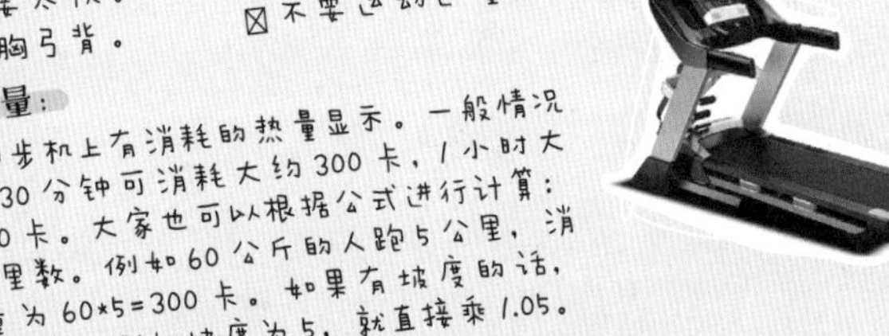

跑步机使用注意事项：

☒ 先做热身。

☒ 速度不要太快。

☒ 不要含胸弓背。

☒ 不要看视频。

☒ 不要运动过量。

消耗的热量：

通常跑步机上有消耗的热量显示。一般情况下，跑步30分钟可消耗大约300卡，1小时大约消耗600卡。大家也可以根据公式进行计算：消耗的热量＝体重*公里数。例如60公斤的人跑5公里，消耗的热量为60*5=300卡。如果有坡度的话，还要乘上坡度。例如坡度为5，就直接乘1.05。

器械02 动感单车

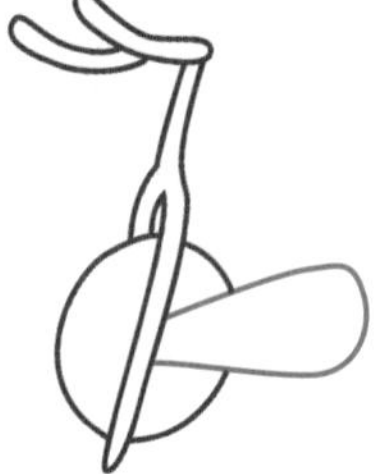

绘制扶手。 绘制前端车身固定架。 绘制前飞轮。 绘制皮带链盒。 绘制中部车身固定架。

绘制车座。 绘制下方车身固定架。 绘制脚踏。 绘制底座钢管。

绘制细节及水壶。

完成上色。

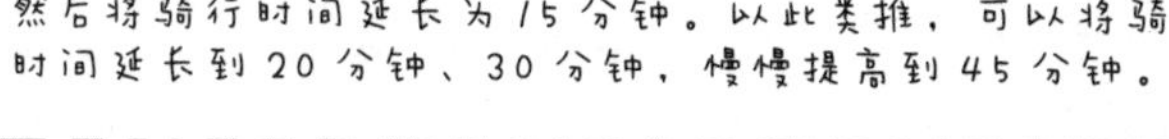

动感单车使用注意事项：

1. 动感单车每骑40分钟，约消耗400卡；
2. 办公一族首次尝试时，可按照10分钟骑行→休息→10分钟骑行→休息→10分钟骑行→休息，这3组来训练；
3. 逐步提高锻炼程度。可以将3组10分钟的骑行改为4组，然后将骑行时间延长为15分钟。以此类推，可以将骑行的时间延长到20分钟、30分钟，慢慢提高到45分钟。

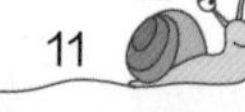

器械03 踏步机

了解踏步机

☒ 占据空间小
☒ 锻炼腿部和腰部
☒ 锻炼四肢的协调性
☒ 运动强度小（适合老年人）

“消耗能量”

30/分钟大约消耗150-200卡

绘制连接处。 绘制钢管。 绘制摆动连接处。 绘制底座钢管。

跑步机和踏步机的区别

以减肥为目的话，跑步机会比踏步机更适合。跑步机除了能够减肥外，还可以锻炼我们的心肺功能，而踏步机则侧重于人的四肢协调锻炼，如果用它来减肥的话，效果不太明显。

虽然说跑步机在减肥方面的效果会好一些，但这不意味着跑步机比踏步机好。这两者既有优点又有缺点。

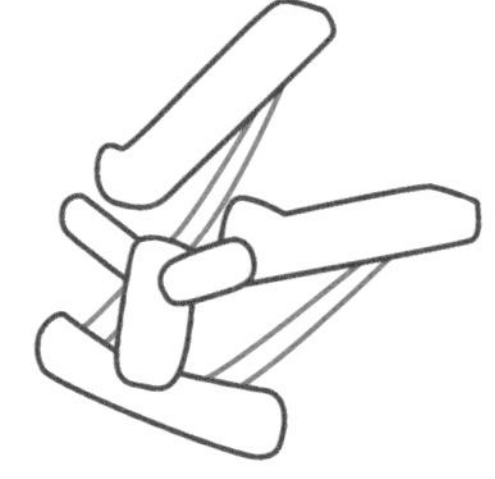

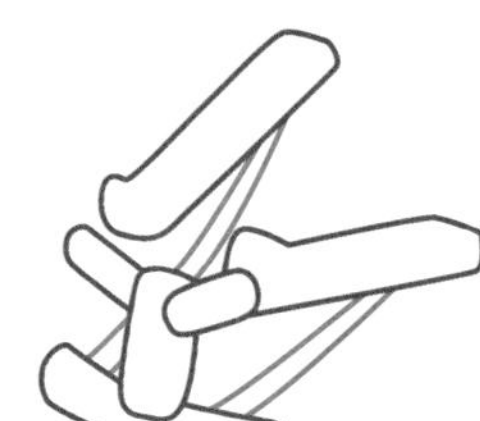

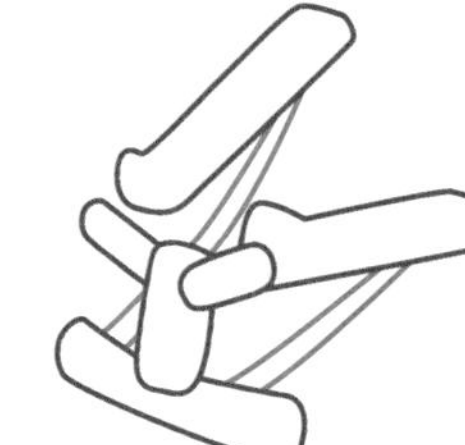

绘制脚踏轮廓。 绘制液压杆。 绘制踏步机钢管。

“缺点” 减肥效果不明显

“缺点” 只适合于休闲类健身

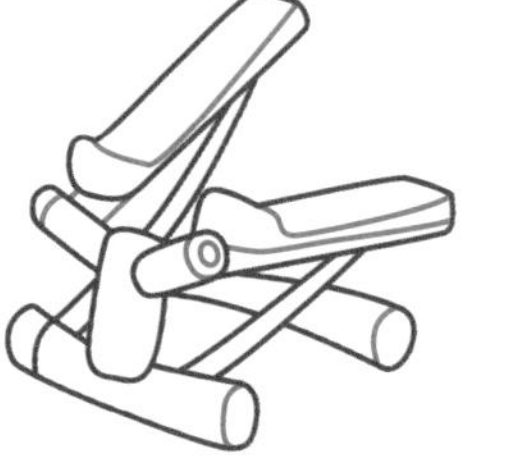

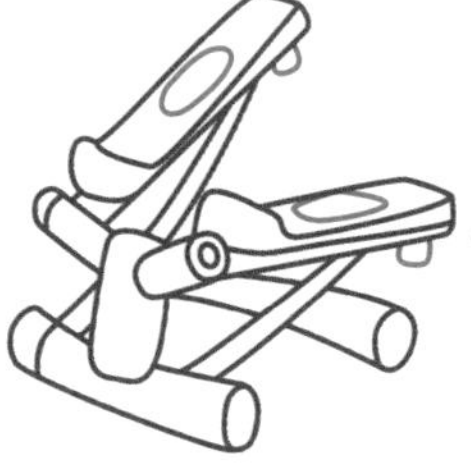

绘制脚踏立体感与细节。 完善脚踏的绘制。 绘制底座。

器械04 划船机

绘制构架。

绘制电子表。

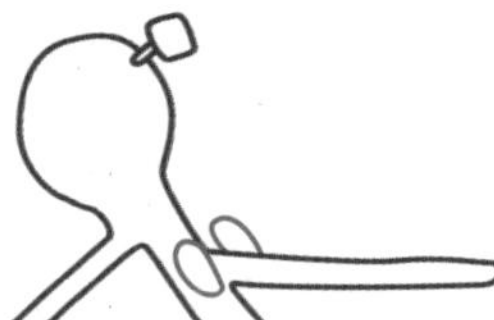

绘制脚踏板。

绘制鞍座。

绘制扶手及后支架。

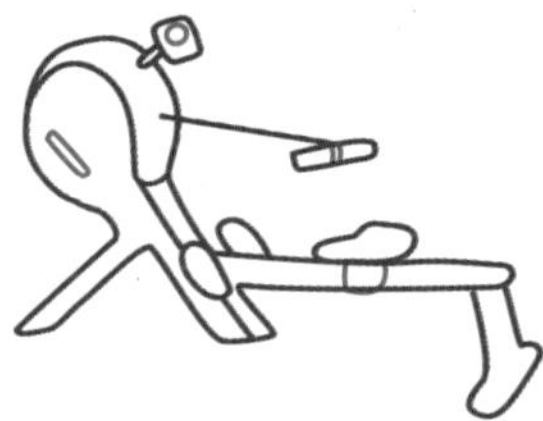

完善细节。

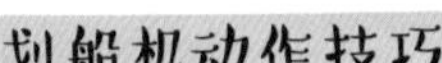

划船机动作技巧

首先，划船得靠你的双脚，运用瞬间爆发力作推蹬，以利下半身的带动，并配合上半身稳定、背夹，最后再用双手顺势拉杆；待双手回到身体前面，双脚才会再推回原本位置。

高效的有氧运动——划船机

据说划船机所消耗热量在运动器械中是数一数二的。划船是一项全身多肌群共同协作的运动，可以有效锻炼到身体多个大肌群，大家可以根据需要调整强度，低强度有氧减脂，高强度塑形。对于腰腹部和手臂脂肪较多的人来说，划艇机塑形减脂是个不错的选择。

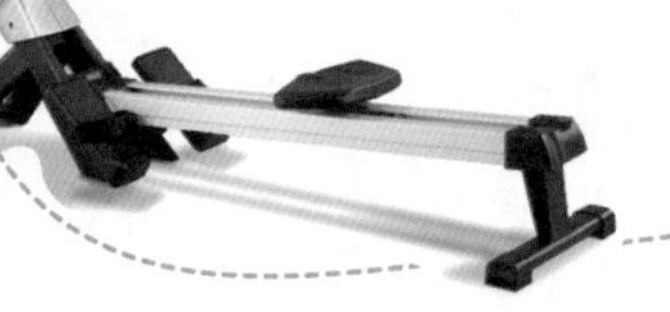

器械05 举重床

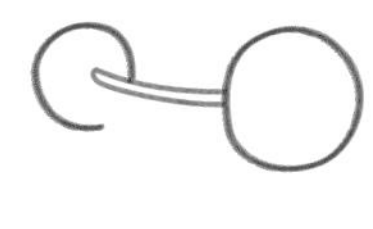

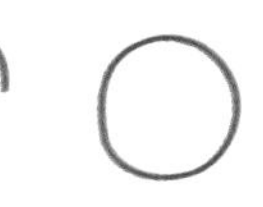

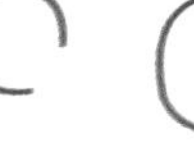
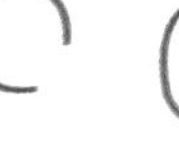

绘制杠铃。

绘制杠铃杆。

绘制杠铃摆放架。

绘制靠垫。

绘制稳定杠。

绘制固定钢管。

绘制底脚。

绘制杠铃立体感。

绘制靠垫立体感。

增加细节。

完成上色。

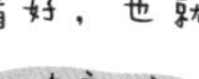

举重床是方便室内健身需求的人快速锻炼的工具。

使用方法：睡在上面，双手握住杠铃，很重要的一点，握距一定要完全一样，不然会重量不平衡，在卧推的时候一定要让人看好，也就是俗称的保护 。

锻炼部位：

1 杠铃平卧推举：胸大肌
2 杠铃上斜卧推：胸大肌上部
3 平板飞鸟：胸大肌下部
7 平板仰卧起坐：腹直肌
4 坐姿杠铃推举：三角肌 斜方肌
5 坐姿腿部上勾：腿部各部份肌肉
6 斜卧双臂后拉：背阔肌

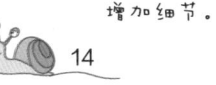

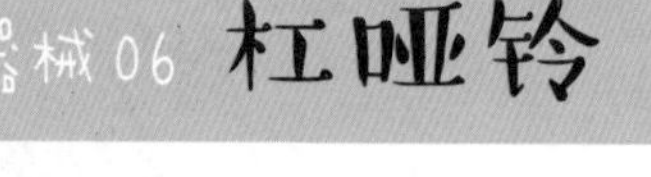

器械06 杠哑铃

扫描延伸阅读

哑铃 1

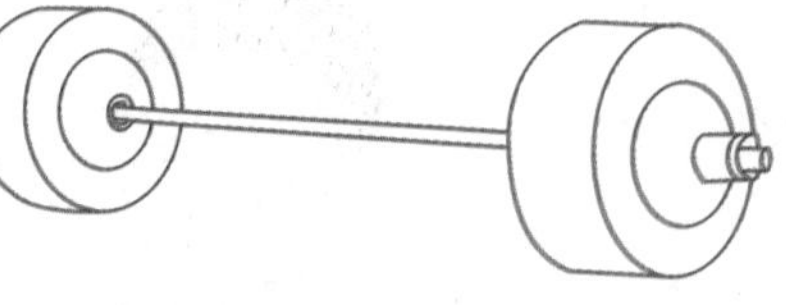
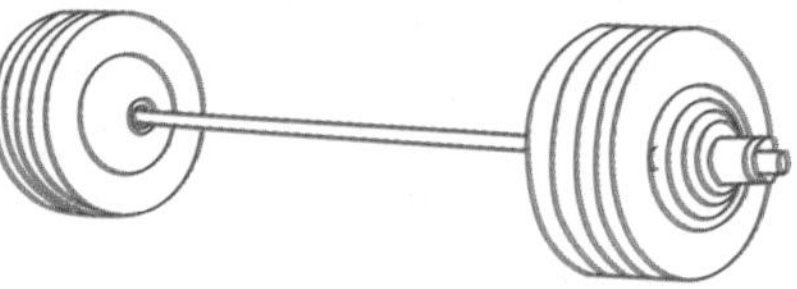
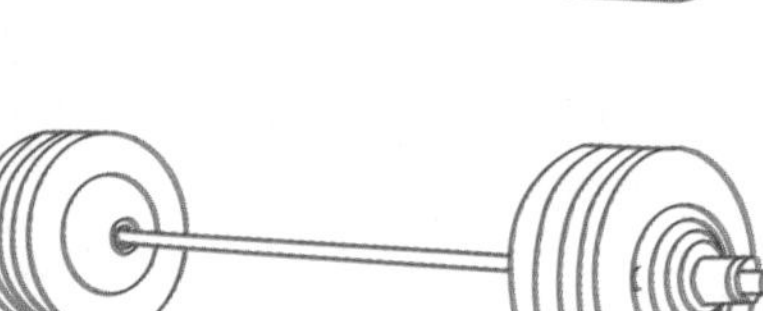
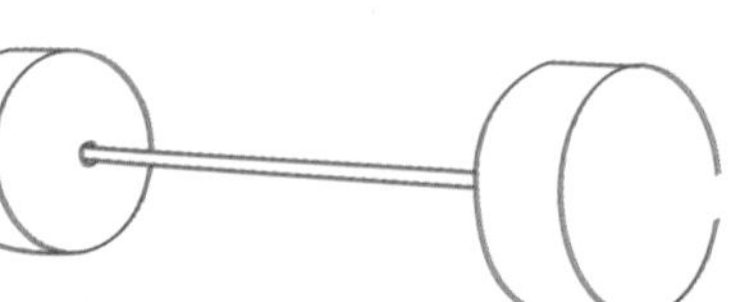

哑铃 2

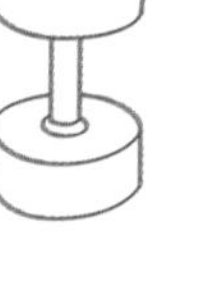
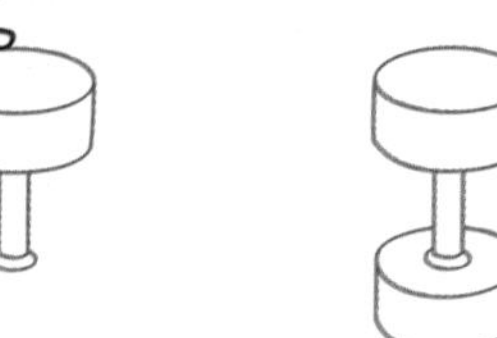
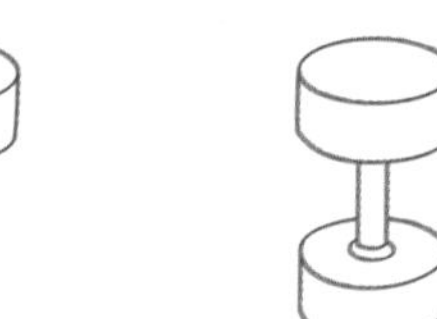

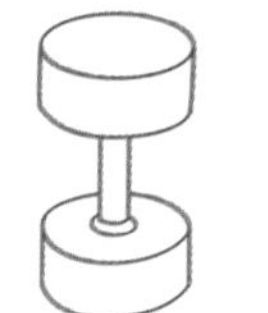

杠铃

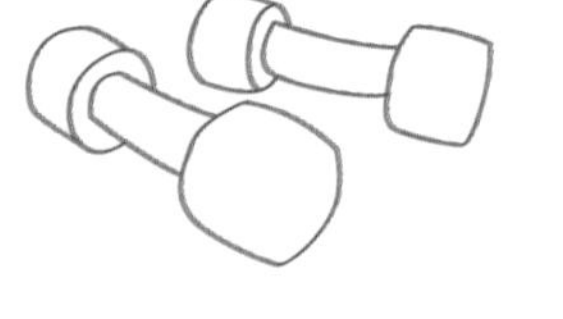

杠哑铃能减肥吗？

据说哑铃属于无氧运动，它属于增肌类运动。主要对臂力起到塑形作用。如果想以减肥为目的，还是多做做有氧运动。

Part 2 无器械性健身

运动01 慢跑

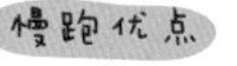

慢跑优点

运动负荷量较高的慢跑运动，当然也更能使减肥运动进阶。

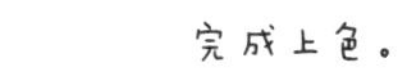

绘制头部及上身。　增加细节的描绘。　绘制五官及增加汗珠。　完成上色。

运动02 舞蹈

舞蹈优点

跳舞是一种集运动和娱乐于一身的活动，它不仅能增进友谊，增加交流，还能促进身心健康，经常跳舞者，其生理和心理年龄往往"变小了"许多。

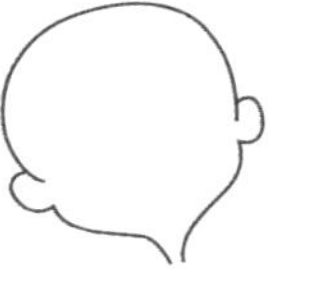
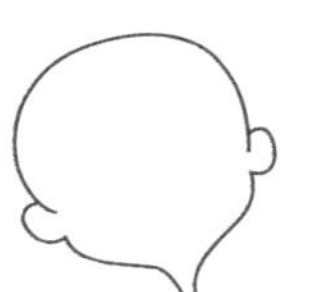

绘制头部轮廓。　绘制上身及发际线。　绘制人物大概动作。　绘制五官及音符。　完成上色。

运动03 健身操

健身操优点

有氧健身操的优点在于能锻炼心、肺功能，使心血管系统能更有效、快速地把氧传输到身体的每一部位。而且有氧健身操较其他运动更有趣味性，动作也简单、易学，音乐节奏鲜明，有较强的愉悦身心和增强身体健康的实效性。

绘制头型。 绘制上身。 绘制发型。 绘制下身。 绘制五官。 完成上色。

运动04 瑜伽

瑜伽优点

几乎所有的瑜伽课程都能让你流汗、练习深呼吸和加速心脏律动（促进血液循环），而且能透过扭转和弯曲的姿势按摩并刺激排泄器官。定期的瑜伽练习具有非常大的排毒功效。

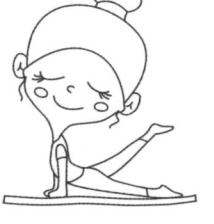

绘制头型。 绘制上身。 绘制下身。 绘制瑜伽垫。 绘制五官。 完成上色。

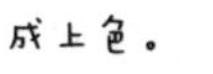

运动05 体育运动

足球

优点：长期踢足球，可以锻炼身体反应能力，增强极限耐力，运动速度，还有团结精神，结交很多志同道合的朋友，增加朋友之间的友情。

绘制头部及帽子。

绘制上身动作。

绘制腿部及足球轮廓。

绘制五官。

绘制足球细节。

完成上色。

棒球

优点：棒球运动是一种以棒打球为主要特点，集体性、对抗性很强的球类运动项目，被誉为“竞技与智慧的结合”，是一项集智慧与勇敢、趣味与协作于一体的集体运动项目。

绘制头型。

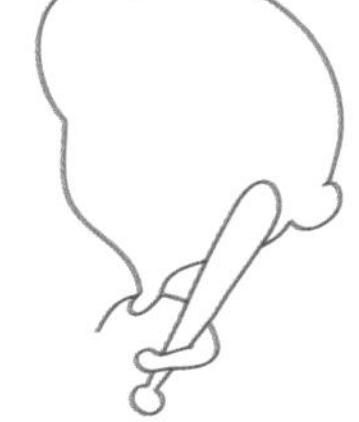

绘制左臂及球棒。

绘制右臂、手套、服装。

绘制腿部、棒球及帽子细节。

绘制五官。

完成上色。

网球

你来试试？

优点：网球是项有氧和无氧交替的运动，所以网球可以最大限度的使希望锻炼身体的人得到不同层面的满足：希望健身的可以通过打网球得到全身协调的锻炼，打完后洗把澡，一天工作的疲劳尽消，随之而来的是食欲还有睡欲。

跳绳

优点：跳绳是有氧运动，而且是有氧运动中效率较高的一种运动。从运动量来说，持续跳绳10分钟，与慢跑30分钟或跳健身舞20分钟相差无几，可谓耗时少、耗能大的有氧运动

你来试试？

扫描延伸阅读

篮球

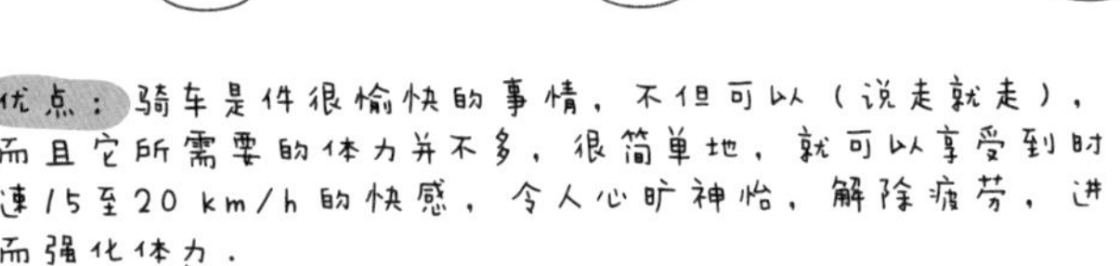

优点：篮球可训练全身的肌肉活动及肌肉力量，同时也能训练耐力、改善体型；训练关节的协调及敏捷度，对于正处于成长期的青少年朋友还可以促进骨骼的发育，让您长得更高。

骑单车

优点：骑车是件很愉快的事情，不但可以（说走就走），而且它所需要的体力并不多，很简单地，就可以享受到时速15至20 km/h的快感，令人心旷神怡，解除疲劳，进而强化体力。

游泳

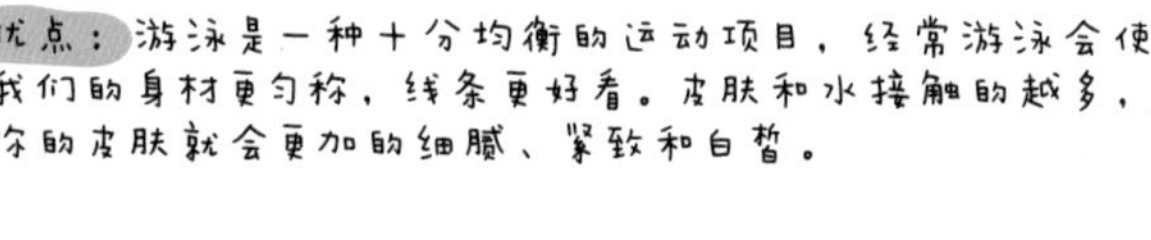

优点： 游泳是一种十分均衡的运动项目，经常游泳会使我们的身材更匀称，线条更好看。皮肤和水接触的越多，你的皮肤就会更加的细腻、紧致和白皙。

跑步

优点： 跑步能够改善手脚冰凉的情况。跑步的时候，心率较快，加快了血液循环。而手脚冰凉往往是因为血液流动缓慢造成的。通过跑步，可以改善手脚冰凉的不良感受。

你来试试?

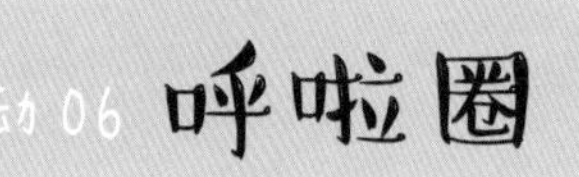

运动06 呼啦圈

优点：用以瘦腰，是腿部及手臂健美的好帮手；让腹部和腰部有像按摩和针灸似的挤压感觉；经常使用弹簧呼啦圈，能起到刺激肠道，治疗便秘的作用。

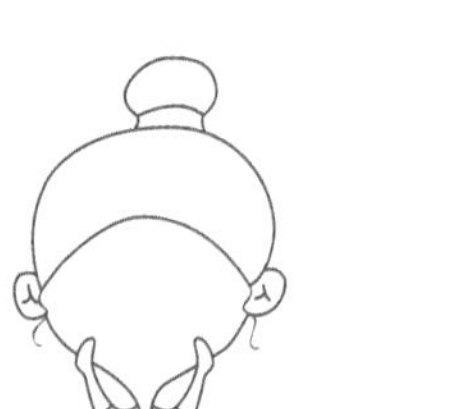
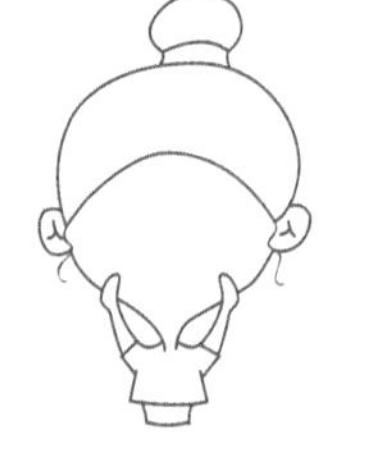
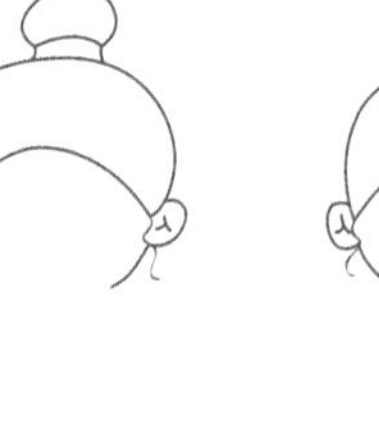
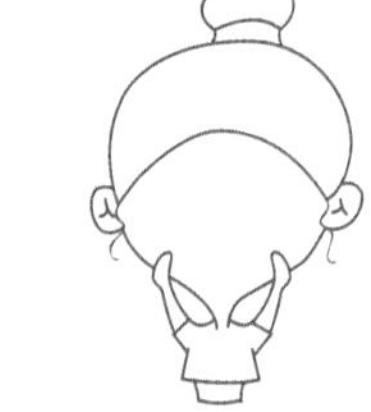
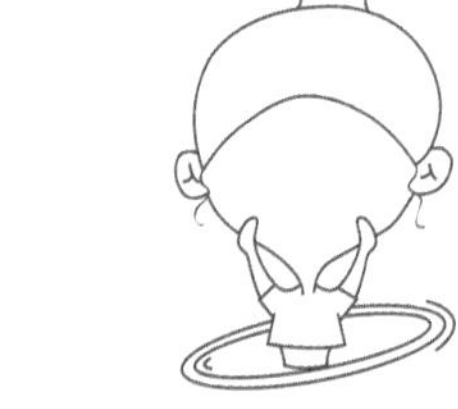
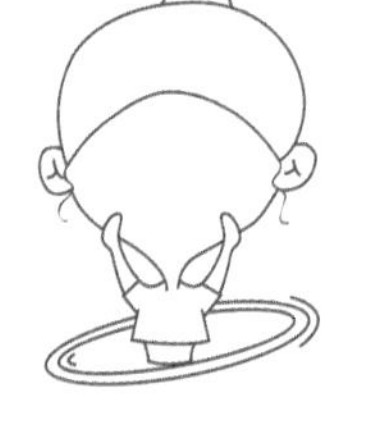
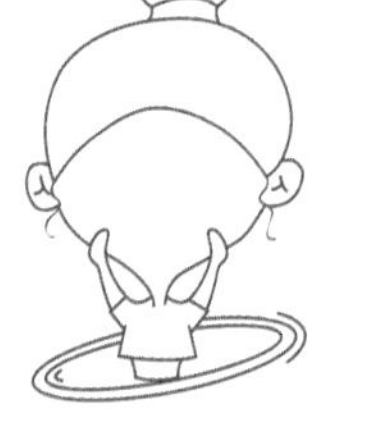
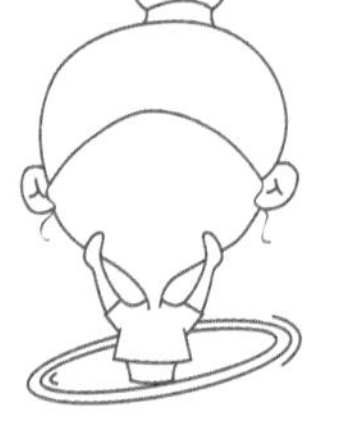
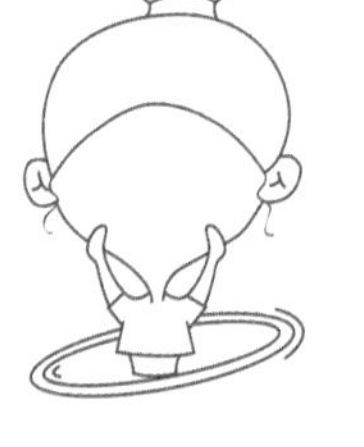

绘制头型。 绘制上身。 绘制呼啦圈。 绘制下半身。 绘制五官。 完成上色。

运动07 爬山

优点：爬山有助于增强你的心肺功能，并且还锻炼了你全身的肌肉群，协调你的身体能力，还能帮助燃烧腰腹部的脂肪。

绘制头部。 绘制五官。 绘制上身及短裤。 绘制背包。 绘制下半身。 完成上色。

第2课

要给自己定计划才行！

做了一番调查研究之后，觉得瑜伽、游泳、健步走以及网球比较适合我。工作了一天本身就挺累，如果再来一项强度较高的运动，会吃不消。这几项运动强度平缓，它既能起到减肥效果，也不至于累到难堪！就这么愉快的决定吧！吼吼……下面就需要给自己制定一个运动计划，有计划才能够很好的实施，否则就是一句空话！

Part1 制定健身计划

1
2
3
4
要做一只勤奋的小蜜蜂
近三日运动计划每天慢跑5公里
5
休息时间
6
7
瑜伽是有氧运动，
增加身体柔韧度
8
9
10
11
12
13
14
游泳也是
有氧运动的不错选择。
运动贵在坚持，每天运动半小时
工作效率棒棒哒～
15
16
17
19
21
随时进行体重管理
kg
等等我…
每天健步走40分钟～
带上我吧
23
24
25
26
27
28
网球也是不错的选择～
下雨天气选择室内瑜伽
忌甜食
29
30
扫描延伸阅读
骑单车也是一种运动方式～

Part 2 美化健身表

简单直线边框的绘制方法。

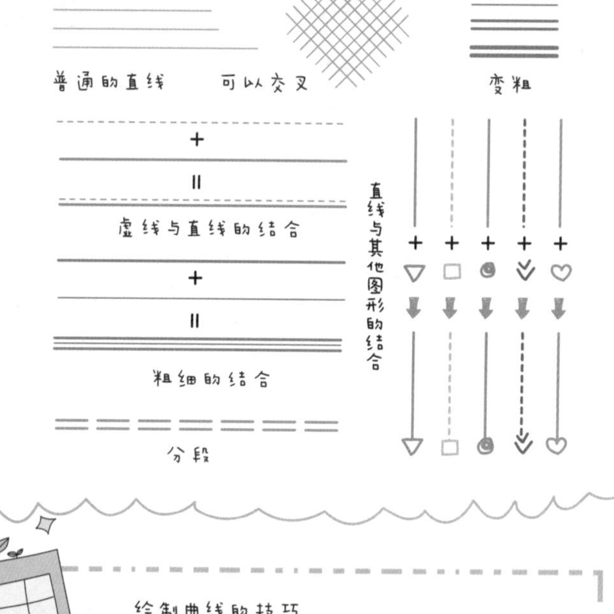

表格底纹基础设置

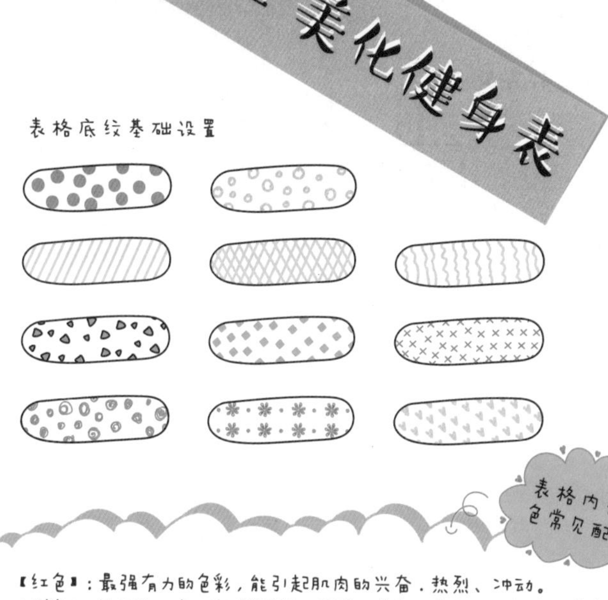

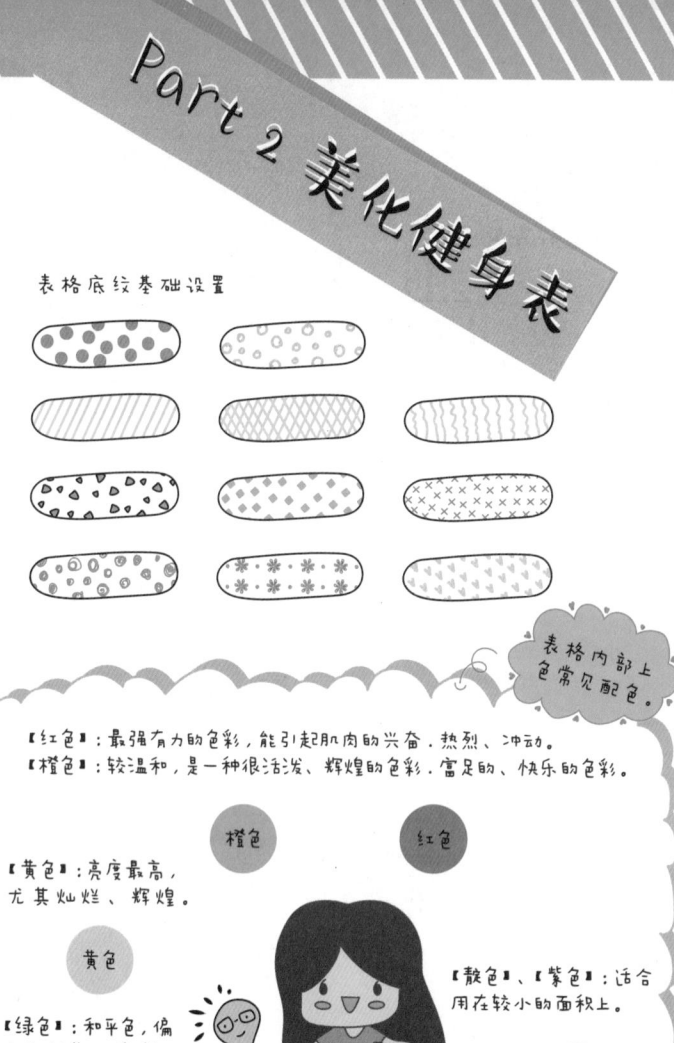

表格内部上色常见配色。

【红色】：最强有力的色彩，能引起肌肉的兴奋．热烈、冲动。

【橙色】：较温和，是一种很活泼、辉煌的色彩．富足的、快乐的色彩。

【黄色】：亮度最高，尤其灿烂、辉煌。

【靛色】、【紫色】：适合用在较小的面积上。

【绿色】：和平色，偏向自然美。宁静、生机勃勃。

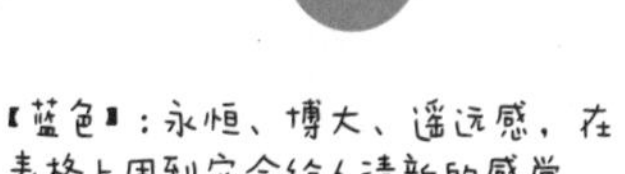

【蓝色】：永恒、博大、遥远感，在表格上用到它会给人清新的感觉。

绘制曲线的技巧

起点　终点　起点　终点

起点　终点　→　起点　终点　→　起点　终点

波浪样式。

曲线形态的变化。

多多练习才能更好的掌握。

01 行李箱
02 帐篷
野外露营
可以增强身体素质，
但是要注意安全。
03 电子称
kg
04 热气球
05 甜甜圈
06 手领包
07 钟
10: 10: 00
十点咯，
该休息啦。

08 吊篮

室内运动一定要保持空气新鲜，可以适当摆点优化空气质量的盆栽、吊篮、植物。

吊篮绘制步骤

09 郊外写生

在健身运动的同时也要保持心情愉悦，修身养性。到郊外写生是个不错的选择。

10 座椅

11 冰激凌

12 三明治

13 各类表情

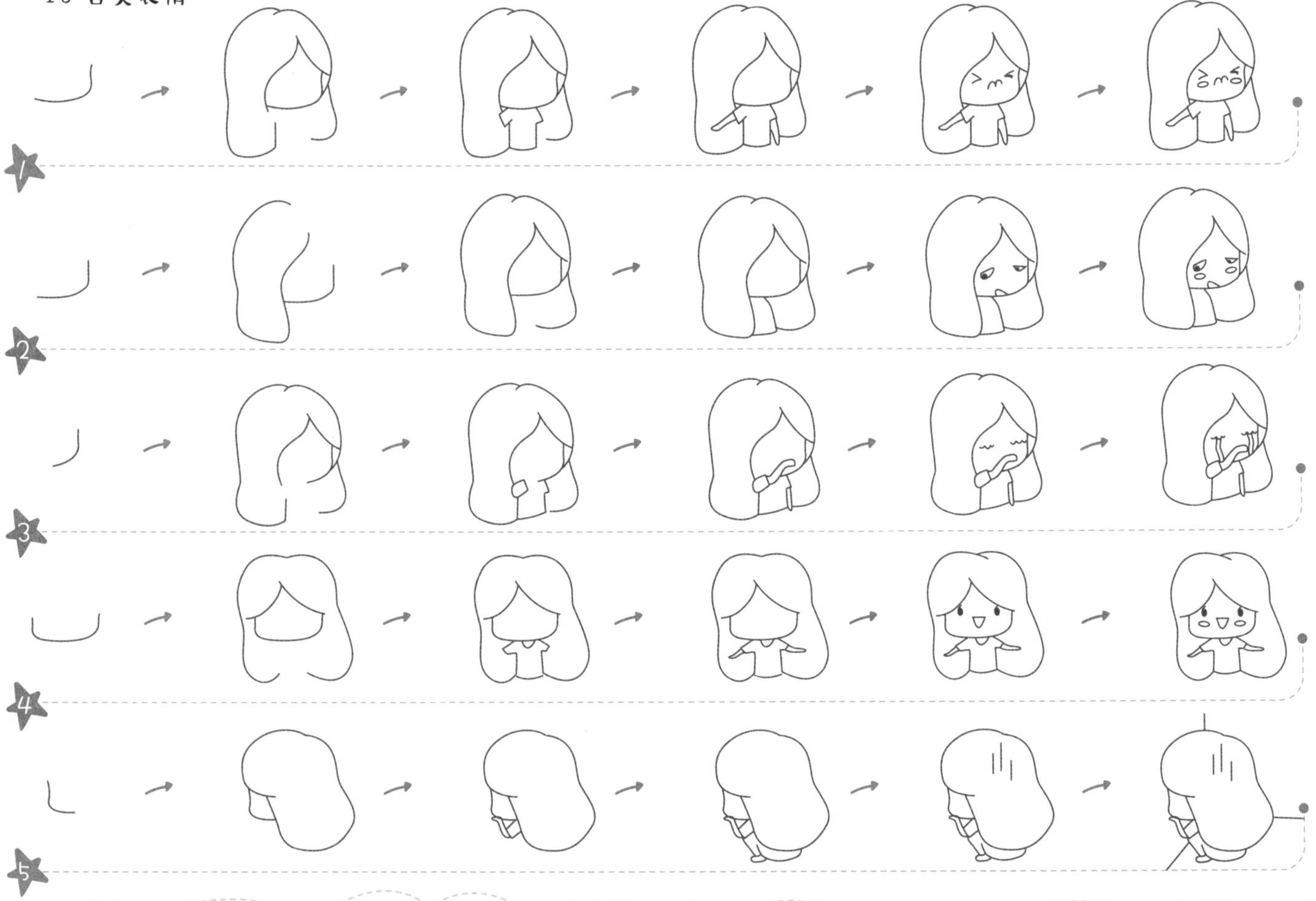

1

2

3

4

5

1. Go away

2. 好烦

3. 巨伤心

4. 要抱抱

5. 画个圈圈诅咒你。

炒菜花
玉米饭
鸡蛋白
彩椒杏鲍菇
红豆饭
煎芦笋
蒸洋葱
西红柿番茄鸡蛋面
凉拌黄瓜
黑米燕麦饭
清炒西兰花
素炒金针菇
番茄西兰花
黄瓜、胡萝卜鸡胸肉炒饭
大米饭
丝瓜木耳蘑菇

扫描延伸阅读

01 炒菜花、煎芦笋、玉米饭

炒花菜

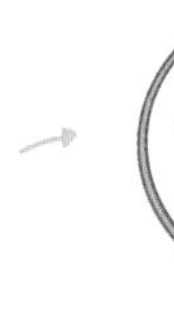
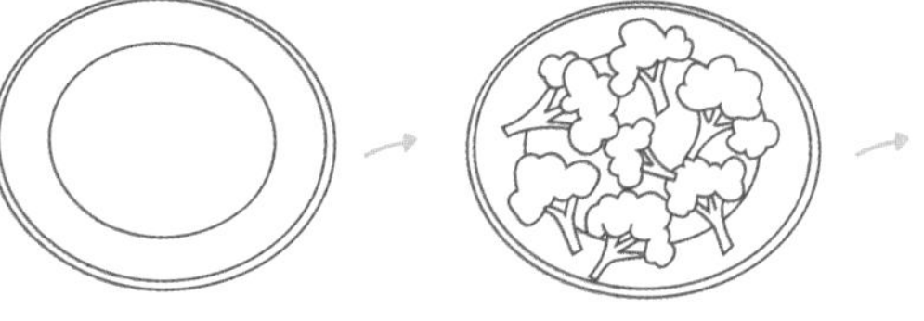
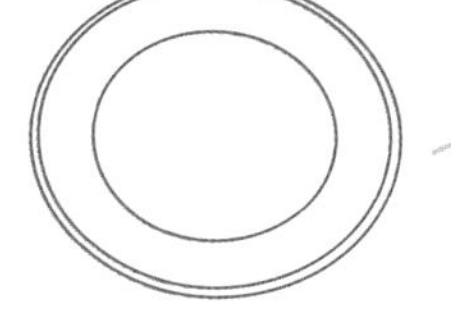
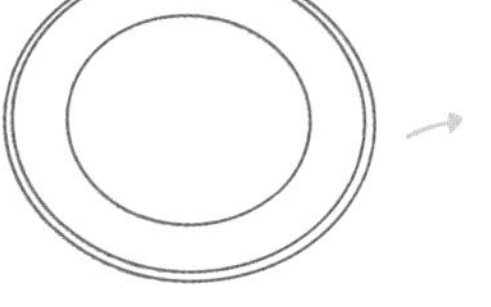
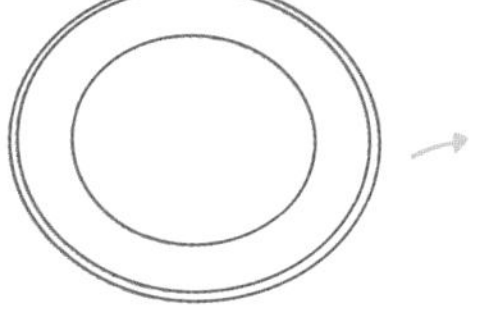
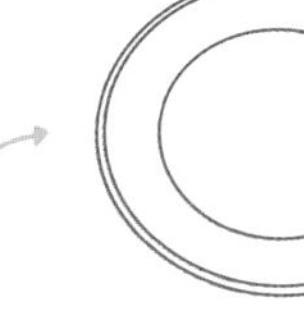
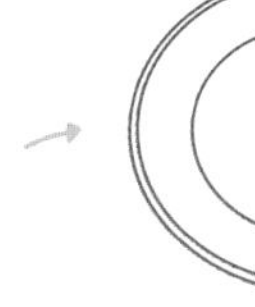
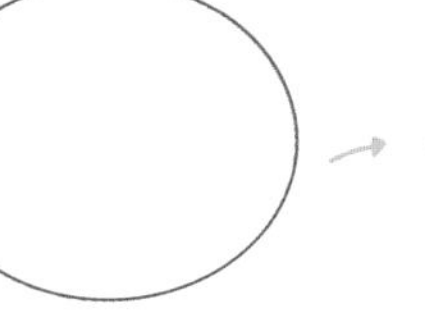
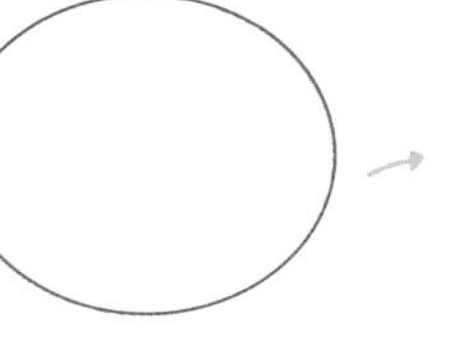
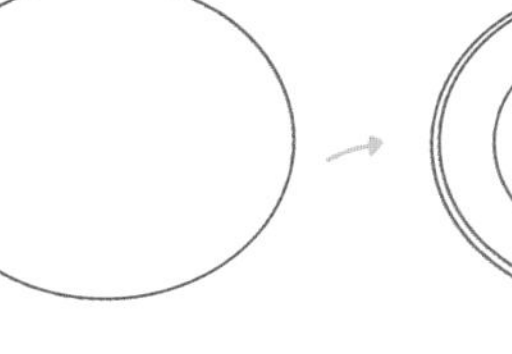

吃菜花的好处

炒菜花不但有利于人的生长发育，还能提高人体免疫功能，促进肝脏解毒，增强抗病能力。

煎芦笋

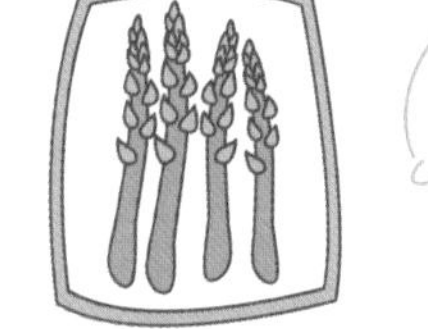
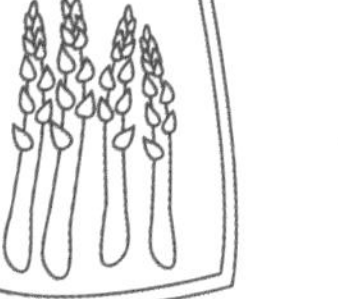
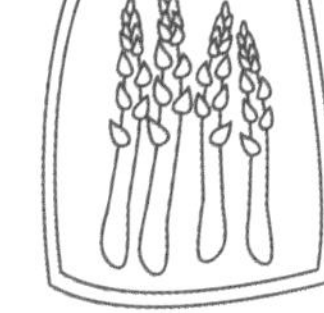
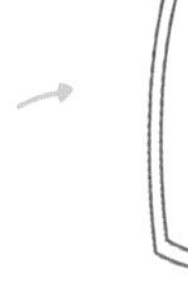

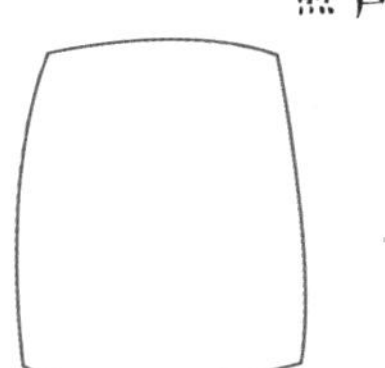

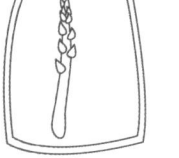

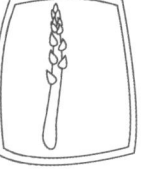

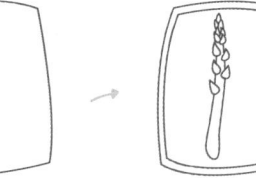

芦笋的优点

芦笋不仅是抗癌之王，还可以清热利尿，怀孕女性常吃可以促进胎儿大脑发育。

玉米饭

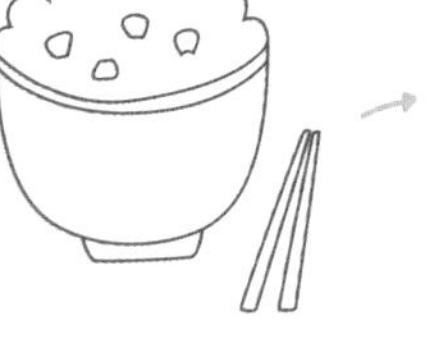

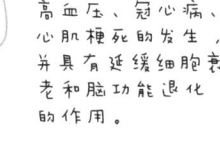

玉米的优点

多食玉米可预防高血压、冠心病、心肌梗死的发生，并具有延缓细胞衰老和脑功能退化的作用。

看懂营养成分表，吃零食“心里有数”！

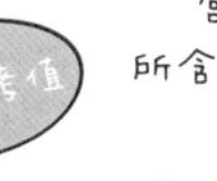

能量参考值

营养成分表里有一项叫做“营养素参考值”，该数值是指一份食物所含的某种营养成分，提供了人体一天需求的百分比。

营养成分表

02 蒸洋葱、红豆饭、凉拌黄瓜

蒸洋葱

  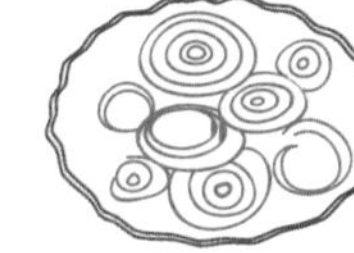 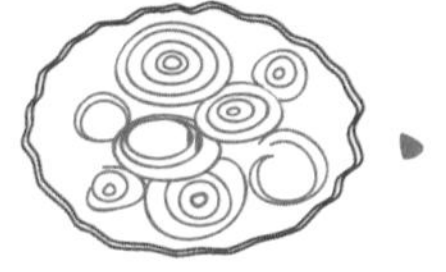 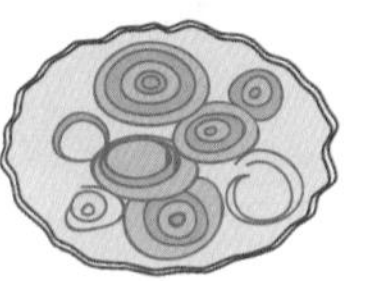 

有人说我的味道不好闻。但你们不知道的是我的优点多多。

接下来说说他的优点

洋葱是唯一一种含有前列腺素A的蔬菜，它可以扩张血管，降低血压和血液粘稠度，增加冠状动脉的血流量，防止血栓形成。洋葱不含脂肪，可用于治疗消化不良、食欲不振、食积内停等症。

红豆饭

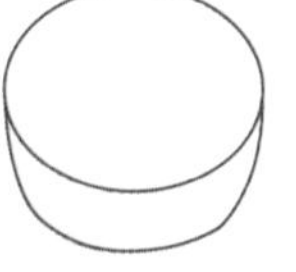      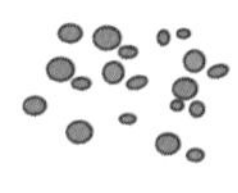

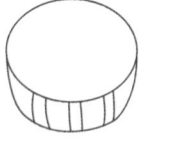

红豆可以用来做什么美食？

红豆莲子羹、红豆长粽、八宝饭、红豆薏米椰汁露。

接下来说说他的优点

红豆亦称“小豆”、“赤小豆”，在《神农本草经》和《本草纲目》中的正式名称均为“赤小豆”，是一种药食两用的食材。红豆性甘、平，无毒，在传统医学上，主要应用于行水（例如治水肿）、利气（例如去脚气）、健脾等，即具有健脾利水、解毒消肿的功效。

凉拌黄瓜

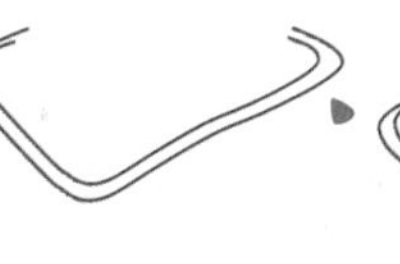 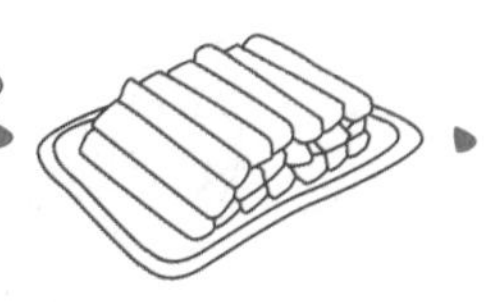 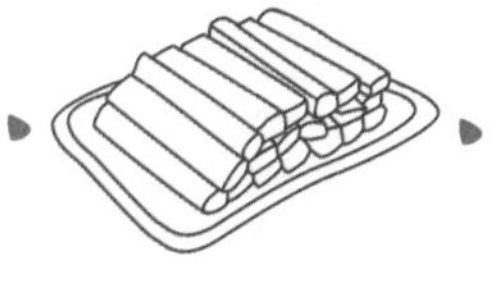 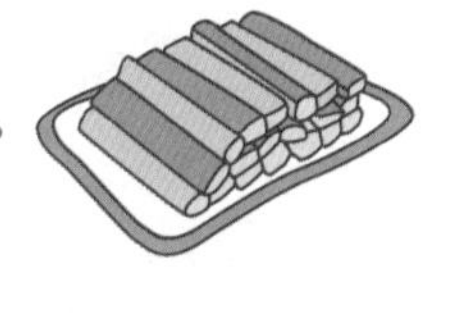 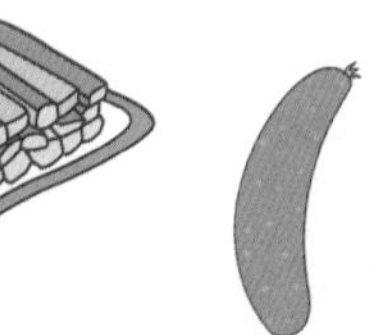 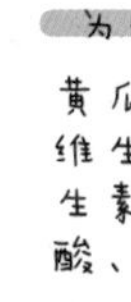

为什么黄瓜美容养颜？

黄瓜富含蛋白质、糖类、维生素B2、维生素C、维生素E、胡萝卜素、尼克酸、钙、铁等营养成分。

接下来说说他的优点

《本草纲目》中记载，黄瓜有清热、解渴、利水、消肿之功效。黄瓜肉质脆嫩，汁多味甘，生食生津解渴。

03 更多富有高营养的美食

黄瓜、胡萝卜、鸡胸肉炒饭

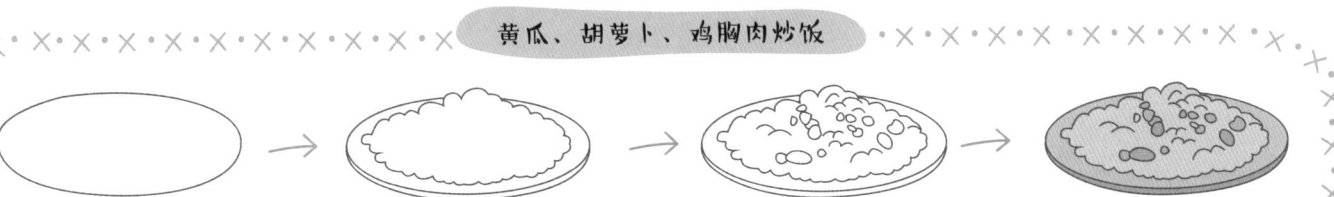

下厨小贴士：青瓜（黄瓜）籽含有较多水分，建议可去除，另外最后加入青瓜翻炒也是为了防止过多水分散失影响爽脆口感；胡萝卜含有脂溶性维生素，先下锅炒有利于维生素释放，但直接生炒可能不易软，喜欢软软口感胡萝卜的可以事先将其焯水；炒饭可以添加的素材很多，还可以加入鸡蛋、玉米、豌豆、火腿肠粒，灵活搭配。

鸡蛋白

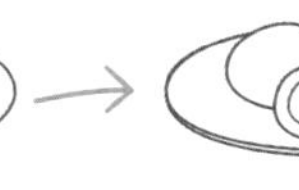
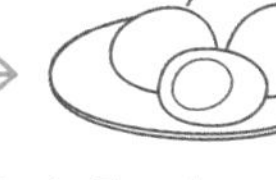

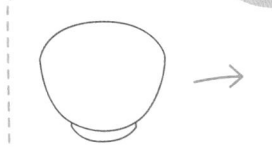

营养价值：鸡蛋白富含蛋白质，具有维持钾钠平衡；消除水肿。提高免疫力。调低血压，缓冲贫血的功效，有利于生长发育。富含铜，铜是人体健康不可缺少的微量营养素，对于血液、中枢神经和免疫系统，头发、皮肤以及大脑和肝、心等内脏的发育和功能有重要影响。

大米饭

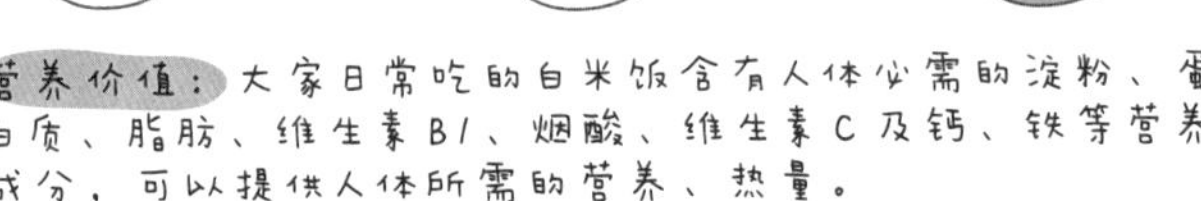

营养价值：大家日常吃的白米饭含有人体必需的淀粉、蛋白质、脂肪、维生素B1、烟酸、维生素C及钙、铁等营养成分，可以提供人体所需的营养、热量。

蒸西兰花

营养价值：西兰花中的营养成分，不仅含量高，而且十分全面，主要包括蛋白质、碳水化合物、脂肪、矿物质、维生素C和胡萝卜素等。据分析，每100克新鲜西兰花的花球中，含蛋白质3.5克—4.5克，是菜花的3倍、番茄的4倍。

素炒金针菇

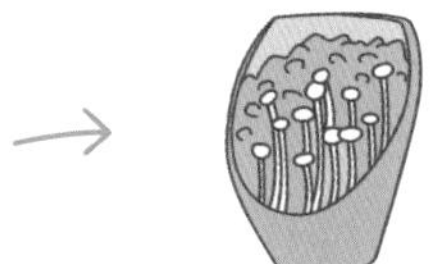
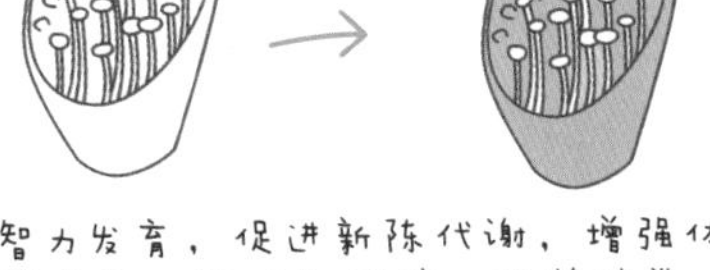

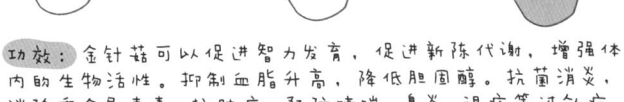

功效：金针菇可以促进智力发育，促进新陈代谢，增强体内的生物活性。抑制血脂升高，降低胆固醇。抗菌消炎，消除重金属毒素，抗肿瘤。预防哮喘，鼻炎，湿疹等过敏症。

番茄、鸡蛋、青菜面（大份）

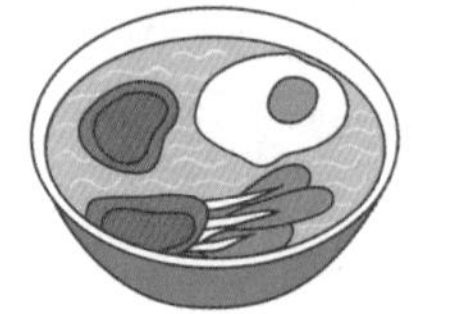

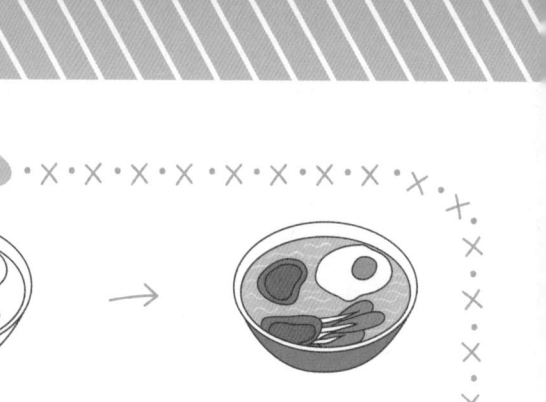

健康小贴士：番茄鸡蛋青菜面色彩鲜艳，咸鲜略酸，开胃适口，为家常汤菜。有清热、开胃作用。适宜急性酒精中毒或肠胃有热所致口苦、口干、食欲不振、大便秘结者食用。

丝瓜木耳蘑菇蛋

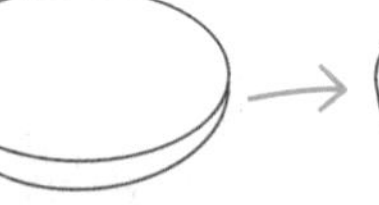

营养价值：民间有立秋吃瓜的习俗，称为“咬秋”，营养专家认为，瓜类有清热、利湿、消暑的作用，立秋后，适当吃些瓜很好。

黑米燕麦饭

营养价值：黑米可益气补血、暖胃健脾、滋补肝肾、缩小便、止咳喘。对脾胃虚弱、体虚乏力、贫血失血、心悸气短、咳嗽喘逆，可入药入膳。对头昏目眩、贫血白发、腰膝酸软、夜盲耳鸣症疗效尤佳。

彩椒杏鲍菇

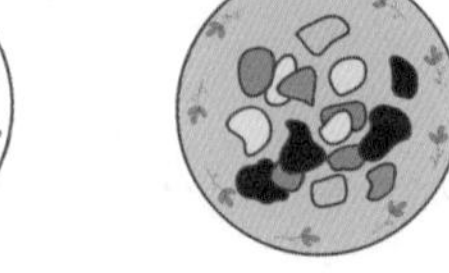
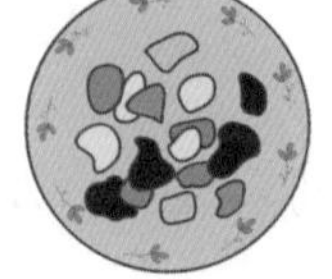
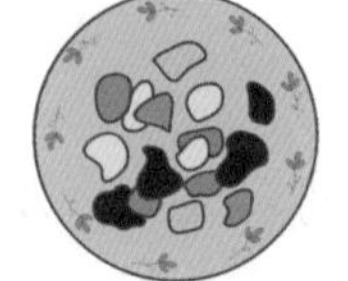

营养价值：杏鲍菇菌肉肥厚，具有杏仁香味，肉质肥厚，口感鲜嫩，味道清香，营养丰富，具有降血脂、降胆固醇、促进胃肠消化、增强机体免疫能力、防止心血管病等功效。

番茄西兰花

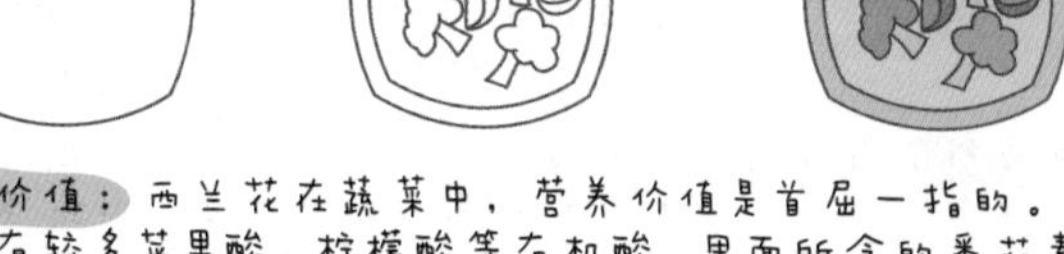

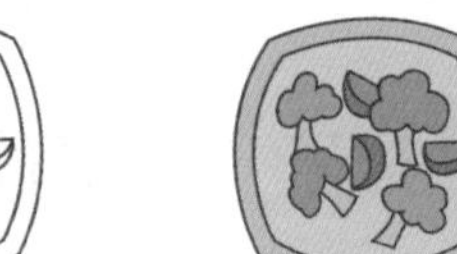

营养价值：西兰花在蔬菜中，营养价值是首屈一指的。番茄含有较多苹果酸、柠檬酸等有机酸，里面所含的番茄素，还有抑制细菌的作用。

醋溜莲藕

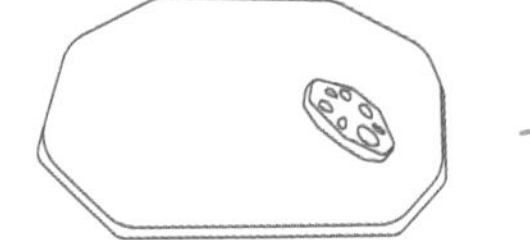

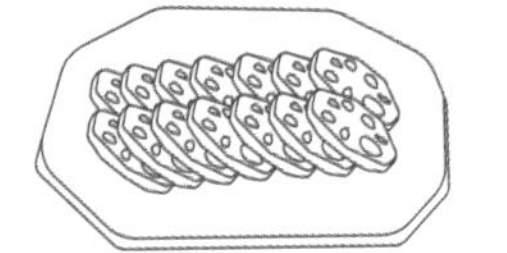
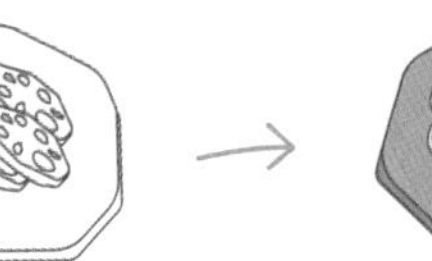
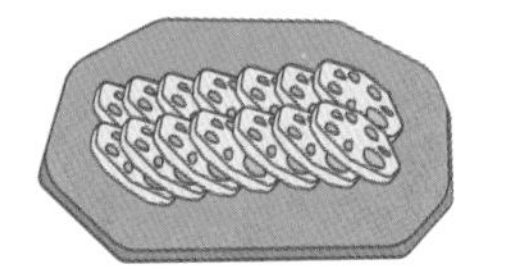

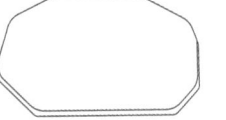

营养价值： 莲藕有利尿作用，能促进体内废物快速排出，净化血液，莲藕冷热食用皆宜，将莲藕榨打成汁，可加一点蜂蜜调味直接饮用，也可以小火加温，加一点糖，趁温热时喝。

蒸紫薯

营养价值： 地瓜所含的纤维质松软易消化，可促进肠胃蠕动，有助排便最好的吃法是烤地瓜，而且连皮一起烤、一起吃掉，味道爽口甜美。

玉米排骨

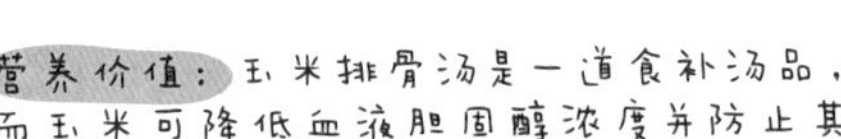

营养价值： 玉米排骨汤是一道食补汤品，排骨营养丰富，而玉米可降低血液胆固醇浓度并防止其沉积于血管壁，促进人们对维生素和钙的吸收。

莴苣炒山药

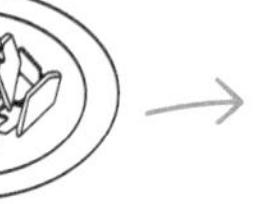

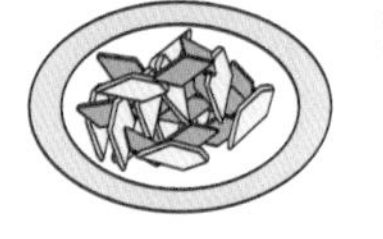

营养价值： 莴笋含钾量较高，有利于促进排尿，减少对心房的压力，对高血压和心脏病患者极为有益。山药味甘、性平，长期食用具有健脾补肺、益胃补肾、聪耳明目、助五脏、强筋骨、长志安神、延年益寿的功效。

牛排意大利面

营养价值： 牛肉味甘，性平，归脾、胃经，有补中益气、滋养脾胃、强健筋骨、化痰息风、止渴止涎的功效，适用于气短体虚，筋骨酸软、贫血久病之人食用。

第3课

那就按计划开始吧!

运动计划拟定好后，那就按照计划开始吧！别偷懒！也许刚开始会比较难，但是一定要咬牙坚持，等自己身体适应了这些规律后，想不运动都难啦！为了能够让我恢复到上学时的身材，值了！

Part 1 初级瑜伽课

01 课前准备

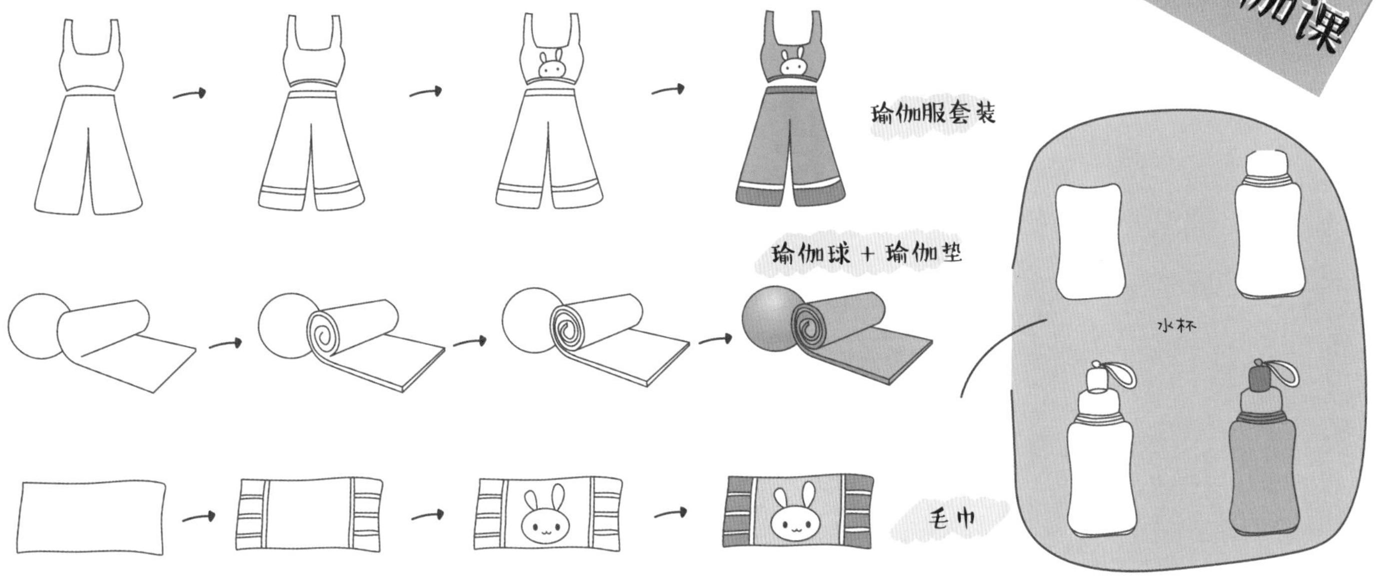

瑜伽服套装

瑜伽球 + 瑜伽垫

水杯

毛巾

¥55

¥80

购买物品的清单与支出。

¥20

¥18

准备物品	$参考价	$购买价
瑜伽服套装	60.0	55.0
瑜伽球+瑜伽垫	100.0	80.0
毛巾	18.0	20.0
水杯	20.0	18.0

非常满意

'ω' 有点小贵，但还是很喜欢

02 开课

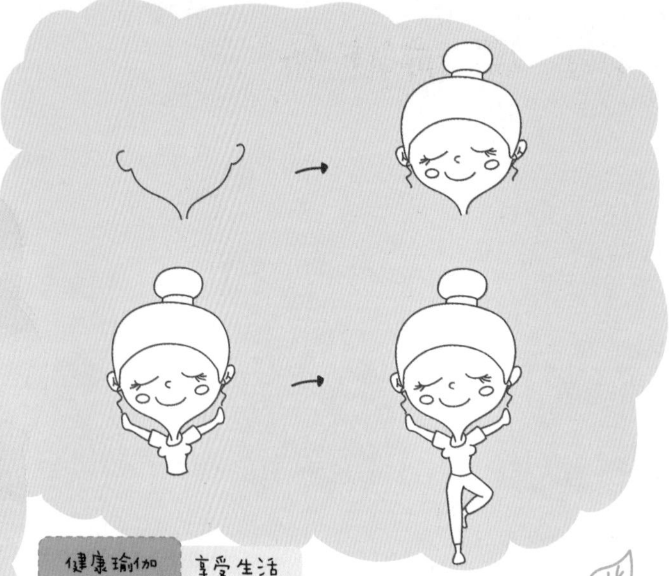

健康瑜伽　享受生活

1.　2.
3.　4.

Part 2 游泳课

01 课前准备

准备物品	$参考价	$购买价
泳衣	70.00	65.00
泳帽	20.00	15.00
泳巾	45.00	40.00
浴镜	25.00	23.00
游泳圈	49.00	39.00

02 热身运动

扫描延伸阅读

踢腿运动

初练者往往踢起腿刚落地，就踢另一腿，从而出现出腿笨重、身体歪斜的现象。正确的做法是等腿落实后，身体重心转换已毕再踢出另一腿。

 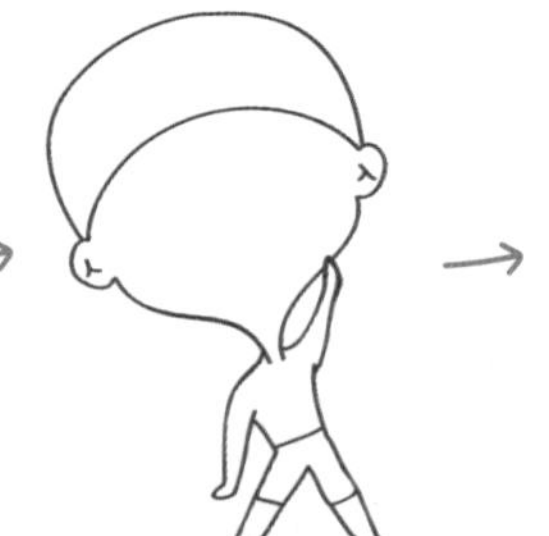   

侧伸运动

侧身运动主要是拉伸上身侧部肌肉。并且还针对整个后背、腿部肌肉、臀部肌肉、腹部和腰肌。

 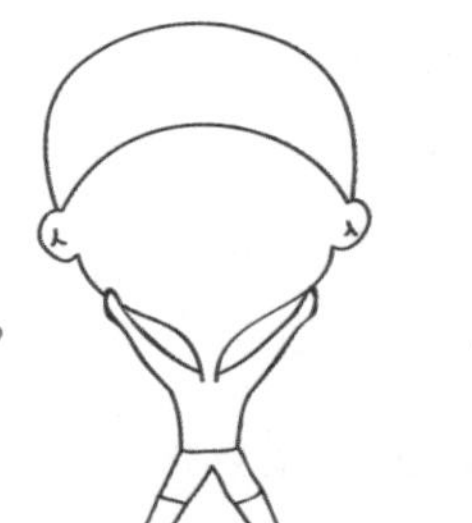   

开闭脚跳

双腿向身体外侧跳，同时双臂上举，落地后迅速跳回，双腿并拢，将双肘还原到紧贴身体两侧。

扩胸运动

扩胸运动指的是以胸部内侧的肌肉为中心展开的训练。这套动作充分利用生理优势摆脱重力对胸部的影响，改善你的仪态。

侧压腿

压腿是热身拉筋，是畅快运动的推进器，也是避免受伤的防护罩。压腿是武术的基本功。压腿能保护骨骼肌肉，有效预防伤病。

弓步拉伸

弓步拉伸是一个非常有效的静态主动拉伸动作，伸展到的肌群比较多主要有髂腰肌、股直肌、臀腘大肌、绳肌。

做准备动作的好处

在主要身体活动之前，以较轻的活动量，先行活动肢体，为随后更为强烈的身体活动做准备，目的在于提高随后激烈运动的效率，激烈运动的安全性，同时满足人体在生理和心理上的需要。锻炼之前，人体的机能能力和工作效率不可能在一开始就达到最高水平，因而需要通过热身调整运动状态。

03 畅游

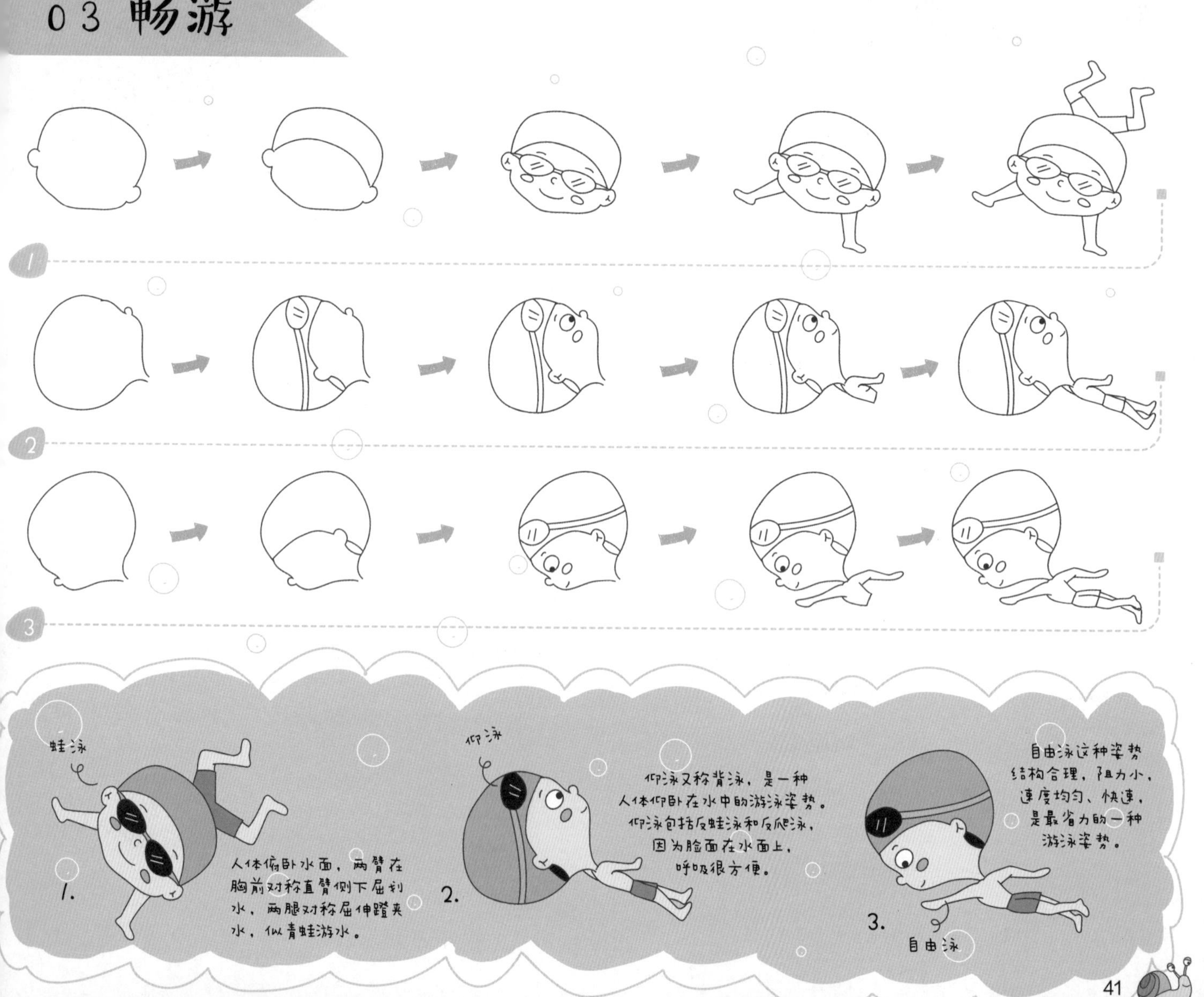
1
2
3
蛙泳
1.
人体俯卧水面，两臂在胸前对称直臂侧下屈划水，两腿对称屈伸蹬夹水，似青蛙游水。
仰泳
2.
仰泳又称背泳，是一种人体仰卧在水中的游泳姿势。仰泳包括反蛙泳和反爬泳，因为脸面在水面上，呼吸很方便。
3.
自由泳
自由泳这种姿势结构合理，阻力小，速度均匀、快速，是最省力的一种游泳姿势。

01 课前准备

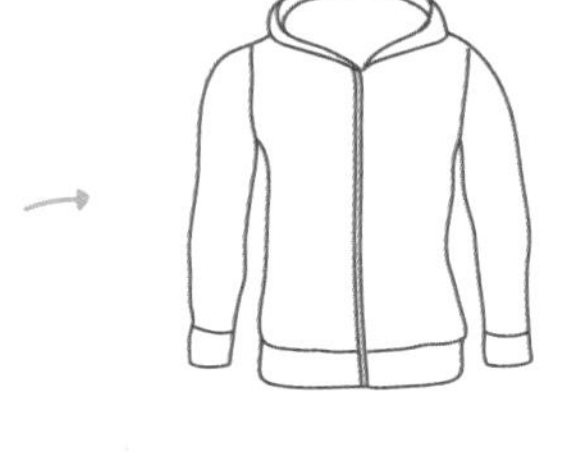

网球服

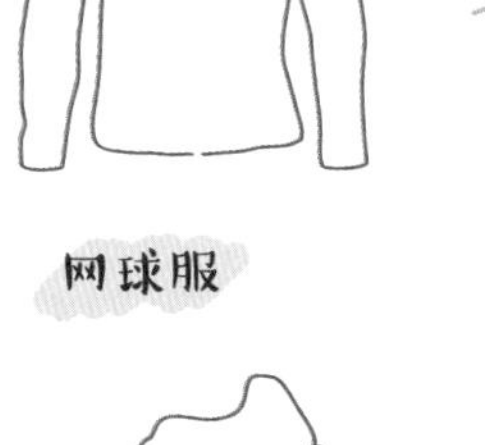

运动鞋

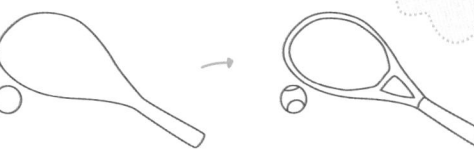

运动鞋要选择舒适的。

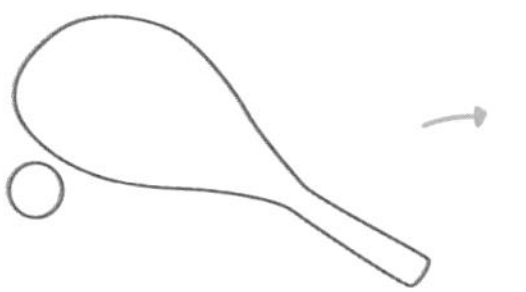

网球拍

运动小贴士：虽然目前的球拍越做越轻，但是建议在不影响自己挥拍动作的前提下选择最大重量的网球拍。

做好准备

准备物品	$参考价	$购买价
运动服	80.00	95.00
运动鞋	150.00	200.00
网球拍	57.00	70.00

球拍最重要

02 发球

提示：发球好的朋友在比赛中占有非常重要的优势哦~
发球时一定要掌握这几个要点：角度、旋转、速度、节奏。

握拍：作为初学者可用的方式为正手握拍。

击球点：运动员必须尽力伸展身体，在最高点击球。击球点应在身体右前方，基本上与右肩充分伸直相一致。击球时手臂和球拍充分伸展，身体转动和身体重心向前转移，以达到右鞋底正对后挡网。理想的要求是，从球拍的顶部到左脚后跟成一条直线。

03 网球姿势秘籍

火柴人教学